面 向 新 工 科 专 业 建 设 计 算 机 系 列 教 材

Xamarin 全栈开发技术与实践

（微课版）

张引　赵玉丽　张斌　高克宁　◎编著

清华大学出版社
北京

内 容 简 介

复杂工程问题的解决要求学生具备整合运用客户端开发技能栈、服务器端开发技能栈、软件工程技能栈、人机交互技能栈等多个技能栈的能力。为培养学生多技能栈整合运用的能力，本书介绍基于Xamarin.Forms框架的面向iOS、Android，以及Windows平台的客户端-服务器端Xamarin全栈开发技术，涵盖语言特性、设计思想、技术技巧、测试方法等内容，并通过一个完整的实例连接全部知识与技能。本书尤其注重多种技术栈的有机融合，为培养解决复杂工程问题的能力提供完整的支持。

本书面向具有一定计算机专业课基础的读者。本书读者应至少掌握一门编程语言，并能独立完成简单的开发任务。本书可作为全栈开发技术相关课程的本科生教材，也可以作为基于Xamarin.Forms框架的全栈开发入门参考书。

图书在版编目(CIP)数据

Xamarin全栈开发技术与实践：微课版/张引等编著. —北京：清华大学出版社，2021.11(2022.11重印)
面向新工科专业建设计算机系列教材
ISBN 978-7-302-59153-5

Ⅰ. ①X… Ⅱ. ①张… Ⅲ. ①移动终端—应用程序—程序设计—高等学校—教材 Ⅳ. ①TN929.53

中国版本图书馆CIP数据核字(2021)第182837号

责任编辑：白立军
封面设计：刘　乾
责任校对：焦丽丽
责任印制：丛怀宇

出版发行：清华大学出版社
网　　址：http://www.tup.com.cn，http://www.wqbook.com
地　　址：北京清华大学学研大厦A座　　**邮　　编**：100084
社 总 机：010-83470000　　**邮　　购**：010-62786544
投稿与读者服务：010-62776969，c-service@tup.tsinghua.edu.cn
质量反馈：010-62772015，zhiliang@tup.tsinghua.edu.cn
课件下载：http://www.tup.com.cn，010-83470236
印 装 者：三河市铭诚印务有限公司
经　　销：全国新华书店
开　　本：185mm×260mm　　**印　　张**：22　　**字　　数**：506千字
版　　次：2021年12月第1版　　**印　　次**：2022年11月第2次印刷
定　　价：79.00元

产品编号：084502-01

出版说明

一、系列教材背景

人类已经进入智能时代，云计算、大数据、物联网、人工智能、机器人、量子计算等是这个时代最重要的技术热点。为了适应和满足时代发展对人才培养的需要，2017 年 2 月以来，教育部积极推进新工科建设，先后形成了“复旦共识”“天大行动”“北京指南”，并发布了《教育部高等教育司关于开展新工科研究与实践的通知》《教育部办公厅关于推荐新工科研究与实践项目的通知》，全力探索形成领跑全球工程教育的中国模式、中国经验，助力高等教育强国建设。新工科有两个内涵：一是新的工科专业；二是传统工科专业的新需求。新工科建设将促进一批新专业的发展，这批新专业有的是依托于现有计算机类专业派生、扩展而成的，有的是多个专业有机整合而成的。由计算机类专业派生、扩展形成的新工科专业有计算机科学与技术、软件工程、网络工程、物联网工程、信息管理与信息系统、数据科学与大数据技术等。由计算机类学科交叉融合形成的新工科专业有网络空间安全、人工智能、机器人工程、数字媒体技术、智能科学与技术等。

在新工科建设的“九个一批”中，明确提出“建设一批体现产业和技术最新发展的新课程”“建设一批产业急需的新兴工科专业”。新课程和新专业的持续建设，都需要以适应新工科教育的教材作为支撑。由于各个专业之间的课程相互交叉，但是又不能相互包含，所以在选题方向上，既考虑由计算机类专业派生、扩展形成的新工科专业的选题，又考虑由计算机类专业交叉融合形成的新工科专业的选题，特别是网络空间安全专业、智能科学与技术专业的选题。基于此，清华大学出版社计划出版“面向新工科专业建设计算机系列教材”。

二、教材定位

教材使用对象为“211 工程”高校或同等水平及以上高校计算机类专业及相关专业学生。

三、教材编写原则

(1) 借鉴 *Computer Science Curricula* 2013(以下简称CS2013)。CS2013的核心知识领域包括算法与复杂度、体系结构与组织、计算科学、离散结构、图形学与可视化、人机交互、信息保障与安全、信息管理、智能系统、网络与通信、操作系统、基于平台的开发、并行与分布式计算、程序设计语言、软件开发基础、软件工程、系统基础、社会问题与专业实践等内容。

(2) 处理好理论与技能培养的关系,注重理论与实践相结合,加强对学生思维方式的训练和计算思维的培养。计算机专业学生能力的培养特别强调理论学习、计算思维培养和实践训练。本系列教材以"重视理论,加强计算思维培养,突出案例和实践应用"为主要目标。

(3) 为便于教学,在纸质教材的基础上,融合多种形式的教学辅助材料。每本教材可以有主教材、教师用书、习题解答、实验指导等。特别是在数字资源建设方面,可以结合当前出版融合的趋势,做好立体化教材建设,可考虑加上微课、微视频、二维码、MOOC等扩展资源。

四、教材特点

1. 满足新工科专业建设的需要

系列教材涵盖计算机科学与技术、软件工程、物联网工程、数据科学与大数据技术、网络空间安全、人工智能等专业的课程。

2. 案例体现传统工科专业的新需求

编写时,以案例驱动,任务引导,特别是有一些新应用场景的案例。

3. 循序渐进,内容全面

讲解基础知识和实用案例时,由简单到复杂,循序渐进,系统讲解。

4. 资源丰富,立体化建设

除了教学课件外,还可以提供教学大纲、教学计划、微视频等扩展资源,以方便教学。

五、优先出版

1. 精品课程配套教材

主要包括国家级或省级的精品课程和精品资源共享课的配套教材。

2. 传统优秀改版教材

对于已经出版的、得到市场认可的优秀教材,由于新技术的发展,计划给图书配上新的教学形式、教学资源的改版教材。

3. 前沿技术与热点教材

反映计算机前沿和当前热点的相关教材，例如云计算、大数据、人工智能、物联网、网络空间安全等方面的教材。

六、联系方式

联系人：白立军
联系电话：010-83470179
联系和投稿邮箱：bailj@tup.tsinghua.edu.cn

“面向新工科专业建设计算机系列教材”编委会
2019年6月

面向新工科专业建设计算机系列教材编委会

计算机科学与技术专业核心教材体系建设——建议使用时间

课程系列	基础系列	电类系列	程序系列	系统系列	应用系列	选修系列
四年级下						
四年级上			软件工程综合实践	计算机体系结构	计算机图形学	机器学习 物联网导论 大数据分析技术 数字图像技术
三年级下			软件工程 编译原理		人工智能导论 数据库原理与技术 嵌入式系统	
三年级上			算法设计与分析	计算机网络		
二年级下			数据结构	计算机系统综合实践		
二年级上	离散数学（下）	数字逻辑设计 数字逻辑设计实验	面向对象程序设计 程序设计实践	操作系统		
一年级下	离散数学（上） 信息安全导论	电子技术基础	计算机程序设计	计算机原理		
一年级上	大学计算机基础					

FOREWORD

前言

本书是写给未来的开发者的。

在学生阶段，人们容易产生一种“幻觉”，以为只要学好“开发语言”“开发技术”“软件工程”“软件测试”“计算机网络”等十几门专业课，就能成为一名好的开发者。然而，实际经验告诉我们，即便学习了这些专业课，很多时候依然难以成为一名合格的开发者。导致这种情况的一个很重要的原因是专业课之间往往是彼此分隔的。因此，即便学生能在每次考试中都拿到不错的成绩，专业知识也被隔离在一座座名为“专业课”的孤岛之中。现实问题的解决经常要求我们整合运用几门专业课的知识。例如，本书 16.2 节中的例子就需要用到“Web 服务”“软件测试”“JavaScript 编程”“计算机网络”“网络架构”“密码学”六门课程的知识。如果不能在知识的孤岛之间架起桥梁，自然就很难解决这些问题，也无法成为一名合格的开发者。

本书的价值可以归结为“造岛”和“架桥”两点。在“造岛”方面，本书主要介绍了面向多客户端的全栈开发技术。“多客户端”，指的是使用 Xamarin.Forms 框架开发的应用可以同时运行在 iOS、Android、Windows 10 UWP 三种客户端上；“全栈”，指的是客户端开发技能栈、服务器端开发技能栈、软件工程技能栈、人机交互技能栈等多个技能栈的知识。在“架桥”方面则会使用一个贯穿全书的完整实例，将全栈开发所需的知识与技能连接起来，形成一张全栈开发知识网。同时还会更进一步，将这张网络延伸到数据库、软件测试、计算机网络等多个专业领域，使学生的知识网络更加四通八达，为成为一名合格的开发者提供坚实的基础设施。

作者一直认为，“带着问题学习”是最好的学习模式。因此，在组织本书内容时，没有采用传统教材的“分门别类”模式，而是随着项目的开发进程组织内容，即“需要什么，就学什么”。

本书分为四部分：第一部分（第 1～6 章）“基础与用户”介绍一些基础知识，包括如何安装开发环境、客户端开发的基础知识，以及如何获取用户需求。第二部分（第 7～17 章）“框架与方法”介绍客户端开发的框架与方法，包括 MVVM＋IService 架构模式、单元测试与 Mock、Git 与分支开发等。第三部分（第 18～27 章）“深入客户端”介绍一些解决现实生活中的复杂开发问题所需要的“花式”技术，包括服务化的导航机制、动态生成查询语句、跨设备数据同步等。第四部分(第28～33章)"服务器端开发"介绍服务器端开发技术,包括如何运用与客户端开发相同的技术栈来进行服务器端开发,并完成身份验证、数据传输等任务。

本书面向的是已经学习了一些计算机专业基础课的读者,至少应掌握一门编程语言,且能够独立地完成一些简单的开发任务。本书与传统的教材不同,可能会让读者不知所措。别担心,为了丰富读者的学习体验,本书提供了详细的视频。这些视频涵盖了从创建项目到完成开发的每一行代码,确保读者不会错过任何细节。同时,本书还提供了按章节组织的源代码,可通过扫描目录处的二维码查看。

在过去的几年中,我们已经多次以这种完全项目式学习(Project Based Learning,PBL)的形式开展课程,并获得了热爱开发的同学们的欢迎。然而,这也是作者第一次尝试将这种学习模式和内容以教材的形式呈现。因此,书中难免会出现疏漏和不足。如果发现问题,请在书籍代码仓库中提交问题,我们会及时改正。

希望用我们的热情凝结出来的这本书,能为未来的开发者提供一些有益的参考。

作　者

2021年8月

CONTENTS

目录

第一部分 基础与用户

第三部分 深入客户端

第一部分　基础与用户

本部分主要介绍一些基础知识，包括如何安装开发环境、客户端开发的基础知识，以及如何获取用户需求。各章的主要内容如下：

第 1 章

- 安装开发环境
- 开发项目“Hello World!”

第 2 章

- 客户端开发的基本控件
- 布局控件
- 开关控件

第 3 章

- 与用户交流的方法
- 获取用户需求

第 4 章

- 基于用户的需求学习新的控件
- 实现自适应显示
- 实现批量数据显示

第 5 章

- 绘制应用的原型
- 评价原型设计

第 6 章

- 访问数据库
- 访问 Web 服务中的数据

第1章

马上开始

欢迎来到 Xamarin 全栈工程的世界！在这里，我们将采用 Xamarin 框架，运用“全栈工程”的理念，一起开发面向 iOS、Android，以及 Windows 10 Universal Windows Platform (UWP)的跨平台应用。

什么是全栈工程？本书对全栈工程的理解涵盖了从客户端开发到服务器端开发，从用户需求分析到软件测试交付全过程的工程活动。

虽然听起来很复杂，但我们的理念是“轻理论，重实践”。所以，暂且把这些概念放在一边，先安装相应软件，然后做一个简单的“HelloWorld”项目，再讨论复杂的概念。配套代码的下载地址为 https://gitee.com/zhangyin-neu/Xamarin-Full-Stack-Book-Codes。

1.1 系统要求(简化版)

如果你是一名初学者，那么简单来讲，需要一台配备 Intel 处理器、安装 Windows 10 操作系统的计算机，才能顺利地学习本书的内容。

如果安装的是 Windows 7 或更早版本，则需要升级到 Windows 10，才能完成后面的学习。如果使用的是一台 Mac 计算机，那么可以考虑采用安装双系统，或参考 1.8 节。

> 关于 macOS 双系统安装 Windows 10，请访问 https://support.apple.com/boot-camp。

如果计算机配备的是 AMD 处理器，或者使用 Mac 计算机并且不想安装双系统或虚拟机，则参考 1.8 节。阅读 1.8 节需要一定的专业知识。对于初学者，建议使用配备 Intel 处理器、安装 Windows 10 操作系统的计算机。

1.2 下载 Visual Studio Community

Visual Studio Community 是微软公司免费提供的全功能开发环境。目前，Visual Studio Community 提供两种形式的安装包：在线安装包和离线安装包。

在线安装包体积小巧,下载迅速,是安装 Visual Studio Community 的首选方法。不过,在安装过程中,在线安装包需要联网并从微软公司的网站下载很多文件,因此需要花费一些时间。最新版本的在线安装包可以从 http://www.visualstudio.com/下载。

在线安装包的一个问题是每次安装时都需要重新从微软公司的网站下载文件。如果只有一台计算机,并且不需要经常重新安装 Visual Studio,就不会造成较麻烦的问题。但如果有多台计算机,或者需要经常重新安装 Visual Studio,那么建议使用离线安装包。

离线安装包体积巨大,下载缓慢。但在安装过程中,离线安装包不需要联网,因此安装速度更快。并且,用户可以很方便地复制和备份离线安装包,从而方便多机、多次安装。

下载在线安装包

下载离线安装包

1.3 安装 Visual Studio Community

将 Visual Studio Community(以下简称 Visual Studio)安装包下载后,只需运行 vs_community.exe 即可开始安装。在 Workloads 选择界面选择如下 3 个工作负载(Workload):Azure 开发、通用 Windows 平台开发、使用.NET 的移动开发。单击 Install 便可以开始安装 Visual Studio Community。

安装好 Visual Studio Community 之后,还需要启用 Windows 的开发人员模式才能进行 UWP 开发。如果想要直接运行本书提供的代码,还需要安装 10.0.16299.0 版本的 Windows 10 SDK。

安装 Visual Studio

安装 10.0.16299.0 Windows 10 SDK

1.4 注册、下载并安装 ReSharper

不安装 ReSharper 不会影响读者学习这本书的内容,但安装 ReSharper 会使开发过程更加顺畅。如果不打算安装 ReSharper,可以跳过本节内容。

ReSharper 是 JetBrains 公司为 Visual Studio 开发的著名扩展软件。ReSharper 能够帮助用户写出更好的代码,其功能包括定位代码中的错误,以及寻找冗余代码。ReSharper 甚至能够指出哪些代码写得不理想,并提供优化建议。

ReSharper 是付费的商业软件,但面向学生提供免费的授权许可。另外,ReSharper 可能会使 Visual Studio 变得卡顿。所以这是一个取舍:是享受 ReSharper 带来的便利,同时忍受可能的卡顿，还是享受原始 Visual Studio 的流畅，却要忍受更麻烦的开发过程？每个用户都需要做出一个选择。

如果你是一名学生，可以参考下面的视频来获得 ReSharper 的免费授权许可。

JetBrains Toolbox 是安装 ReSharper 及 JetBrains 其他开发工具的便利途径。在获得了授权许可之后，可以参考下面的视频来下载并安装 JetBrains Toolbox。

安装 JetBrains Toolbox 之后，就可以方便地安装 ReSharper 了。

ReSharper 免费授权许可

下载并安装 **JetBrains Toolbox**

安装 **ReSharper**

ReSharper 提供了丰富的配置选项。可以从下面的地址下载本书使用的 ReSharper 配置文件，并将其导入到 ReSharper 中。

下载 **ReSharper** 配置文件

1.5　安装 Android Studio

Visual Studio 安装好之后，就可以使用 Xamarin 进行 UWP 开发了。但如果还想同时进行 Android 开发，就需要安装 Android Studio。Android Studio 是谷歌公司和 JetBrains 公司联合推出的免费 Android 开发环境。读者可以使用 JetBrains Toolbox 方便地安装 Android Studio。

Android Studio 的安装非常容易，但是后续的配置有一些麻烦。首先需要初始化 Android Studio。

安装 **Android Studio**

初始化 **Android Studio**

接下来需要使用 Android Studio 安装 Android SDK 与 Build-Tools。

使用 **Android Studio** 安装 **Android SDK** 与 **Build-Tools**

与上面的过程类似,安装 Android 模拟器。

之后就可以测试 Android 模拟器能不能正常工作了。

如果一切正常,就可以将下载到的 Android SDK、Build-Tools 以及模拟器镜像从 Android Studio 复制到 Visual Studio,以便 Visual Studio 能够调用这些文件。

安装 Android 模拟器

测试 Android 模拟器

复制到 Visual Studio

为什么不修改 Visual Studio 的 Android SDK 路径,让它指向 Android Studio 的 Android SDK,而是要把 Android SDK 从 Android Studio 复制到 Visual Studio 呢?

根据经验,无论进行何种开发,只要多个开发环境共用一套 SDK、编译工具以及模拟器,就会有很大概率发生各种问题。为了保证开发顺利,开发者更希望不同的开发环境使用各自的 SDK。

这样做带来的另一个好处是,如果 Visual Studio 的 Android SDK 崩溃了,我们可以随时将它删掉,再从 Android Studio 那里重新复制一份过来,从而让 Visual Studio 的 Android SDK 立刻满血复活。

1.6 Hello World!

软件安装工作告一段落后,下面来完成一个"Hello World!"的项目开发。

编写 HelloWorld 项目

读者可以首先参考下面的视频,之后,再来看这段代码都涉及哪些内容。

如图 1-1 所示,在解决方案管理器中能看到 4 个项目,分别是:①HelloWorld 项目,这是我们接下来编写代码的项目;②HelloWorld.Android 项目,是生成 Android 应用的项目;③HelloWorld.iOS 项目,是生成 iOS 应用的项目;④HelloWorld.UWP 项目,是生成 Windows 10 UWP 应用的项目。

在 HelloWorld 项目中首先双击右侧解决方案管理器中的 MainPage.xaml,打开 XAML 代码编辑器,再打开预览器(Previewer)。利用预览器可以直观地看到程序界面的设计效果。

预览器左边是 XAML 代码。这里先不去关心 XAML 是一门怎么样的语言,而是先尝试着理解我们用 XAML 都做了些什么。在 HelloWorld 项目中,使用 XAML 定义一个按钮(Button)以及一个标签(Label):

```
<!-- MainPage.xaml -->
<Button FontSize="48" Text="Click Me" />
<Label FontSize="48" x:Name="ResultLabel">
```

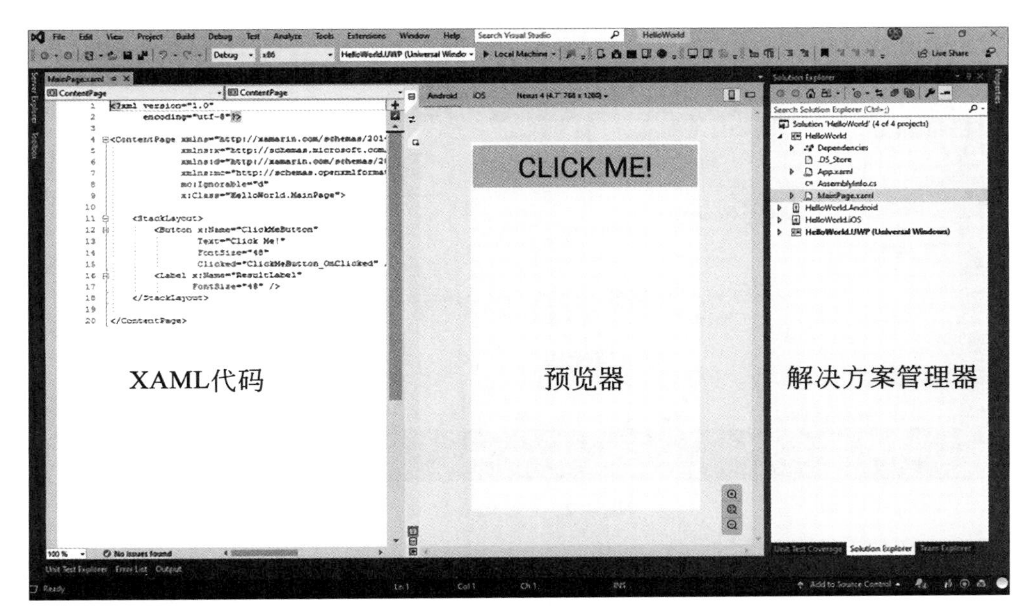

图 1-1　Visual Studio 开发界面

读者如果对上述代码感到困惑，那么尝试用英语而不是计算机语言去理解这些代码，可能会更简单。

Button：按钮。

FontSize：字体大小。

Text：文本。

Label：标签。

Name：名字。

这样理解，这段代码就变得很简单。

如果遇到不认识的单词，可以去查一下字典。需要注意的是，大写字母是用来区分不同单词的。所以 FontSize 其实是两个单词，Font（字体）和 Size（大小）。这样就更容易理解了。

这种按照大写字母区分单词，并依据词义来理解功能的方法会贯穿本书整个的学习过程。所以这个技能是读者需要掌握的。

> 尝试理解如下控件的功能，再尝试用搜索引擎搜索，确认一下你的理解是否正确。
> Switch，Slider，Entry，TimePicker

接下来双击 MainPage.xaml.cs，打开 C# 代码界面，如图 1-2 所示。我们先不去了解什么是 C#，但是我们要知道 C# 读作 C Sharp，而不是"C 井"。

这段 C# 代码也非常简单：

```
//MainPage.xaml.cs
ResultLabel.Text = "Hello World!";
```

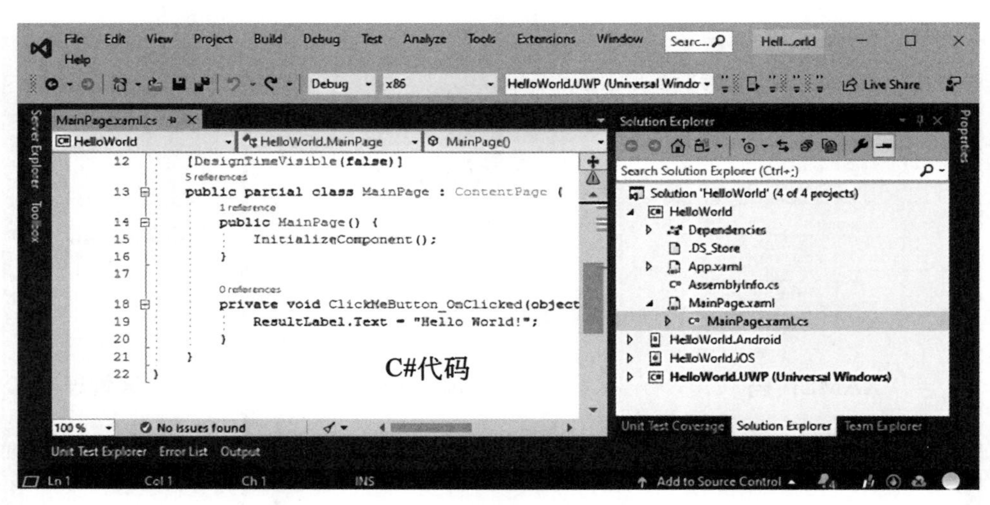

图 1-2　C#代码界面

在刚刚的 XAML 代码中,有一个 Label 的名字叫 ResultLabel。这段 C#代码仅仅是将 ResultLabel 的文本(Text)设置为"Hello World!"。

可见,这个项目的运行十分顺利。

1.7　背景与概念

本书中,我们会一起学习基于 Xamarin,面向 iOS、Android 及 Windows 10 UWP 的全栈工程开发技术。全栈工程通常会包含至少两个"端":客户端和服务器端。上面的 HelloWorld 项目便是一个客户端项目。

本书中选用的客户端开发框架是 Xamarin,其全称为 Xamarin.Forms。在不造成混淆的情况下,本书中所有的 Xamarin 都指 Xamarin.Forms。

Xamarin 是微软公司面向 iOS、Android 及 Windows 10 UWP 提供的跨平台开发框架。利用 Xamarin 开发的应用可以运行在任何 iOS/iPadOS、Android 及 Windows 10 设备上,包括 iPhone、iPad、Android 手机/平板、Windows 10 计算机、Xbox 游戏机、Surface Hub 大屏设备,以及 HoloLens 混合现实眼镜等等。

> 关于 Xamarin 的更多信息,请访问 https://docs.microsoft.com/zh-cn/xamarin/cross-platform/get-started/introduction-to-mobile-development。

预览器中使用的语言为 XAML,全称 Extensible Application Markup Language,读作 *zamel*。在后面的章节中,本书会详细地介绍 XAML。如果读者想提前了解 XAML,可以访问下面的文档。

> 关于 XAML 的更多信息,请访问 https://docs.microsoft.com/zh-cn/xamarin/xamarin-forms/xaml/。

XAML是用来设计应用界面的。除了XAML，还需要使用C#来实现程序的逻辑功能。如果读者之前学习过C语言，那么C#应该不会很陌生。如果读者曾经使用过C++或Java，那么上手C#就变得更加容易了。如果读者有过一定的C++或Java开发经验，那么基本上不需要学习C#便能顺利地学习本书的内容。如果打算专门了解C#，这里有一个不错的网课：

> 关于网课C# Fundamentals: Development for Absolute Beginners，请访问https://channel9.msdn.com/Series/C-Sharp-Fundamentals-Development-for-Absolute-Beginners。

1.8 系统要求(完整版)

本书介绍的一个重点内容是如何使用Xamarin开发面向iOS、Android以及Windows 10 UWP的跨平台应用。在不考虑采用双系统、虚拟机、远程模拟器的情况下，iOS、Android及Windows 10 UWP这三个开发平台对计算机的操作系统和处理器有着各自的要求，如表1-1所示。

表1-1 iOS、Android及Windows 10 UWP开发对操作系统及处理器的要求

开发平台	处理器/操作系统		
	Intel/Windows 10	AMD/Windows 10	macOS
iOS	×	×	●
Android	●	需要Windows 10 Pro版操作系统	●
Windows 10 UWP	●	●	×

在表1-1中，●表示该操作系统及处理器组合可以直接进行该平台的开发。例如，无论采用Intel还是AMD处理器，Windows 10都可以进行UWP开发。×表示该操作系统及处理器组合不可以直接进行该平台的开发。例如，macOS是不能进行UWP开发的。

表1-1还对一些特殊的情况进行了说明。当使用Windows 10及AMD处理器进行Android开发时，需要使用Windows 10 Pro版操作系统。

> 关于如何使用Windows 10 Pro及AMD处理器进行Android开发，请访问https://docs.microsoft.com/zh-cn/xamarin/android/get-started/installation/android-emulator/hardware-acceleration。

macOS下需要安装Xcode、Android Studio以及Visual Studio for Mac才能进行Xamarin开发。App Store中可以轻松地安装Xcode。安装完成后，需要先运行Xcode再安装其他的软件。

安装Xcode

在macOS下安装Android Studio的过程与Windows下基本相同。读者可以参考1.4节，在macOS下注册并安装JetBrains Toolbox，再参考1.5节，安装并配置Android Studio。需要注意的是，不能在macOS下安装ReSharper。

接下来就可以安装Visual Studio for Mac了。与Windows版本的Visual Studio一样，在安装完Visual Studio for Mac之后，读者也需要将Android SDK、Build-Tools以及模拟器镜像从Android Studio复制到Visual Studio for Mac。

由于macOS下的Visual Studio for Mac不能使用ReSharper，我们会使用Rider在macOS下进行Xamarin开发，从而获得与ReSharper类似的功能。Rider也是JetBrains公司出品的开发环境。读者可以使用JetBrains Toolbox安装Rider。我们还提供了一份Rider的配置文件。你可以将其导入Rider中。

安装并配置 Visual Studio for Mac

导入 Rider 配置文件，安装插件

1.9 动手做

下面来练习一下。

使用Entry可以生成一个文本框。用户可以在文本框中输入文字。请你改进HelloWorld项目，让用户在文本框中输入自己的名字，如“老王”，并显示：

```
Hello, 老王! Welcome to my home!
```

小提示：字符串拼接可以直接用“+”，例如：

```
"Hello " + "World!"
```

第2章

认识一批控件[①]

在 HelloWorld 项目中，我们分别使用 Button 和 Label 来呈现一个按钮以及一个标签。在 Xamarin（以及很多其他平台，如 Android、iOS 等）中，这类用于呈现可视化元素的部分被称为“控件”。控件是开发任何客户端应用所必需的基石。鉴于控件如此重要，我们有必要先来认识一批控件，并学习如何使用它们。

截至本书定稿时，微软公司为 Xamarin 提供了几十种不同的控件。很多第三方公司，如 Telerik、SyncFusion 等，也为 Xamarin 开发了大量的控件。这带来了一个问题：我们需要学习所有的控件吗？

答案是不用。

通过简单的学习读者就会发现，控件使用起来有非常明显的规律。只需要学习几个典型的控件，就能够举一反三。本章将介绍 7 个典型的控件，并尝试从中发现学习与使用控件的一般规律。之后，我们就可以去和用户深度交流，了解我们能为他们做点什么了。

> 要了解 Xamarin 的第三方控件，请访问 https://docs.microsoft.com/zh-cn/xamarin/xamarin-forms/user-interface/controls/thirdparty。

2.1 网格布局控件 Grid

在各种控件中，有一类特殊的控件。它们并不显示为特定的元素，却决定着其他控件的位置。这类控件称为布局控件。网格布局控件 Grid 就是一个布局控件。

Grid 非常类似于文字排版软件（如 Microsoft Word、WPS 文字等）中隐藏了边框的表格。我们首先通过一个例子来了解 Grid 的用法。

Grid 的用法

① 这一章的内容借鉴了 Bob Tabor 在 Channel 9 上开设的课程“Windows 10 development for absolute beginners”中使用的例子：https://channel9.msdn.com/Series/Windows-10-development-for-absolute-beginners。

在使用 Grid 时，首先使用 Grid.ColumnDefinitions 与 ColumnDefinition 来定义列：

```
<!-- MainPage.xaml -->
<Grid.ColumnDefinitions>
  <ColumnDefinition Width="2*" />
  <ColumnDefinition Width="3*" />
</Grid.ColumnDefinitions>
```

其中，Width 的取值可以是 Auto、*，以及具体的宽度值，具体说明如下。

(1) Auto：自动设置列的宽度。此时，列的宽度由列中控件的宽度决定。控件占用的宽度越大，列越宽。

(2) *：占用所有可用的空间。此时，列会变得尽可能地宽，从而占用所有可用的空间。*前面还可以添加数字，代表列会占用多少比例的空间。在上面的例子中，第一列会占用 2/(2+3)的空间，第二列则会占用 3/(2+3)的空间。

(3) 具体的宽度值：以有效像素计算的宽度。

需要注意的一点是，Xamarin 使用“有效像素”(Effective Pixel)而非“像素”(Pixel)来度量长度和宽度。有效像素的概念有些复杂，不理解有效像素并不会影响读者对本书的学习，因此这里就不展开介绍了。如果读者有兴趣，可以从下面的资源中找到微软公司对有效像素的解释：

> 微软公司提供了一篇文档以及一段视频来解释什么是有效像素。这些资料是面向 UWP 的，但其中的知识也适用于 Xamarin：https://docs.microsoft.com/zh-cn/windows/uwp/design/basics/design-and-ui-intro。
>
> https://channel9.msdn.com/Blogs/One-Dev-Minute/Scaling-and-effective-pixels-in-Xamarin-apps。

类似地，还可以使用 Grid.RowDefinitions 与 RowDefinition 来定义行。

如果希望将一个控件放置在 Grid 的某个单元格中，可以为控件设置 Grid.Row 与 Grid.Column：

```
<Label Grid.Row="1"
    Grid.Column="0"
    Text="Full Name: " />
```

Grid.Row 以及 Grid.Column 都是从 0 开始计数的。

如果希望一个控件可以跨越多个列，可以设置 Grid.ColumnSpan：

```
<Label Text="ACME Sales Corp"
    Grid.ColumnSpan="2" />
```

最后，使用 VerticalOptions 与 HorizontalOptions 来控制控件的垂直与水平位置：

```
<Label Text="Full Name: "
    VerticalOptions="Center" />
```

当 VerticalOptions 为 Center 时，控件会在 Grid 的单元格中垂直居中。

知道 Grid 的这些内容就足够完成后面的学习了。如果读者想了解 Grid 的更多内容，微软公司提供了一份详细的文档：

> 关于 Grid 的更多内容，请访问 https://docs.microsoft.com/zh-cn/dotnet/api/xamarin.forms.grid。

2.2　线性布局控件 StackLayout

Grid 很强大，能够实现非常复杂的布局效果。可是有些时候，我们只是希望简单地罗列一些控件，并不希望形成复杂的网格布局。这时，线性布局控件 StackLayout 就能派上用场了。首先来看一个例子：

StackLayout 用法

StackLayout 是一种非常简单的布局控件。它只能在垂直或水平方向上实现线性的布局。我们只需使用 Orientation 设置垂直或水平方向布局即可：

```
<StackLayout Orientation="Horizontal" />
```

上面 Grid 和 StackLayout 的例子中还使用 Margin 设置了控件的外边距。另外，也可以使用 Padding 设置控件的内边距。微软公司官网提供了一张很直观的图片来解释外边距与内边距的区别，如图 2-1 所示。

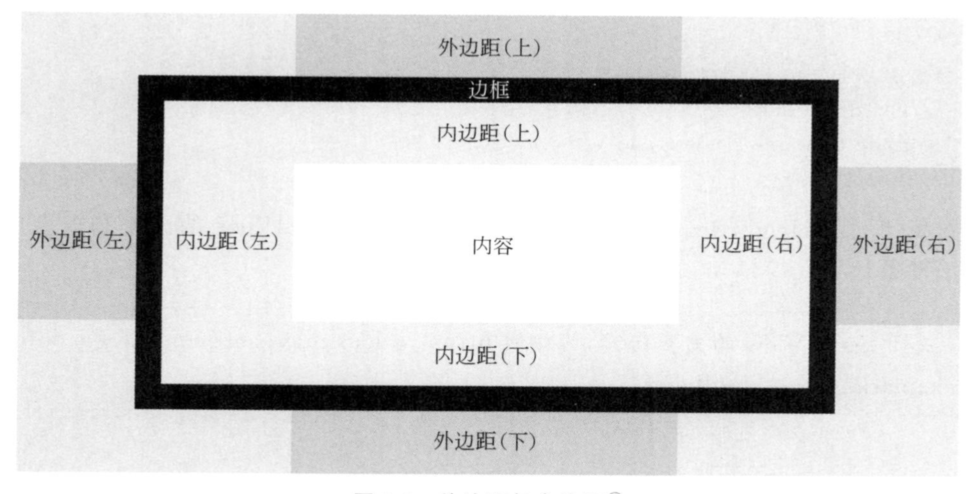

图 2-1　外边距与内边距①

外边距(Margin)就是控件之间的距离，内边距(Padding)则是控件的内容与控件边

① https://docs.microsoft.com/en-us/windows/uwp/design/layout/alignment-margin-padding。

框之间的距离。外边距与内边距的四个方向可以按照“左,上,右,下”的顺序分别指定。因此:

```
Margin="0,0,0,4"
```

代表只有下边的外边距是 4,其他方向的外边距都是 0。

最后,尽管 StackLayout 非常简单,但嵌套多个 StackLayout 仍旧能够实现非常复杂的效果,例如例子中的彩色旗帜。

> 关于 StackLayout 的更多内容,请访问 https://docs.microsoft.com/zh-cn/dotnet/api/xamarin.forms.stacklayout。

2.3 滚动视图控件 ScrollView

Grid 和 StackLayout 等布局控件的一个问题是,当其中的内容过多,以至于不能在窗体内完整地显示时,控件内并不会出现滚动条:超出显示范围的内容被简单地遮盖了。你没有办法让这些内容显示出来,除非调整窗体的大小。

ScrollView
使用方法

所以,滚动条去哪里了?

在 Xamarin 中,滚动条需要使用滚动视图控件 ScrollView 来显示。下面通过一个例子来了解一下 ScrollView 的使用方法:

ScrollView 使用起来非常简单,只需要将控件放在 ScrollView 里面就可以了:

```
<ScrollView HeightRequest="75"
      WidthRequest="200">
  <Image Source="index.png" />
</ScrollView>
```

这里使用了 HeightRequest 和 WidthRequest 指定 ScrollView 的高度和宽度,以便触发滚动条。

> 关于 ScrollView 的更多内容,请访问 https://docs.microsoft.com/zh-cn/dotnet/api/xamarin.forms.scrollview。

2.4 超链接按钮 HyperlinkButton

HyperlinkButton
使用方法

在学习了几个布局控件之后,下面学习一些普通控件。在 HelloWorld 项目中,我们曾经使用过 Button 控件。学习一个跟 Button 控件很类似,但却有截然不同的外观的控件:超链接按钮 HyperlinkButton。

从这段视频可以看出，事实上并不存在 HyperlinkButton 控件。然而，我们可以利用 Label 控件来模拟 HyperlinkButton。为了达到超链接的显示效果，可以使用：

```
TextDecorations="Underline"
```

在 Label 控件上显示一条下画线。另外，由于 Label 并没有像 Button 一样提供 Clicked 事件，因此向 Label 添加一个手势识别器（Gesture Recognizer），也就是一个点击手势识别器（TapGestureRecognizer）：

```
<Label.GestureRecognizers>
    <TapGestureRecognizer
        Tapped="ClickMeHyperlinkButton_OnTapped" />
</Label.GestureRecognizers>
```

点击手势识别器会识别用户的点击行为。当点击行为发生时，就会触发 Tapped 事件。

手势识别器是一种向控件添加功能的有效方法。当控件不支持特定的功能时，可以利用手势识别器来将特定的功能添加给控件。本书不会使用很多手势识别器，因此这里也不对它们做过多的介绍。如果读者想了解手势识别器的更多内容，可以访问微软公司提供的文档：

> 关于手势识别器的更多内容，请访问 https://docs.microsoft.com/zh-cn/xamarin/xamarin-forms/app-fundamentals/gestures/tap。

接下来的事情就和前面在 HelloWorld 项目中处理 Button 的 Clicked 差不多了。在 MainPage.xaml.cs 文件中利用一段代码，调用浏览器打开一个网页：

```
//MainPage.xaml.cs
private async void ClickMeHyperlinkButton_OnTapped(
  object sender, EventArgs e) {
    await Browser.OpenAsync(
      "https://docs.microsoft.com/zh-cn/");
}
```

这里使用 Xamarin.Essentials 的浏览器 API 来打开网页。Xamarin.Essentials 为开发人员提供了一系列的跨平台 API，可以实现调用浏览器、剪贴板、地图等一系列功能。本书会用到 Xamarin.Essentials 的很多功能。读者可以先访问微软公司提供的文档来了解 Xamarin.Essentials 都能做些什么：

> 要了解 Xamarin.Essentials 的功能，请访问 https://docs.microsoft.com/zh-cn/xamarin/essentials/。

Xamarin.Essentails 的浏览器 API 使用起来就像上面的例子中的一样简单。当然，也可以从微软公司提供的文档中获得更多的信息：

要了解 Xamarin.Essentials 的浏览器 API,请访问 https://docs.microsoft.com/zh-cn/xamarin/essentials/open-browser。

2.5 弹出信息 DisplayAlert

有时开发者需要向用户弹出一些信息,例如付费游戏经常需要提醒用户:“充值可以获得更好的游戏体验!”。此时就需要使用弹出信息。

DisplayAlert
使用方法

弹出信息使用起来非常简单,只需要调用:

```
DisplayAlert("Greetings!", "You have clicked me!", "OK");
```

并依次提供弹出信息的标题、内容,以及“确定”按钮上显示的文字就可以了。

然而弹出信息的这种“简单”是非常具有迷惑性的。DisplayAlert 实际上是 Page 类的成员函数。也就是说,只有在 Page 对象的上下文中才能调用 DisplayAlert。这里的概念理解起来稍有些困难,现在,读者只需要知道,弹出信息看起来很简单,却内有乾坤就可以了。

另一点需要注意的是,弹出信息是一种很具干扰性的提示信息的方法。在信息弹出后,用户必须点击弹出信息中的按钮,才能继续自己的工作,而不能简单地忽略信息。这种提示信息的方法不仅打断了用户的工作,还剥夺了用户的选择权。因此,除非有非常重要的信息,否则尽量不要使用弹出信息。

很多人都讨论过弹出信息为什么是惹人厌烦的,这是其中之一:https://stackoverflow.com/questions/361493/why-are-modal-dialog-boxes-evil。

2.6 开关控件 Switch

人们在手机中经常会使用如图 2-2 所示的开关控件。

启用 4G 

图 2-2 手机中的开关控件

Switch
使用方法

这种开关在 Xamarin 中使用 Switch 控件来呈现。下面就来学习 Switch 控件。

Switch 控件使用起来是如此简单。现在的问题是,如何使用 C# 代码确定 Switch 是处于关闭还是开启状态呢?尝试从下面的文档中找到答案。

关于 Switch 的更多内容，请访问 https://docs.microsoft.com/zh-cn/dotnet/api/Xamarin.Forms.Switch。

2.7　滑块控件 Slider

本章学习的最后一个控件是滑块控件 Slider。Slider 通常用来设定数值，例如音量的大小，调色板中红色的比例等。我们首先来看看 Slider 的用法：

Slider 使用方法

我们使用 Maximum 和 Minimum 设置 Slider 的取值范围：

```
<!-- MainPage.xaml -->
<Slider Name="MySlider"
    Maximum="100"
    Minimum="0" />
```

再使用 Value 获得 Slider 的值：

```
MySlider.Value
```

在上面的例子中，我们使用数据绑定来读取 Slider 的值，并实时地显示在 Label 中：

```
<Label Margin="4,0,0,0"
    Text="{Binding Value}"
    BindingContext="{x:Reference MySlider}" />
```

这里先不讨论数据绑定的用法，而是再次尝试用英语来理解这段代码。Text="{Binding Value}"表示将 Text 的值绑定到 Value。但问题是，绑定到哪个 Value 呢？BindingContext="{x: Reference MySlider}"指明了绑定的上下文是 MySlider。因此，Text="{Binding Value}"要绑定的是 MySlider 的 Value。数据绑定是实时进行的。在 MySlider 的值发生改变的同时，Label 的内容就会同步更新，非常方便。

在设置 Slider 控件的宽度时，仅设置 WidthRequest 并不能发挥作用，必须将 HorizontalOptions 设置为 Start：

```
<Slider HorizontalOptions="Start"
    WidthRequest="200" />
```

这是由于 HorizontalOptions 的默认值是 Fill[①]。当 HorizontalOptions 的值为 Fill 时，控件会在水平方向上占用所有可用的空间。此时，WidthRequest 的值会被忽略。我们在使用 BoxView、ScrollView 等控件时遇到的 WidthRequest 没能发挥作用的情况，也都是这个原因导致的。要改变这种情况，就需要将 HorizontalOptions 设置为 Start、Center 或 End。

① https://docs.microsoft.com/zh-cn/dotnet/api/Xamarin.Forms.View.HorizontalOptions。

关于 Slider 的更多内容,请访问 https://docs.microsoft.com/zh-cn/xamarin/xamarin-forms/user-interface/slider。

2.8 控件使用的一般规律

通过前面的学习,相信你已经发现了控件使用的一般规律。本节主要总结这些规律。

XAML 中可以通过一些设置来改变控件的特征、外观以及行为。例如,我们可以通过<Label x:Name="ClickMeHyperlinkButton" />来将一个 Label 命名为 ClickMeHyperlinkButton;通过<ScrollView HeightRequest="75" />来将一个 ScrollView 的高度设置为 75;还可以通过<StackLayout Orientation="Horizontal" />来将一个 StackLayout 设置为水平方向布局。

在 XAML 中,这些设置被称为属性(Property)。在微软公司的官方文档中,控件的属性罗列在控件文档的 Properties 部分。在 Visual Studio 中,自动代码提示中的属性如图 2-3 所示。

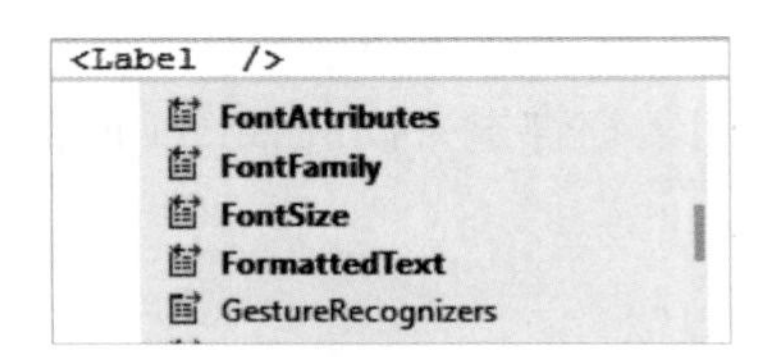

图 2-3 Visual Studio 自动代码提示中的属性[①]

属性的名称是自我描述的。因此,FontSize 就是字体大小,GestureRecognizers 则是手势识别器。

除了属性,还可以为控件设置事件处理函数:

```
<TapGestureRecognizer
  Tapped="ClickMeHyperlinkButton_OnTapped" />
```

在上面的代码中,我们设置了 TapGestureRecognizer 的 Tapped 事件(Event)。如同每个控件都有很多属性,每个控件也有很多个事件。在微软公司的官方文档中,控件的事件罗列在控件文档的 Events 部分。在 Visual Studio 中,自动代码提示中的事件如图 2-4 所示。

图 2-4 Visual Studio 自动代码提示中的事件

① 图 2-3 中的代码提示是 ReSharper 给出的。如果没有安装 ReSharper,可能会看到不同的提示以及图标。

基于目前的经验,我们可以总结出使用控件的"套路":通过设置属性来控制控件的特征、外观,以及行为,再通过处理事件来实现一些功能。

现在的问题是,如何找到需要的控件?

访问下面的网址,你可以找到 Xamarin 提供的所有控件。

> https://docs.microsoft.com/zh-cn/xamarin/xamarin-forms/user-interface/。

微软公司还贴心地准备了一个应用:FormsGallery。安装 FormsGallery 后,就可以很容易地查找微软公司为 Xamarin 提供了哪些控件,如图 2-5 所示。

图 2-5　FormsGallery

> FormsGallery 需要自己编译。要下载 FormsGallery 的源代码,请访问 https://github.com/xamarin/xamarin-forms-samples/tree/master/FormsGallery。

2.9　动手做

安装 FormsGallery,浏览所有的控件,选出一个你认为最有趣,以及一个你认为最莫名其妙的控件,解释为什么你觉得它们有趣和莫名其妙。分享你对它们的看法。

第3章

寻找用户

在软件工程理论中，软件开发的第一步通常是需求分析。从很多软件工程的相关书籍中都包含了标准化的需求分析方法与工具，包括用户画像、用户场景、产品用例等。然而本书并不打算采用这些高度理论化、标准化、工程化的方法来分析用户的需求，而是回到软件作为"为人服务的产品"这一本源，来探讨为什么要做产品、为谁服务、用户到底需要什么，以及软件开发者能为用户做点什么。

3.1 重视项目问题的质量

大学课程中接触的项目通常在解决两种问题：①教师给定的问题，例如使用C语言实现队列和栈，并模拟电梯系统的运行过程；②学生自选的问题，但问题的解决必须符合教师给定的流程，例如使用软件工程方法开发一个应用，要求必须实现标准化的需求分析、系统设计、系统实现等过程。

与第一种问题相比，第二种问题看起来似乎更偏重实践。然而，这两种问题的内核却通常是相同的：它们都是为了强化对某些理论的学习，例如队列和栈，又如"基于用例的需求分析方法"。

学习理论固然重要，但这种"轻实践，重理论"的理念却让理论学习成为了最终目的，而项目问题的质量却常常被忽视了。

这种忽视往往会带来一些不理想的结果。

同学A试图向教师B介绍自己的项目解决了什么问题。

同学A：我的项目来自于我平时生活的切身感受。我是一个很喜欢听歌的人。但是受到版权的限制，有些歌只有网易云音乐上有，有些歌只有QQ音乐上有。当我想要找一首歌时，我就需要分别在两个平台上搜索，非常麻烦。

教师B：好的，这个观察非常棒。

同学A：于是我的项目试图解决这样一个问题：如何在一个应用里，让用户能够分别搜索网易云音乐和QQ音乐。

教师B：我好像没太听懂你的意思。

同学 A：是这样的。在我的应用里有一个 Entry 和两个 Button。用户只需在 Entry 里输入关键字，**点击第一个 Button 就会搜索网易云音乐，点击第二个 Button 就会搜索 QQ 音乐**。

教师 B：所以你觉得"不能在一个应用里分别搜索两个音乐平台"是你作为用户遇到的问题。

同学 A：是的。

教师 B：但我认为，"没有一个应用能够帮我同时搜索两个音乐平台，并告诉我到底哪个平台上有我想找的歌"有可能是用户遇到的问题。

同学 A：我没有考虑这一步。

从上面的例子可以看到，同学 A 给出了一个很不错的观察：在多个音乐平台上搜索歌曲是一件很麻烦的事情。然而，同学 A 提出的问题却是"如何才能够在一个应用里分别搜索不同的音乐平台"。一部分用户认为这是他们遇到的问题，但"如何**同时**搜索不同的音乐平台"也许对用户更有价值。

在学校中，忽视项目问题可能只会影响一点成绩。然而，如果在步入社会后依然不能提出高质量的项目问题，那结果可能会严重得多。

这段对话来自创业纪录片《燃点》[①]。一位创业者试图向投资人介绍自己的项目。

投资人：现在在做什么项目？

创业者：现在做美食应用。

投资人：具体内容是什么呢？

创业者：我们拍摄美食短视频，帮助商家做美食推广，并联合这些商家推出一些活动。

投资人：你们帮他们拍短视频的时候收费吗？

创业者：收费的。一部短视频收费 5000～8000 元。

投资人：商家为什么要通过你的应用来推广呢？

创业者：我们只选择一些精选的商家，不是所有的商家都能达到我们的要求的。

投资人：这个项目做了多久了？

创业者：8 个月。

投资人：项目的数据怎么样？

创业者：目前拓展了 17 户商家，拍摄了 20 多部视频。

投资人：有收入吗？

创业者：有收入，收入来源主要有过拍摄短视频和推出联名卡。我们的一张联名卡 99 元。用户使用联名卡可以在一个月内到我们拓展的商家享受总计 4 次美食。

投资人：好吧……你有什么问题吗？

创业者：**不知道您怎么看这种"餐厅共享"的概念**？

---

① 纪录电影《燃点》见 http://www.ahavideos.com.cn/a/71/607.html。为了增加可读性，对话内容按照本书作者的理解进行了修改。

投资人：**我不理解为什么这可以被称为“共享”**。你帮商家拍摄了一部短视频，商家给了你钱，不代表你能够让很多商家成为你的客户。如果没有商家的数量作为基础，那么对于商家来讲，你就只是一个短视频拍摄服务提供商。拍摄结束时，你和商家之间的合作也就结束了。**我不认为你提出的你与商家之间的互动与推广逻辑是成立的**。

一周后，该项目正式结束。

上面两个例子说明了忽视项目问题的质量可能带来的后果：这么做可能会影响开发者的成绩，也可能会毁了一个项目甚至公司。那么，如何才能提出高质量的项目问题呢？

本书给出的建议是回到产品的本源。产品永远是为人服务的。深入地了解“人”，认真地了解人遇到的问题，才有可能提出真正有价值的问题。

3.2 “认真地”观察用户：使用5W方法

要提出有价值的问题，很重要的一步是找到遇到问题的人，并认真地观察他们究竟遇到了什么问题。这里强调要“认真地”进行观察：找到他们，去到他们身边，和他们一起工作或生活，看看他们究竟在什么情境遇到了什么问题。

下面这个案例来自加州大学圣地亚哥分校的慕课“以人为本的设计：概述”。高通(Qualcomm)公司曾经为卡车司机设计过一款设备。可惜的是，卡车司机们不怎么喜欢这款设备。

这款设备上有很多很小的按钮。当开发者们观察卡车司机怎么使用这款设备时，他们惊讶地发现多数卡车司机的手都很大。并且，由于需要搬运沉重的货物，他们通常都戴着手套。这时，卡车司机完全无法使用设备上的小按钮。

基于这一观察，开发者们修改了设计，如图3-1所示。他们首先为设备安装了一块

图3-1 高通公司为卡车司机设计的设备[1]

---

[1] https://customer.omnitracs.com/training/docs/mcp200/doc_cust_mcp200_installation_d.pdf。

以当时的标准来看巨大的触摸屏。其次，每次设备要求司机录入信息时，最常用的回答会直接显示在屏幕上，这一设计显著地降低了卡车司机录入信息的数量。最后，开发者们还提供了触控笔支持，以便在极端情况下，卡车司机还能使用触控笔来进行输入。

事实上，观察用户的过程也存在着一定的技巧。一种常见的技巧是观察“5个W”：Who、When、Where、What和Why，即“谁，在何时、何地，遇到了什么问题”，以及“为什么会遇到这个问题”。

接下来遵循这5个W来观察一位遇到问题的用户。这个案例将会贯穿本书。我们将一步一步地了解这位用户遇到的问题，提出解决方案，并最终解决他的问题。

这个案例的用户是一位年轻的奶爸F，他最近正在帮助自己的宝宝B背诵古诗。宝宝B很喜欢背诗。事实上，宝宝B将背诗视为一种游戏。无论是在上学的路上，还是在爷爷奶奶的家里，几乎在任何时间、任何地点，宝宝B都可能会缠着奶爸F背诗。

宝宝B要背诵的古诗记录在一本诗词本上。当宝宝B和奶爸F待在家里时，奶爸F可以拿着诗词本陪宝宝B背诗。但是，当他们不在家里时，由于奶爸F不可能总是带着诗词本，宝宝B就不能随时随地开心背诵古诗了。宝宝B很沮丧，奶爸F也很沮丧。因此，奶爸F的问题来了：如何才能随时随地陪宝宝B背诗呢?

针对奶爸F遇到的问题，可以做出如下5个W的观察。

谁(Who)：奶爸F，他有一个喜欢背诗的宝宝B。

在何时(When)：奶爸F与宝宝B在一起的几乎任何时候都有可能。

在何地(Where)：除了奶爸F与宝宝B的家里之外的任何地方，因为诗词本通常都放在家里。

遇到了什么问题(What)：当奶爸F与宝宝B不在家里时，由于奶爸F不能总是随身带着诗词本，因此宝宝B就不能背诗了。宝宝B与奶爸F都很不开心。

为什么会遇到这个问题(Why)：导致问题的原因是多方面的。

(1) 奶爸F不是个记忆超人，因此他不能分毫不差地复述出诗词本的内容。

(2) 诗词本有点大，也有点重，不能方便地放在口袋里。

(3) 奶爸F没有随身带着手提包的习惯，可能多数男士都没有这种习惯。

(4) 奶爸F认为当宝宝B想要背诗时，满足宝宝B的要求是一件很重要的事情，奶爸F不想伤害宝宝B想要学习的积极性。

如何帮助奶爸F解决他遇到的问题呢？可以要求奶爸F把诗词本上所有的诗词都背下来，并且还要能够按顺序复述出来。把所有的诗词都背下来不难，但是按顺序复述出来却很难。可以要求奶爸F换一本轻巧的诗词本，然后在每次出门前像带手机和钥匙一样带上诗词本。不过这也不太可能，因为奶爸F可能还需要再带上生字本、单词本等十几个小本子。我们也可以要求奶爸F随身带着手提包，或者干脆忽略宝宝B提出的背诗请求，但这些都不是能解决客户问题的方案。

开发者应该做的，是进一步了解用户到底想要什么，以及采用怎样的解决方案对用户更加有利。

3.3 进一步了解用户:面对面访谈

认真地观察用户是一个很好的开始,但观察方法本身也存在着很多不足。首先,有很多事实是观察不到的。例如,开发者通常不可能24小时跟在用户的身边。其次,有些事实明明就摆在面前,我们却完全没有注意到它们。例如,很多C语言编程新手会忘记写分号,导致编译错误,却怎么也找不出错误在哪里。最后,观察用户时可能会产生一些问题。直接向用户询问问题的答案可能比继续观察用户并自己寻找答案更为高效。

意识到观察方法存在的这些(以及更多其他)问题时,就可以准备好进一步了解用户了。进一步了解用户有很多种方法。这里主要关注一种颇为直接地了解用户的方法——准备一次面对面的访谈。

访谈是一种有目的的聊天。访谈用户是为了进一步了解用户,而达到这一目的的手段则是向用户提问。因此,在访谈用户之前,首先要准备一份问题单,列出打算提问的问题。

而决定访谈成败的关键就是,向用户提出什么样的问题?

Sharan B. Merriam 在 *Qualitative Research: A Guide to Design and Implementation* 一书中指出,好的访谈问题应该是开放式的(open-ended),并且应该带来描述性的(descriptive)回答(甚至可以是一段故事)。用户的回答越具体越好,描述性越强越好。一些好的、开放式的访谈问题包括如下。

- 给我讲讲上一次当你……
- 能不能给我一个关于……的例子?
- 能否进一步介绍一下……
- 当你……时,你会怎么做/怎么想?

在准备问题时,还应该避免一些典型的设计不良的问题。

Sharan 还指出了一些应该避免的问题。

避免一次提出多个问题:"你觉得你的教师怎么样?作业多不多?课程进度合理吗?"同时提出多个问题会分散用户的注意力,导致用户不能很好地回答每一个问题。

避免提出带有导向性的问题:"将开发过程标准化,是否是为了方便替换开发人员,从而压低开发人员的薪水?"带有导向性的问题通常是为了得到有利于提问者,符合提问者预期的回答。提出这类问题,要么是提问者没能抵御住"偷懒"的诱惑,要么是有意为之。标准化的开发过程能够提升沟通与开发的效率,提高生产力,创造更多的价值,从而提高全行业的收入。标准化的开发过程确实降低了替换开发人员的成本,但"标准化"的目标和主要效果从来不是"方便替换开发人员"。

避免非黑即白的问题:"学习累不累?"除了"是"和"否",我们通常很难从这类问题中得到更多的信息,更何况现实生活中的问题通常不是非黑即白的。有趣的学习可能是累但却快乐的,这个时候累不累可能并不太重要;无趣的学习可能一点都不累,但却太过于无聊导致内心非常疲劳。

与准备问题密切相关的一种技能是“追问”。在访谈过程中，如果在用户的回答中发现了新的问题，就一定要及时追问。追问相当于在现场随机应变地准备问题。

Sharan 指出追问可以有很多种形式。

- 给用户一段沉默的时间，可能用户自己就会开始做出进一步的解释。
- 发出一些声音，例如“呃……”。
- 提出一个关键词，例如“诗词本是指……”。
- 提出一个完整的问题。

但是无论采用何种方法，都不要过度地逼迫用户(pushing too hard)，或者过快地提问(pushing too fast)。记得给用户充足的思考时间。

准备好一系列问题后，可以尝试按照 U 形理论组织问题与访谈的进度：从简单、轻松的问题开始，逐步提出复杂、敏感的问题，再以简单、轻松的问题收尾，如图 3-2 所示。这将给用户及我们自己带来一段更加舒适的经历。

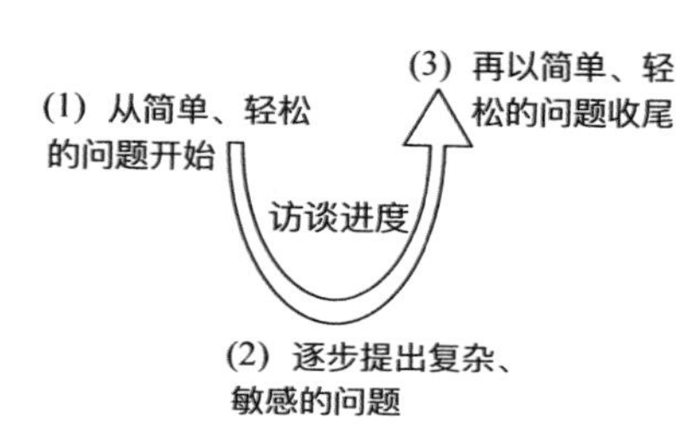

图 3-2　访谈问题与进度的 U 形组织

最后，在正式开始访谈之前，还需要找两位用户测试一下访谈问题，根据测试用户的反映调整问题，直到用户能够给出有价值的回答。

3.4　同理心

在很多时候，观察与了解用户考验的并非是专业技能，而是人际交往技能。贯穿观察与了解用户方法的一项重要技能是同理心。同理心，或者说是换位思考能力，指的是我们应该考虑如果我们自己是那个用户，那么我们会怎么想。

因此，在观察用户时，要**真的**与用户一起工作/生活，一起面对他们的问题。这不仅为了能够亲身体验用户面临的问题，还是在建立用户的信任。换位思考用户肯定不太愿意相信一个只会夸夸其谈，但却从来没有与其站在一起的开发者能够真正地解决问题。

所以，在准备访谈问题时，要选择开放性的题目，并且避免提出多个/具有导向性/非黑即白的问题，以便用户能够充分地进行表达。因为用户从提问者的问题中感受到心不在焉的懈怠或是先入为主的傲慢时，必然不想给出发自内心的回答。要让访谈轻松地开始，轻松地结束，并避免过分地逼迫用户。因为没有人喜欢充满压迫感、盛气凌人的对话。

如果没有同理心，“为人服务”就只是一句虚假的口号，其内核也只是为自己服务。我们要做的，则是培养自己的职业技能，并且让自己不要变成没有同理心的人。

3.5　奶爸 F 的观察与访谈总结

下面给出奶爸 F 的观察与访谈总结。这份总结文档将指导本书后续的开发工作。

很多软件工程书籍都介绍了各式各样的标准化文档格式。但本书并没有采用标准化的文档格式来撰写各类文档,而是采用一种自然、易懂的撰写方法。然而,通常可以很容易地将这些文档转换为标准化的格式,如用户故事等。

奶爸 F 与宝宝 B 在最近一次背诗时,都做了哪些事情?

奶爸 F 拿出诗词本,随意念出一首诗词的题目,并让宝宝 B 背诵诗词的内容。在宝宝 B 背诵完之后,奶爸 F 会再次随意念出一首诗词的题目。这个过程会重复若干次。

之后,奶爸 F 带着宝宝 B 一起朗读诗词本的最后一首诗。诗词本的最后一首诗是一首新诗。奶爸 F 会在几天的时间里,带着宝宝 B 反复朗读这首诗,直到宝宝 B 记住这首诗为止。

新诗是从哪里来的?

新诗没有固定的来源。它可能来自宝宝的图画书,或是电视上的一句话,或是公园里的一处景色。

新诗是如何被添加到诗词本的?

奶爸 F 会首先用搜索引擎搜索新诗的题目、作者、内容片段等信息,从而找到诗词的全文。接下来,奶爸 F 会将诗词抄写到诗词本上。

如果我们开发一款软件来帮助奶爸 F 和宝宝 B 背诗,那么这款软件应该运行在什么平台上?

奶爸 F 是半个极客,他拥有所有平台的设备:装有 Windows 10 系统的计算机、iPad 平板计算机以及 iPhone/Android 手机。奶爸 F 会随手拿起一台设备使用,因此软件需要运行在所有平台上,并且能够在不同设备之间同步数据。

3.6 动手做

图 3-2 所示的 U 形理论不仅可以用于组织问题,还可以用于组织语言。当想指出其他人工作上的不足时,便可以使用 U 形理论组织语言。我们可以首先肯定他人的工作:“我非常喜欢你做的……,其中……简直太棒了!”接下来,提出我们的见解:“我还发现里面有一个小小的问题,我觉得如果改进一下有可能会让整个项目更加出色。”最后,再次肯定他人的工作:“即便如此,我还是觉得……已经非常棒了!”试着在下一次向他人提出意见或建议时,采用 U 形理论,并将感受分享给其他人。

3.7 给 PBL 教师的建议

从本章开始,使用本书的 PBL 教师就可以跟同学们一起准备 PBL 项目了。可以让同学们试着从自己的团队、亲友或其他来源寻找遇到问题的人,观察他们,并开展访谈。

如果没有特殊的要求,观察记录、访谈问题,以及访谈总结等文档不必设置模板,只需要列出一些你认为重要的要点,从而让学生充分发挥想象力,培养学生的多样性思维。你肯定会遇到敷衍了事的学生,但你同样也会被同学们的创造力感染。

教师需要与学生一起评估选择的问题。可能需要评估的方面包括如下。

- 团队的目标是什么？是想做个好产品，还是想拿个好成绩，或者只是想通过考试？团队成员的目标统一吗？
- 解决这个问题可能用到什么技术？是否满足课程学习目标的要求？
- 问题的复杂度如何？在课程的时间范围内，教师和同学们能在多大程度上解决这个问题？能否交付一个成型的产品？
- 团队的成员与资源情况如何？每个人每周可以贡献多少工作时间？有没有人需要兼顾其他课程的成绩，或者游戏排名？

有些团队可能需要经历几次反复才能选定问题。请给同学们足够的时间，例如几天甚至一两周[①]，同时经常与他们坐在一起，聆听他们的讨论，并只在他们遇到无法解决的问题时才给出自己的意见。请充分地展现同理心，成为团队的一员而不是监管者，让学生成为推动项目进展的核心力量。

---

① 直到第 10 章开始之前，都可以让学生把时间花在选定问题上。这么做的前提是，每一次讨论都要有实质性的进展，包括否定一个不可行的问题并从中吸取经验。

第4章 再认识一批控件

基于第2章学习的控件，我们已经能为第3章提出的案例做不少事情了。我们可以使用Label显示诗词的标题、作者、朝代、正文；可以使用Switch显示诗词是否被收藏；还可以使用Entry和Button实现诗词搜索界面。但是，以我们现有的知识，还不能满足用户所有的需求。

首先，用户需要在Windows 10计算机、iPad平板计算机，以及iOS/Android手机上使用我们的应用。虽然使用Xamarin开发的应用可以在这些设备上直接运行，我们却面临着一个问题：用户界面是应该针对手机等小型竖屏设备进行优化，还是应该针对计算机/平板计算机等大型横屏设备进行优化？这个问题怎么回答看起来都是错的。毕竟用户既不喜欢在计算机/平板计算机上使用针对手机开发的应用，也不喜欢在手机上使用针对计算机/平板计算机开发的应用。

其次，需要能够列出一组诗词，例如用户收藏的所有诗词，或是一组诗词搜索结果。当知道一共需要显示多少诗词时，我们可以为每一首诗词编写一组标签，用来显示标题、作者等信息。但当我们不知道要显示多少诗词时，应该如何将它们显示出来呢？

本章中将继续学习几个常用的控件，这些控件将帮助开发者解决上面的问题。

4.1 响应式设计与VisualStateManager

多数语言的文字都是先从左往右，再从上往下阅读的[①]。因此，在设计用户界面时，通常更应关心应用的宽度，而不是高度，开发者和用户都希望应用能够在水平方向上填满屏幕或窗口。由于Xamarin应用可以运行在多种不同的设备上，为了简化设计，微软公司建议不要针对每一种设备优化用户界面，而是针对几个关键的宽度类别进行优化：

① 作为一些典型的例外，阿拉伯文是从右往左阅读的，回鹘式蒙古文则是竖着阅读的——先从上往下阅读，再从右往左阅读。当然，汉语也可以竖着阅读。

- 小(640px 及以下)，如手机、电视；
- 中等(641px～1007px)，如平板计算机；
- 大(1008px 及以上)，如计算机。

> 关于宽度类别的更多内容，请访问 https://docs.microsoft.com/zh-cn/windows/uwp/design/layout/screen-sizes-and-breakpoints-for-responsive-design。

微软公司将针对宽度类别优化用户界面的设计称为“响应式设计”，而 VisualStateManager 则是实现响应式设计的重要方法之一。

VisualStateManager 用法

> 关于响应式设计的更多内容，请访问 https://docs. microsoft. com/zh-cn/windows/uwp/design/layout/responsive-design。

VisualStateManager 的使用方法与我们之前学习的控件不太一样。以 Button 为例，如果要使用 Button，需要在 XAML 代码中自己创建 Button：

```
<Button ...></Button>
```

与这些控件不同，我们无须在 XAML 代码中创建 VisualStateManager，就可以直接使用它[①]。在使用 VisualStateManager 时，首先需要定义一些视觉状态(VisualState)。

```
<VisualStateManager.VisualStateGroups>
  <VisualStateGroup>
    <VisualState Name="Portrait">
      ...
    </VisualState>
    <VisualState Name="Landscape">
      ...
    </VisualState>
  </VisualStateGroup>
</VisualStateManager.VisualStateGroups>
```

视觉状态定义在 VisualStateGroup(视觉状态组)中。VisualStateGroup 则进一步定义在 VisualStateManager 的 VisualStateGroups(视觉状态组集合)中。开发者使用

① 事实上，VisualStateManager 是一个静态类(static class)，这决定了它无法在 XAML 代码中被创建。其中的原理涉及很多理论知识，包括 XAML 语言的本质。可以从 Channel 9 提供的这个视频中找到一些答案：https://channel9.msdn.com/Series/Windows-10-development-for-absolute-beginners/UWP-004-What-Is-XAML。

Name 属性区分不同的 VisualState。因此，上述代码中定义了两个 VisualState：Portrait(垂直视图)和 Landscape(水平视图)[①]。

在每一个 VisualState 中使用 Setter 设置控件的属性：

```
<VisualState Name="Portrait">
  <VisualState.Setters>
    <Setter Property="Orientation"
        Value="Vertical" />
  </VisualState.Setters>
</VisualState>
```

由于视觉状态 Portrait 是在线性布局控件 BoxStackLayout 中定义的，因此当 Portrait 被激活时，它会将 BoxStackLayout 的 Orientation 属性设置为 Vertical。

接下来，只需要在合适的时候激活特定的 VisualState 就可以了。为了实现这个目标，可以在 MainPage 的 SizeChanged(尺寸改变)事件发生时检测 MainPage 的宽度(Width)。当宽度大于 600 时，就为 BoxStackLayout 激活 Landscape 视觉状态。否则，就激活 Portrait 视觉状态：

```
SizeChanged += (sender, args) =>
  VisualStateManager.GoToState(BoxStackLayout,
    Width > 600 ?"Landscape" : "Portrait");
```

SizeChanged 事件在 MainPage 的尺寸发生改变时自动触发：当在计算机上拖动窗口的边框以改变窗口的大小时会触发 SizeChanged 事件；当把手机从垂直方向旋转到水平方向时也会触发 SizeChanged 事件。

通常使用"+="符号告诉 Xamarin 当 SizeChanged 事件触发时应该做点什么，也就是实现+=后面的"匿名函数"。匿名函数没有函数名，但依然有参数以及函数体。在上面的代码中，匿名函数的参数是(sender, args)，函数体则是"=>"符号后面的部分。

上面这段代码出现在 MainPage 的构造函数中。这意味着每次有一个新的 MainPage 对象生成，它的 SizeChanged 事件都会关联到+=后面的匿名函数。

> 关于匿名函数的更多内容，请访问 https://docs.microsoft.com/zh-cn/dotnet/csharp/programming-guide/statements-expressions-operators/lambda-expressions。

基于上文介绍的理论，再从实践的角度总结 VisualStateManager 的用法。

(1) 在要随着应用的宽度发生变化的控件内，用 VisualState 定义视觉状态，每一个 VisualState 对应一个宽度类别。VisualState 放在 VisualStateManager.VisualStateGroups 的 VisualStateGroup 中。

(2) 在每一个 VisualState 内，根据对应的宽度类别，利用 Setter 设置控件的属性值。

---

① Portrait 和 Landscape 的本意分别是人像画和风景画。人像画通常是竖着的，而风景画通常是横着的，因此分别引申出了"垂直视图"和"水平视图"的含义。

Setter 放在 VisualState.Setters 中。

(3) 处理 Page 的 SizeChanged 事件。当 Page 的 Width 处于不同的宽度类别时，触发对应的 VisualState。

有了 VisualStateManager，就可以很容易地让应用根据设备的宽度类别自动调整用户界面了。

> 关于 VisualStateManager 的更多内容，请访问 https://docs.microsoft.com/zh-cn/xamarin/xamarin-forms/user-interface/visual-state-manager。

4.2　列表视图控件 ListView

在实际应用中，经常会需要一次性显示多条数据，例如显示 10 条最新的新闻，或是调出 20 篇搜索到的诗词。在过去的学习中，for 循环经常被用来输出一组数据。在 Xamarin 中，也可以使用 for 循环来显示一组数据，但是整个过程非常麻烦，所采用的技术也非常“粗犷”。相应地，微软公司设计了 ListView 来帮助开发者以一种优雅(decent)的方式来显示一组数据。

ListView 用法

ListView 的优雅之处在于，它将数据、显示数据的方法以及与数据相关的业务进行了分离。在上面的例子中，数据是 Poetry(诗词)，显示数据的方法是 TextCell(文本单元格)，与数据相关的业务则是 ItemTapped(项目点击)事件的处理函数，其用于弹出一个包含诗词标题的信息框。读者可能尚不理解为什么这种分离是优雅且重要的。没关系，本书会在未来反复深入地探讨这个问题。

在上面的例子中，我们首先设计了一个 Poetry 类，它具有两个可供读写的属性：Name(标题)和 Content(正文)：

```
public class Poetry {
  public string Name { get; set; }
  public string Content { get; set; }
}
```

在上面的代码中，get 表示属性是可读的，set 表示属性是可写的。

> 关于属性的更多内容，请访问 https://docs.microsoft.com/zh-cn/dotnet/csharp/programming-guide/classes-and-structs/properties。

接下来准备一批要显示的 Poetry，并将它们交给 ListView。具体的做法则是将一批 Poetry 赋值给 ListView 的 ItemsSource 属性：

```
PoetryListView.ItemsSource = new List<Poetry> {
  new Poetry {Name = "Name 1", Content = "Content 1"},
  new Poetry {Name = "Name 2", Content = "Content 2"},
```

```
  new Poetry {Name = "Name 3", Content = "Content 3"}
};
```

如果读者之前没有使用过 List,可以先将它理解为一个大小可以随意改变的数组。

```
new Poetry {Name = "Name 1", Content = "Content 1"}
```

则是一种简化的语法,它相当于①:

```
Poetry p = new Poetry();
p.Name = "Name 1";
p.Content = "Content 1";
```

接下来在 ListView 中利用 TextCell 来显示每一篇诗词。TextCell 需要放在 DataTemplate 中。DataTempalte 则需要放在 ListView 的 ItemTemplate 属性中:

```
<ListView x:Name="PoetryListView">
  <ListView.ItemTemplate>
    <DataTemplate>
      <TextCell Text="{Binding Name}"
           Detail="{Binding Content}" />
    </DataTemplate>
  </ListView.ItemTemplate>
</ListView>
```

这里再次使用了数据绑定。书中上一次使用数据绑定是在 2.7 节。当时使用 BindingContext 指明绑定的上下文是 MySlider,因此数据绑定会从 MySlider 中读取数据。

上面的代码中并没有为 TextCell 指定 BindingContext。此时,数据绑定就会自动查找当前控件的上一级控件,并尝试将上一级控件的 BindingContext 作为当前控件的绑定上下文。TextCell 的上一级控件是 DataTemplate。因此,数据绑定会尝试使用 DataTemplate 的 BindingContext 作为 TextCell 的数据绑定上下文②。

然而我们也没有为 DataTemplate 指定 BindingContext。

不过,ListView 替我们完成了这一操作。对于 ListView 的 ItemTemplate 中的 DataTemplate 来说,数据绑定的上下文是 ListView 的 ItemsSource 中的每一项数据:ListView 会自动在 ItemsSource 上进行一轮循环,并将 ItemsSource 中的每一项逐个地交给 DataTemplate 作为数据绑定的上下文。在我们的例子中,由于 ItemsSource 中的每一项都是 Poetry,因此 DataTemplate 的数据绑定上下文就是 Poetry。当写下{Binding

---

① 这类简化的语法叫“语法糖”(Syntactic sugar)。语法糖通常是为了简化一些常用且啰嗦的语法,例如为刚刚初始化的新对象设置属性。现代化的生产力语言如 C# 和 Kotlin 带有大量的语法糖。这些语法糖在简化代码的同时,也增加了语言的学习成本,给人一种“甜到掉牙”的感觉。

② 这段解释是为了方便理解数据绑定如何确定上下文,从而更好地上手开发。严格来讲,这段解释并不准确。在能够熟练地使用数据绑定之后,应该从更加专业的文档中学习数据绑定的原理,例如微软公司提供的一系列文档:https://docs.microsoft.com/en-us/xamarin/xamarin-forms/app-fundamentals/data-binding/。

Name}时，数据绑定就会尝试从 Poetry 中读取 Name 属性。

TextCell 则会显示两行文字：Text 属性的值显示在第一行，Detail 属性的值显示在第二行，如图 4-1 所示。

[Text 属性的值显示在第一行]
[Detail 属性的值显示在第二行]

图 4-1　TextCell 的显示效果示意图

最后，我们处理 ListView 的点击事件。ListView 的点击事件与 Button 的点击事件没有本质上的不同，都在用户点击时触发。现在的问题是，由于 ListView 一次会显示多条数据，如何知道用户点击的是哪一条数据呢？

其实，从点击事件的名称上就能看到一些端倪。在 1.6 节的 HelloWorld 项目中，我们第一次接触到了 Button 的 Clicked 事件：

```
<Button Clicked="ClickMeButton_OnClicked" />
```

Button 的点击事件称为 Clicked，直译为“点击”，简单明了。而 ListView 的点击事件则有所不同：

```
<ListView ItemTapped="PoetryListView_OnItemTapped">
```

如果忽略 Click 与 Tap 在用词上的不同，ListView 的点击事件 ItemTapped 显然比 Clicked 多了一个 Item。这提醒我们 ListView 的点击事件会关注具体哪个 Item 被点击了。事实也的确如此。如果关注一下 ItemTapped 事件的处理函数：

```
private void PoetryListView_OnItemTapped(object sender,
  ItemTappedEventArgs e) {
  DisplayAlert("Item Tapped!",
    "You tapped " + (e.Item as Poetry)?.Name, "OK");
}
```

可以发现，在 ItemTapped 事件的参数 e 中，能够通过 Item 属性获得被点击的 Item。

```
e.Item
```

因为 ListView 的 ItemsSource 是一组 Poetry，所以被点击的 Item 一定是一个 Poetry 对象。因此可以将 e.Item 转化为 Poetry 类型，并从中读取 Name(标题)。

```
(e.Item as Poetry)?.Name
```

这里又是一组语法糖。as 关键字将 e.Item 转换为 Poetry 类型。如果转换成功，就会得到 Poetry 实例，否则，就会得到 null。“?.”运算符则从 as 关键字的转换结果读取 Name 属性，这是由于 as 关键字可能会返回 null。此时，如果调用.Name 就会触发空引用异常(NullReferenceException)。“?.”运算符会自动判断引用是否为空；如果引用为空，则直接返回 null。如果引用不为空，再进行后续的调用。

> 关于 as 关键字，请访问 https://docs.microsoft.com/zh-cn/dotnet/csharp/language-reference/operators/type-testing-and-cast#as-operator。
>
> 关于“?.”运算符，请访问 https://docs.microsoft.com/zh-cn/dotnet/csharp/language-reference/operators/member-access-operators#null-conditional-operators--and-。

接下来的事情就简单了。使用 DisplayAlert 弹出一个信息框,显示出用户点击的诗词的标题:

```
DisplayAlert("Item Tapped!",
  "You tapped " + (e.Item as Poetry)?.Name, "OK");
```

下面总结 ListView 的使用流程。

(1) 定义需要显示的数据类型,如 Poetry。

(2) 准备一组需要显示的数据,如 List<Poetry>,并赋值给 ListView 的 ItemsSource。

(3) 使用 ItemTemplate 和数据绑定设计如何显示数据。记得 ItemTemplate 里面首先是 DataTemplate,然后才是 TextCell 或其他类型的 Cell。由于 ItemTemplate 中的 DataTemplate 的绑定上下文是 ItemsSource 的每一个 Item,因此可以使用数据绑定直接读取属性值。例如{Binding Name}将读取 Poetry 的 Name。

(4) 处理 ListView 的事件并确定需要处理哪一个 Item。可以使用 as 关键字将 Item 转换为开发者定义的数据类型,再使用"?."运算符读取属性值,如(e.Item as Poetry)?.Name。

然而,这里介绍的使用 ListView 的方法虽然从语法的角度上来讲是正确的,但却远远不是优雅的。毕竟,为网易云音乐和 QQ 音乐分别设计一个搜索按钮从语法的角度上来讲也是正确的,但却一点都不优雅。

后面的章节会介绍一种优雅地使用 ListView 的方法。这种优雅的方法完全基于我们刚刚介绍的方法。因此,需要搞清楚我们刚刚都做了些什么,才能继续学习更加优雅的方法。

另一个忠告是,应该避免在任何项目中使用这里介绍的方法。尽管这种方法从语法的角度上来讲是正确的,也能够正确地执行与完成功能,但在实际项目中使用这种方法,就像开着非法低速电动车上马路一样:我们好像方便了自己,但却将自己以及马路上的所有人都置于危险的境地。

对于非法低速电动车的驾驶人而言,或许他们应该多花点时间和金钱,考下驾照,学会保护自己和他人,再买一辆可以合法上路的机动车。而对开发者而言,则应该多花一点时间和精力,学习更优雅的方法,再在项目中崭露头角。

4.3 动手做

项目中几乎一定会使用 VisualStateManager 以及 ListView。请针对项目中的一些局部问题场景,试用 VisualStateManager 以及 ListView。写一篇博客,描述一下设定的问题场景,以及在该场景中如何使用 VisualStateManager 和 ListView。

4.4 给 PBL 教师的建议

学校中的很多项目(如课程设计等)都是严格遵照瀑布模型开展的。学生可能已经习惯了先做问题分析,再做方案设计,最后做代码实现的线性流程。然而在现实生活中,项目问题的选择与技术方案的选型经常是交替迭代进行的。为了让学生习惯这种迭代式的、渐进式的问题选择与技术选型过程，需要教师明确地告诉学生不要将自己拘泥于传统的瀑布模型中，并更多地与学生坐在一起，参与他们的讨论，在必要时提示学生是否应该重新审视一下项目的问题，以及技术的选型是否合理。

这也是观察学生“投入程度(Dedication)”的好机会。我们几乎总能观察到一些同学为了达到理想中的效果而冒险。此时我们可能需要帮助同学们进行风险的管理与判断。在实际教学中，经常能注意到一些同学为了避免麻烦而刻意地忽视可能的问题，并且会为这种忽视行为百般辩解。学生的投入程度是很难量化的，更多的是教师的一种主观感受，因此它可能与学生在课程中表现出的成绩没有太大的关系。但毫无疑问地，“认真投入地做事”不仅是工作中应有的态度，更是一种强有力的竞争力。因此，虽然我们可能无法在课程成绩中设立一项“投入程度分”，但至少可以经常性地肯定学生所表现出的热情与努力，让学生确信“认真投入地做事”是正确的。

第5章

提出并评价界面设计

界面设计是理解用户需求最为重要的手段之一。通过界面设计可以反思我们是否深入理解了用户的需求：如果无法设计出界面，那么我们一定还没有理解用户的需求。用户也可以利用界面设计来判断开发者是否正确地理解了其需求，同时反思曾经表述的需求是否真的是其所需要的：很多时候，用户并不真正地了解自己需要什么，他们需要看到软件的样子，甚至开始使用软件，才能搞清楚自己需要什么。最后，界面设计还能确保项目团队的所有成员都正确地理解了用户的需求，有效避免不同成员对于同一概念的理解出现偏差。

下面学习一些界面设计工具，并了解如何借助这些工具向用户介绍设计，另外，本章还会介绍如何评价界面设计。

5.1 绘制界面设计

首先从绘制界面设计开始。如果读者学习过用户交互设计类的课程，就一定听说过很多种现代化的界面设计工具，例如墨刀[①]、Axure[②] 等。然而，在平时的工作中，绘制界面设计总是从一些有着几千年历史的工具开始的。没错，就是纸和笔(见图 5-1)。

图 5-1 使用纸和笔绘制界面设计

① https://modao.cc。

② https://www.axure.com/。

使用纸和笔绘制界面设计有着数不清的好处。它们轻便、成本低廉且随处可得，让你不必纠结于设备和网络连接的细节。它们即刻可用，没有任何加载时间，让使用者不会错过任何一点灵感。它们定位准确且性能高度稳定，关键时刻绝不拖后腿。它们显示清晰，可视角度大，并且没有任何学习成本，极大提升了多人协作的效率。这些特质让纸和笔成为人们整理思路、记录灵感，以及和团队成员们开展快速讨论时必备的工具。

当然，纸和笔的缺点也很多。绘制在纸上的界面设计不太方便归档和传递，容易丢失，并且修改起来非常麻烦。当开始遇到这些问题时，就可以使用软件来绘制界面设计了。通用的绘图软件，例如 LibreOffice Draw、Microsoft Visio 等，可利用一些简单的黑白线条来绘制界面设计，如图 5-2 所示。

如图 5-2 所示的线框图在很多情况下已经足够使用者完成小型项目的界面设计了。为了使界面更加丰富美观，可以使用更加专业的界面设计工具，如墨刀、Axure 等。图 5-3 是使用这些工具将图 5-2 的线框图重新实现的效果。可以看到，对于比较简单的界面设计来讲，使用专业的界面设计工具未必会取得更好的效果。事实上，设计的效率也未必获得显著的提升。因此，有必要根据项目的复杂度来选择合适的界面设计工具。

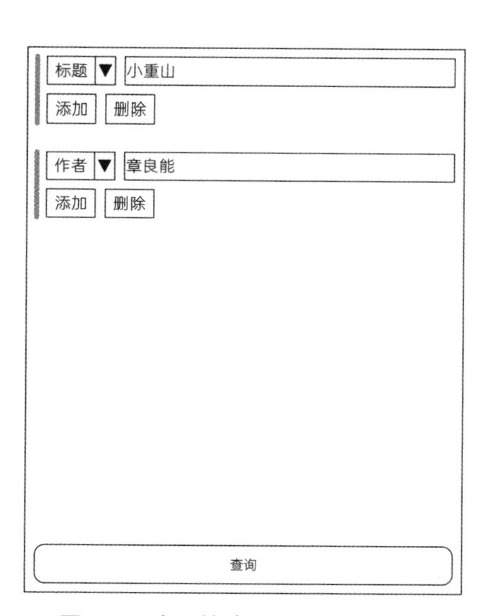

图 5-2 诗词搜索页原型设计(一)

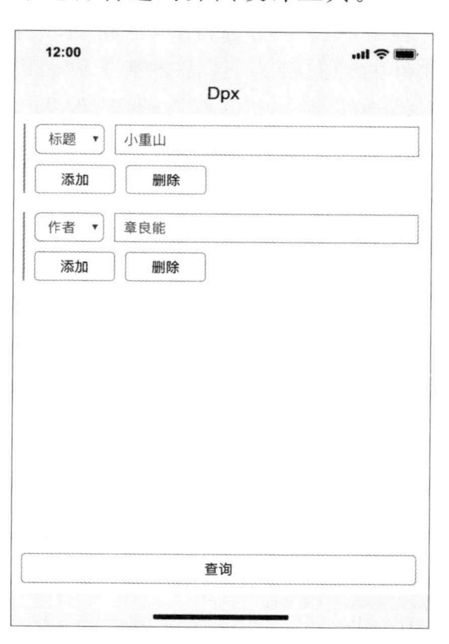

图 5-3 诗词搜索页原型设计(二)

根据 3.5 节的观察与访谈总结，此外使用线框图绘制了界面设计。为了避免这些界面设计占用太多的篇幅，下面将它们以一个单独 PDF 文件的形式提供。

在我们的设计中，诗词收藏页用于帮助用户记录已经背过的诗词，诗词详情页则用于呈现诗词的内容。利用诗词收藏页与诗词详情页，就可以让用户(奶爸 F)帮助宝宝 B 复习诗词了。用户可以使用诗词搜索页搜索诗词，并在诗词详情页中收藏诗词，从而将新的诗词添加到诗词收藏中。应用内建有一个诗词数据库，并支持搜索诗词的题目、作者，以及内

界面设计文件

容片段,方便用户收藏诗词。用户还可以利用数据同步页在不同的设备之间同步数据。最后,应用启动时会显示一首推荐的诗词,并显示出一幅优美的背景图片,从而为用户带来优雅的使用体验。本书中将这个应用称为每日诗词 X(DailyPoetryX,简称 Dpx),其中 X 代表 Xamarin。

当然,我们给出的设计只能满足用户最为基本的需求。由于缺乏记录复习进度、自动规划复习方案等功能,目前的设计难以称得上一个完美的设计。不过,给出这种设计是为了优化后续的学习过程。基于目前的设计,我们可以学习到足够多样的知识、技术和技能,同时又能避免大量的重复性内容。事实上,实现上文提到的功能与实现诗词收藏功能的方法是差不多的。为了避免大量的重复性内容,从而提升学习效率,本书省去了这些功能。

5.2 形成操作动线

界面设计图只能描述软件的静态状态。仅仅依靠界面设计图,用户和团队成员可能不容易理解软件的动态行为,也就是软件是如何与用户交互的。为了让用户和团队成员理解软件的动态行为,还需要基于界面设计形成操作动线。

操作动线是一个不容易解释,但人“一看就懂”的概念。图 5-4 就是“今日推荐”页的操作动线。用户在“今日推荐”页中点击“查看详情”按钮就会跳转到推荐详情页。在推荐详情页中点击“在本地数据库中查找”按钮则会跳转到诗词搜索页,同时将诗词的题目和作者作为查询条件。利用操作动线,可以很容易地描述软件的动态行为。

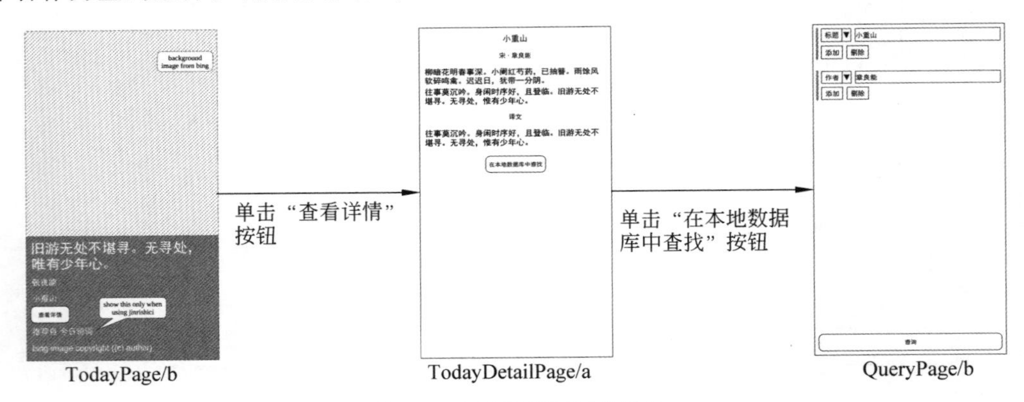

图 5-4 今日推荐页操作动线

下面的视频同样将 Dpx 应用的操作动线绘制了出来。

操作动线除了可以静态呈现之外,还可以动态呈现。动态呈现操作动线的方法。

Dpx 应用操作动线

动态呈现操作动线

这种动态呈现的操作动线通常是非常有趣的，也能够帮助开发者快速地了解其设计是否存在不合理之处。当用户或团队成员不知道应该如何进行下一步操作时，该设计可能就已经存在问题了。

除了采用上面的办法，还可以采用专业的界面设计工具将操作动线制作为可交互的软件原型。这些工具的教程和文档中能够找到这方面内容，本书中就不做过多介绍了。

5.3 评价界面设计

设计软件界面很重要的一环是评价设计是否合理。在评价界面设计时，最为著名的方法可能就是 Jakob Nielsen 提出的 10 条启发式规则。它们被称为“启发式规则”，是由于这些规则并不是严格的、可量化的标准，而是一种指导性的、方向性的准则。这些规则包括[①]：

- 可视性原则（Visibility of system status）：软件应该在合适的时间内，以合适的方式告诉用户软件当前的状态。例如，在“今日推荐”页加载数据时，Dpx 应用会提示“正在载入”。
- 不要脱离现实（Match between system and the real world）：软件应使用用户熟悉的语言描述问题，并以符合常理的方式与用户交互。例如，很多人搞不清楚什么是“借记卡”“贷记卡”。因此，使用“储蓄卡”“信用卡”的称呼可能更方便用户理解我们在说什么。
- 用户拥有自由控制权（User control and freedom）：用户可能会由于误操作而进入不想要的界面。此时，用户应该可以轻松且安全地从界面中退出，同时还应该支持撤销和重做。例如，软件的设置界面总应该提供一个关闭按钮，使用户能够在不保存设置的情况下关闭设置界面。
- 一致性与标准化（Consistency and standards）：使用统一的术语与操作模式，避免用户猜测不同的术语或操作是否指的是同一种功能。同时，软件应该遵循开发平台的交互规范。例如在绝大多数情况下，Ctrl＋C 都应该是复制，而不是其他功能。
- 预防出现错误（Error prevention）：通过良好的交互设计来避免用户做出错误的操作，或至少应该在用户执行可能发生错误的操作前给出提示。例如，文本编辑器可以在用户关闭文件时自动保存文件，或者提示用户是否需要保存文件。
- 易于认知，免于记忆的操作（Recognition rather than recall）：不应该要求用户记住如何操作软件，而应该让用户能够很容易地判断软件的功能或获取帮助。作为一个反例，试着在任何一个网络银行软件中查看你的储蓄卡的完整账号。
- 使用体验灵活高效（Flexibility and efficiency of use）：为熟练的用户提供加快操作的方法，在确保在新手用户正常使用软件的同时，提升熟练用户的操作效率。集成开发环境（IDE）的各种快捷键和快捷代码生成工具就是很好的例子。

---

① https://www.nngroup.com/articles/ten-usability-heuristics/。

- 优雅且克制的设计(Aesthetic and minimalist design):避免向用户提供不相关或很少派上用场的信息,确保用户能够将注意力集中在有价值的信息上。作为一类反例,用户很少真正了解其在操作各种软件时都同意过哪些条款。
- 帮助用户恢复错误(Help users recognize, diagnose, and recover from errors):以用户能够读懂的方式提示错误,明确地阐述错误,并提供可能的解决方案。想实现这一点是很困难的。以Windows系统的"疑难解答"功能为例,尽管它能够解决的问题越来越多,但鲜有用户记得上一次它成功地解决用户的问题是在什么时候。
- 帮助和文档(Help and documentation):尽管最理想的情况是用户不需要文档也能使用软件,开发者仍应为用户提供便于访问和搜索的文档。这些文档应该专注用户要完成的任务,提供详细的步骤,并且避免写得过分冗长。

这些启发式规则有助于开发者发现界面设计中存在的问题。需要注意的是,很多时候,即便有这些启发式规则的帮助,开发者也很难发现自己设计中的问题。此时,邀请团队成员甚至外部人员来协助评价测试会是一种非常有用的方法。可以将这些启发式规则与操作动线结合起来,并运用3.3节讨论过的访谈方法从其他人处获得反馈。这种组合式的方法会更有助于设计的评价与改进。

5.4 动手做

经过前面的学习,你应已选定了项目问题,并获得了用户的需求。应用这一章讨论过的方法,给出原型设计和操作动线,并与团队成员以及用户沟通,了解是否已经互相理解,并且针对需求达成了一致。你们几乎一定会发现一些彼此之间存在误解的情况。总结发生这种误解的原因,并讨论如何避免类似的误解发生。

第6章 开启数据管理之门

前面的章节中介绍了构建 Dpx 需要的全部控件。本章关注另一个问题：如何管理数据。我们可以从很多不同的角度来分类数据。按照数据量的多少[①]，可以将数据分为三种。

- 少量、零星的数据，例如上一次 OneDrive 同步时间。这类数据通常只有少量的几条，并且彼此没有什么共同的特征。
- 大量、成批的数据，例如所有的诗词数据。这类数据的总量通常较多，同时具有显著的共同特征。

按照数据存储的位置，可以将数据分为两种。

- 本地[②]存储的、不联网也能使用的数据，例如所有的诗词数据。
- 远程[③]存储的、必须联网才能使用的数据，例如必应每日图片。

基于这两种角度，可以将数据分为如表 6-1 所示的 4 种类型。针对每一种类型的数据，Xamarin 都提供了对应的管理方法：

- 少量的本地数据：使用偏好存储进行管理。
- 大量的本地数据：使用数据库进行管理。
- 远程数据（无论数量多少）：使用 Web 服务进行管理。

表 6-1　数据的类型与管理方法

	少量、零星的数据	大量、成批的数据
本地存储的数据	偏好存储	数据库
远程存储的数据	Web 服务	

接下来一一介绍学习这些数据管理方法。

① 这里的“多”和“少”并没有明确的、数量上的定义，而是开发人员的一种感觉。
② “本地”通常指在当前设备上。
③ “远程”通常指在服务器上。

6.1 管理少量本地数据：偏好存储

偏好存储特别适于管理本地的零星数据，例如应用的主题色、是否自动检查更新等。这类数据的总数量通常不多，但每一条都有独特的意义和作用。可以使用偏好存储来保存它们。

偏好存储的用法

偏好存储的使用十分简单，保存数据，只需使用 Set：

```
Xamarin.Essentials.Preferences.Set(
  [数据的键,必须是字符串], [数据的值]);
```

要读取数据，只需使用 Get：

```
Xamarin.Essentials.Preferences.Get(
  [数据的键,必须是字符串], [数据的默认值]);
```

对于偏好存储，需要注意的一点是，偏好存储只能保存少数几种类型的数据，不过这几种类型对于一般用户来讲足够了：

- 布尔型(bool)；
- 数字(double, int, float, long)；
- 字符串(string)；
- 日期(DateTime)。

> 关于偏好存储的更多内容，请访问 https://docs.microsoft.com/zh-cn/xamarin/essentials/preferences。

6.2 管理大量本地数据：数据库

数据库用于在本地管理大量、成批的数据。通常这些数据具有显著的共同特征。例如，虽然要保存上万篇诗词，但它们都有标题、作者、朝代，以及正文[①]。下面创建一个数据库。

准备工作

创建数据库

这个例子有一点复杂，下面对其进行逐步分析。

---

① 读者可能会问：如何保存"大量却没有共同特征"的数据？答案依然是使用数据库。确切地说，是使用键-值(Key-Value)或文档(Document)数据库。偏好存储就可以视为一个简化的键-值数据库。在后面的章节中，我们还会学习使用其他类型的键-值数据库。而本节使用的数据库则是关系(Relational)数据库。

如果读者之前学习过传统的数据库课程，那么会发现在这里做的事情与传统的数据库课程中的内容非常不一样。在传统的数据库课程中，需要先安装数据库软件，使用数据库管理软件新建数据库、数据库表，以及数据库表的字段，再使用 SQL 语言访问数据库。

而上面的例子中并没有安装数据库软件，而是使用了一种称为 SQLite 的嵌入式数据库(Embedded Database)。嵌入式数据库不需要额外安装，也不需要独立运行，而是直接成为开发者开发的应用的一部分。换句话说，嵌入式数据库让被开发的应用直接具备了数据库软件的功能。这为开发者用户省掉了很多麻烦。毕竟，开发者不可能要求用户先安装一个数据库软件，运行它之后再来安装开发的应用。总体来说，嵌入式数据库更适合于开发面向消费者的应用，而传统数据库更适合于开发网站、Web 服务，以及面向企业的应用。

上例中也没有使用数据库管理软件来新建数据库、数据库表以及数据库表的字段。相反，直接定义了一个 Favorite 类：

```
public class Favorite {
  [PrimaryKey, AutoIncrement] public int Id { get; set; }
  public bool IsFavorite { get; set; }
}
```

此处使用 PrimaryKey 以及 AutoIncrement 特性(Attribute)标注 Id 属性，以表明 Id 相当于数据库表的主键，并且是自增的。特性是一个很抽象的概念，在这里不做展开介绍。微软公司提供了一篇文档介绍什么是特性。然而，初学者即便阅读了这篇文档，但可能依旧不能很好地理解什么是特性。所以，不妨先照着例子使用特性一段时间，再去探究它的本质。

> 关于特性的更多内容，请访问 https://docs.microsoft.com/zh-cn/dotnet/csharp/programming-guide/concepts/attributes/。

在定义好 Favorite 类之后，还可以自动化地创建 Favorite 数据库表。替人们完成这一工作的是 SQLite-net①，一个对象关系映射(Object-relational mapping，ORM)工具。ORM 负责建立面向对象语言中的对象与关系数据库中的数据库表之间的联系。有了 ORM 工具，人们就不用自己编写 SQL 语句了。在程序运行过程中，ORM 工具会生成并执行 SQL 语句。因此，只需调用：

```
await connection.CreateTableAsync<Favorite>();
```

就可以自动化地在数据库中创建 Favorite 表。我们先不关心如何获得 connection 对象。这种先定义类，再由 ORM 工具自动创建数据库表的方法被称为“代码优先(Code-First)”。

> 关于 Code-First 的更多内容，请访问 https://www.entityframeworktutorial.net/code-first/what-is-code-first.aspx。

① https://github.com/praeclarum/sqlite-net。

数据库创建好之后,我们就可以向数据库插入数据了。

向数据库插入数据

插入数据也是由 SQLite-net 完成的。只需准备好要插入数据库的对象:

```
var favorite = new Favorite
  {IsFavorite = random.NextDouble() > 0.5};
```

再委托 SQLite-net 将对象插入数据库就可以了:

```
await connection.InsertAsync(favorite);
```

从数据库读取数据

使用 ORM 工具之后,向数据库插入数据变成了一项非常简单的工作。类似地,从数据库读取数据也变得非常简单。

与插入数据相比,读取数据更加简单,只需要输入语句:

```
await connection.Table<Favorite>().ToListAsync();
```

就可以读取 Favorite 表的所有数据。所以,ORM 工具让开发者摆脱了复杂且容易出错的 SQL 语句①。

最后,来看如何得到 connection 对象。使用 connection 对象连接到数据库。在连接到数据库之前,首先要决定数据库文件的存储路径。为此,需要以下 3 个步骤。

```
var databasePath =
  Path.Combine(
    Environment.GetFolderPath(Environment.SpecialFolder
      .LocalApplicationData), "MyData.db");
```

(1) 需要确定数据库文件 MyData.db 存储的地址。Xamarin 应用可以在 iOS、Android,以及 Windows 10 UWP 下运行。由于不同平台的文件写入位置及权限不尽相同,不能简单直接地将 MyData.db 存储在 C 盘下。

这里,将数据库文件保存在 Environment.SpecialFolder.LocalApplicationData 文件夹下。根据微软公司提供的文档,在任何平台下,LocalApplicationData 文件夹总是指向当前应用可以安全读写的一块区域。因此,将 MyData.db 保存在 LocalApplicationData 文件夹下,可以保证不会出错。

> 关于 LocalApplicationData 文件夹的更多内容,请访问英文文档:https://docs.microsoft.com/en-us/dotnet/api/system.environment.specialfolder。

① 然而事实上,如果不能熟练地运用 SQL 语句,也很难用好 ORM 工具。同时,ORM 工具只能进行相对简单的数据管理操作。数据库的很多高级操作依然需要开发者自行编写 SQL 语句。

然而，LocalApplicationData 文件夹只是一个逻辑位置。为了能够向 LocalApplicationData 文件夹写入文件，需要获取它的物理路径。为此，需要使用 Environment.GetFolderPath 方法：

```
Environment.GetFolderPath(Environment.SpecialFolder
  .LocalApplicationData)
```

这样就得到了 LocalApplicationData 文件夹的物理路径。在 Windows 10 UWP 下，这个路径一般位于 C:\Users\[WindowsUserName]\AppData\Local\Packages\[AppID]\LocalState。

在 Android 下，这个路径一般位于/data/user/0/[AppID]/files/.local/share。

(2) 使用 Path.Combine 方法将 LocalApplicationData 文件夹的物理路径与数据库文件名 MyData.db 连接起来。使用 Path.Combine 是由于 Windows 10 UWP 平台使用反斜杠(\)作为路径分隔符，而其他平台则使用斜杠(/)作为路径分隔符。Path.Combine 会自动使用正确的路径分隔符连接路径。

(3) 将 Path.Combine 返回的路径保存在 databasePath 变量中。databasePath 变量使用 var 关键字进行声明。var 关键字会根据变量的值自动推断变量的类型。由于 Path.Combine 方法返回 string 类型的结果，因此 var 关键字会自动地将 databasePath 声明为 string 类型。var 又是一块"语法糖"。它让编写程序变得简单，但同时也降低了程序的可读性，尤其当关心变量的具体类型时。

> 关于 var 关键字的更多内容，请访问 https://docs.microsoft.com/zh-cn/dotnet/csharp/language-reference/keywords/var。

之后就可以连接到数据库了：

```
connection = new SQLiteAsyncConnection(databasePath);
```

SQLite-net 还支持很多其他的数据访问与管理功能。可以从 SQLite-net 项目的主页找到所有的例子：

> 关于 SQLite-net 的更多内容，请访问 https://github.com/praeclarum/sqlite-net。

SQLite 数据库也可以使用图形界面工具管理。跟随下面的视频，了解如何使用 DB Browser for SQLite 管理 SQLite 数据库：

DB Browser for SQLite 管理 SQLite 数据库

6.3 访问远程数据：Web 服务

远程存储的数据需要使用 Web 服务进行访问①。

Web 服务的访问方法

来看下面一个例子。

相比于使用数据库,访问 Web 服务看起来要简单得多。首先初始化一个 HTTP 客户端：

```
var httpClient = new HttpClient();
```

然后向 Web 服务 https://v2.jinrishici.com/token 发起 Get 请求：

```
var response =
    await httpClient.GetAsync(
      "https://v2.jinrishici.com/token");
```

接下来读取 Web 服务返回的结果：

```
var json = await response.Content.ReadAsStringAsync();
```

这段结果是如下形式的一段 JSON 代码②：

```
{
  "status": "success",
  "data": "7y9Bz1LO4m80P9u/Nq/sBDxkzRGj0X5G"
}
```

可以直接从这段 JSON 代码中读取需要的结果,也就是 data 属性的值。然而,可以用更加优雅的方法来做到这一点。将这段 JSON 代码复制到 http://json2csharp.com 或 http://json2csharp.net 中，json2csharp 会自动生成一个类：

```
public class Json2CsharpNET
{
  public string status { get; set; }
  public string data { get; set; }
}
```

这个类的属性名与服务器返回的 JSON 代码的属性名相对应。因此,可以直接将服务器返回的 JSON 代码转换为这个类的实例。然而,Json2CsharpNET 这个类名有些不知所云：通过这个名字,根本不知道这个类是用来做什么的。我们希望类名能够反映类

① 可以使用 ORM 工具直接连接到远程数据库并管理数据。但这样做容易泄露数据库的连接密码,难以控制访问权限,并且经常会受到网络连接不稳定的影响。6.4 节中会探讨这个问题。

② JSON 是一种以纯文本的形式表示数据的方法。以 JSON 形式表示的数据可以很容易地转换为面向对象语言中的对象。

的功能。因此，这里将这个类的名字修改为 JinrishiciToken[①]：

```
public class JinrishiciToken {
  public string status { get; set; }
  public string data { get; set; }
}
```

然后就可以将服务器返回的 JSON 代码转换为 JinrishiciToken 类的实例了：

```
var token =
  JsonConvert.DeserializeObject<JinrishiciToken>(json);
```

这里使用了由 Newtonsoft 开发的著名工具 Json.NET 来将 JSON 代码转化为 JinrishiciToken 类的实例。这种将 JSON 代码转换为类的实例的过程称为反序列化(Deserialization)。从英文词汇来讲，就是函数名 DeserializeObject 中的 Deserialize。Newtownsoft 为 DeserializeObject 函数起了一个很好的名字，使人们仅凭函数名就能猜测函数的功能。

利用 JinrishiciToken 类的实例，就可以轻易地读取数据了：

```
ResultLabel.Text = token.data;
```

此处访问的 Web 服务是一种被称为"RESTful JSON Web 服务"的 Web 服务。RESTful JSON Web 服务已经成为 Web 服务开发的事实标准。后面的章节会深入地使用 RESTful JSON Web 服务，甚至会让读者自己开发几个 RESTful JSON Web 服务。在此之前，读者可以了解一下 RESTful JSON Web 服务。

> 关于 RESTful JSON Web 服务的更多内容，请访问 https://docs.microsoft.com/zh-cn/xamarin/xamarin-forms/data-cloud/web-services/rest。

为了简化语言，本书中所有的"Web 服务"都指 RESTful JSON Web 服务。

6.4　是否优雅

接下来主要探讨的问题是：按照本章介绍的方法访问数据，优雅吗？

这个答案有些复杂。

首先，相比于将数据直接保存在文件中(例如在 C 语言中使用 fscanf 及 fprintf 读写文件)，我们采用的方法要优雅得多。文件通常只能顺序访问，也就是说只能按顺序一条一条地读取文件中的数据。而使用偏好存储和数据库则可以方便地访问任意数据。查找

---

① 有些人可能会犹豫要不要在代码中使用汉语拼音。笔者的观点是，对于可以同时使用中文和英文准确描述的词汇，则推荐使用英文，而不应该使用汉语拼音。这是因为汉语是一种象形文字，凭借拼音猜测文字不仅效率低，还容易出错，不如直接使用英文便捷准确。而对于难以使用英文准确描述的词汇，尤其是具有独特汉语含义的词汇，例如"今日诗词"，则不妨使用汉语拼音。这是因为这些词汇的英文翻译很难传达汉语的独特意境、内涵与美感，反而让阅读的人摸不着头脑。

文件中的数据也很麻烦。例如,如果想查找辛弃疾的所有作品,需要循环文件中的所有数据,匹配作者属性是否等于辛弃疾,再收集所有与之匹配的作品。而如果使用数据库,则只需要写一行代码。

其次,分别使用偏好存储与数据库管理零散与批量的数据,要比单独使用数据库管理所有的数据优雅得多。如果使用数据库管理零散的数据,那么就需要为每一条零散的数据单独建立一张数据库表,每张表中只有一条数据,或是所有的零散数据都被放在同一张数据库表中。这么做从语法的角度上来讲是对的,但使用起来却既麻烦又不优雅。偏好存储使用起来则要比数据库简单得多,速度也更快①。并且偏好存储是针对零散数据设计的。在选择零散数据的管理方法时,必须给出足够强的理由,才能拒绝使用偏好存储。与此同时,数据库是针对批量且有共同特征的数据设计的。使用数据库管理零散的数据有误用技术的嫌疑。

最后,使用Web服务访问远程数据要比直接连接远程数据库优雅得多。理由主要有3方面。

(1) 要想直接连接远程数据库,就需要将包含数据库地址、用户名,以及密码的连接字符串(Connection String)打包在应用中。这意味着其他人可以很容易地获得连接数据库的方法,造成数据的泄露和损失。相比之下,Web服务可以使用OAuth等身份验证技术验证用户的身份。类似于每次人们登录QQ、电子邮件等时需要输入用户名和密码,OAuth在运行时验证用户名和密码,而不是将它们打包在应用中,更好地保证了安全②。后面的章节会着重探讨OAuth。

(2) 虽然数据库软件也支持基于用户的权限管理,但这种权限通常只能到达表级别。也就是说,数据库软件最多只能控制用户访问某一张数据库表。用户如果能够访问某一张数据库表,就能够访问表中的所有数据。但很多时候,开发者只允许用户访问数据库表中的某几行或某几列数据。如此细粒度的权限控制则只能依赖Web服务实现。

(3) 受到网络连接不稳定的影响,远程访问数据库容易发生中断,进而导致数据丢失或不一致③。

上面这些理由决定了,直接连接远程数据库很容易演变成一辆“非法低速电动车”。这么做通常是不优雅的,有时甚至非常危险。

相比于那些非常不优雅的方法,本章介绍的访问数据的方法是优雅的。然而这种优雅却只是“相对优雅”。在绝对意义上,也能容易地指出很多不优雅之处。

在使用偏好存储时使用了硬编码的数据键:

```
Xamarin.Essentials.Preferences.Set(
  "Capabilities.Preference.Key", PreferenceEntry.Text);
```

① 6.2节中,当我们需要返回所有的数据时,我们使用了await关键字来调用ToListAsync的方法。所有需要await的方法都是异步方法。异步方法隐含的意思是:它的执行会比较慢。相比之下,6.1节中的Preferences.Get方法则不需要await,意味着它能够很快地执行。

② 这种理念被称为“Authenticate the user, not the app(不要验证应用,要验证用户)”。

③ 一些现代化的数据库(如微软公司的Cosmos DB)带有自动的连接管理功能。然而由于现实生活中的各种情况太过复杂,依然需要开发者自己做很多工作来确保数据的正确。

这意味着如果不小心写错或漏写了一个字母，例如把 Preference 写成了 Prefrence，程序就不会正常运行，并且也很难找到哪里出错了。

在使用数据库时，人们好像并不担心类以及数据库的表结构会在未来发生变化。然而这种变化一定会发生，并且会发生很多次。而最可怕的情况是，当用户升级应用时，开发者并不知道用户正在使用的旧版本应用对应的是哪个历史版本的数据库。因此，开发者的应用可能完全不知道应该如何为用户升级数据库结构。

在访问 Web 服务时，我们并没有联系服务器验证用户的身份，也没有处理各种异常情况，例如网络连接中断、服务器超载等。这些功能是 Web 服务相较于直接连接远程数据库的优势，但我们并没有将它们发挥出来。

因此，现在的做法还远谈不上优雅。而我们要做的，则是让它们真正地优雅起来。我们会在后面的章节继续探讨这些问题。

6.5　动手做

无论是偏好存储、数据库、Web 服务，还是其他技术，项目中几乎一定会使用某种数据管理机制。再一次地，请读者做技术验证，针对项目中的一些局部问题场景，试用一下所选择的数据管理机制。写一篇博客，介绍一下你的问题以及你选择的技术。

第二部分　框架与方法

这部分主要学习客户端开发的框架与方法。各章的主要内容如下：

第 7 章

- Model-View-ViewModel（MVVM）架构模式

第 8 章

- 扩展 MVVM 架构模式，得到 MVVM ＋ IService 模式

第 9 章

- 编码规范
- 写出更漂亮的代码

第 10 章

- 重新审视数据库开发
- 从用户的需求探讨数据库技术的选型、设计与开发

第 11 章

- 进行单元测试
- Mocking 技术

第 12 章

- 完成第一个 ViewModel
- 面向测试进行软件设计

第 13 章

- 使用 Git 管理源代码的版本
- 进行分支开发

第 14 章

- 实现第二组 ViewModel 与 IService
- 根据需求提出设计

第 15 章

- 分支开发实战
- 将二进制数据转化为图片
- 并行执行代码
- 测试并行代码

第 16 章

- Web 服务客户端实战
- 异常的处理方法
- MVVM ＋ IService 架构的分层视图

第 17 章

- 依赖注入的原理与实现

第7章

踏上软件架构之路

本书4.2节中提到，我们使用ListView的方法并不优雅。导致这种不优雅的一个重要原因是我们将不同功能的代码——定义数据的代码、准备数据的代码、处理数据业务的代码——全部混在了一起。

本章将开始探讨如何设计软件的架构。人们通常将软件架构理解为一种精巧的、标准化的编排代码的方法。采用一套软件架构，意味着各种功能的代码会被编排在指定的位置，让各种功能的代码"居其位，安其职，尽其诚而不逾其度"，最终让原本混乱的代码变得和谐、有序、优雅。

本章内容是设计Dpx的软件架构的核心。这一架构将会贯穿Dpx的所有功能，因此也会贯穿本书后面的每一章。因此，认真学习本章内容很有必要。

7.1 Model-View-ViewModel 架构模式

本书采用Model-View-ViewModel(MVVM)模式设计软件的架构。

MVVM由三个单词组成。

- Model(M)：模型，指用于携带数据的类，例如4.2节的Poetry类，以及6.2节的Favorite类。
- View(V)：视图，指用于显示数据的控件与页面，例如4.2节和6.2节的ListView。
- ViewModel(VM)：视图模型，可以理解为专门为View准备要显示的数据的类。这些数据通常体现为一组Model实例。

可以简单地认为，在MVVM模式中，Model负责携带数据，View负责显示数据，ViewModel则负责准备一组Model实例并交给View进行显示。

下面通过一个例子了解MVVM模式是如何工作的。这个例子将采用MVVM模式实现1.6节的HelloWorld项目。

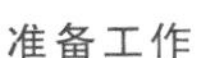

准备工作

MVVM 实现 HelloWorld

对于初次接触架构设计的人来说,这个例子可能显得有点"要素过多"。确实,这个例子涉及了 MainPage.xaml、MainPageViewModel、App.xaml,以及 ViewModelLocator 4 个部分。这 4 部分的作用及关系是什么?回答这个问题的过程,就是设计软件架构的过程:将不同功能的代码按照某种模式精确地编排在指定的位置上,再将它们巧妙地联系起来,形成一套精巧的软件。

下面的章节将详细讲述 MainPage.xaml、MainPageViewModel、App.xaml 以及 ViewModelLocator 这 4 个组成部分各自的作用。

7.2 View

首先从看得见、摸得着的 MainPage.xaml 开始。MainPage.xaml 中只包含两个控件:一个 Label 和一个 Button。这里先从 Label 开始。

```
<!-- MainPage.xaml -->
<Label x:Name="ResultLabel"
    Text="{Binding Result}" />
```

ResultLabel 只是一个普通的 Label,唯一的不同是它的 Text 属性绑定(Binding)到了 Result。4.2 节曾经提到,在使用数据绑定时,如果没有指定 BindingContext 属性,那么数据绑定会使用上一级控件的 BindingContext 作为上下文。对于 ResultLabel 来讲,它的上一级控件是 StackLayout,并且也没有指定 BindingContext。此时,数据绑定会再次查找 StackLayout 的上一级控件,并查找到类型为 MainPage 的 ContentPage:

```
<ContentPage
  x:Class="MvvmHelloWorld.MainPage"
     BindingContext="{Binding MainPageViewModel,
                  Source={StaticResource
                      ViewModelLocator}}">
  <StackLayout>
    <Label x:Name="ResultLabel"
        Text="{Binding Result}" />
  </StackLayout>
</ContentPage>
```

从上面的代码可以看到,MainPage 确实指定了 BindingContext。这里先不去关心指定 MainPage 的 BindingContext 的具体代码,只需要知道 BindingContext 被指定为 MainPageViewModel。因此,MainPageViewModel 也会成为 ResultLabel 的数据绑定上下文。此时,

```
<Label x:Name="ResultLabel"
    Text="{Binding Result}" />
```

意味着 ResultLabel 的 Text 属性绑定到了 MainPageViewModel 的 Result 属性。并且,当 Result 属性的值发生改变时,ResultLabel 的 Text 会自动更新——这是数据绑定

自动完成的，不需要我们做额外的操作。

接下来关注 Button：

```
<Button x:Name="ClickMeButton"
    Command="{Binding HelloCommand}" />
```

与 ResultLabel 一样，ClickMeButton 的数据绑定上下文也是 MainPageViewModel。因此，ClickMeButton 的 Command 属性绑定到了 MainPageViewModel 的 HelloCommand 属性。当用户点击 ClickMeButton 时，就会自动调用 HelloCommand。这也是数据绑定自动完成的，不需要开发者自己处理 Clicked 事件。

由此可见，MainPage.xaml 主要完成了如下的功能。

- 将 ClickMeButton 的 Command 绑定到 MainPageViewModel 的 HelloCommand。其效果是，当用户点击 ClickMeButton 时，会自动调用 HelloCommand。
- 将 ResultLabel 的 Text 绑定到 MainPageViewModel 的 Result。其效果是，ResultLabel 会显示 Result 的值，并且当 Result 的值发生改变时，ResultLabel 会自动更新显示。

从最终的结果来看，MainPage.xaml 除了显示用户界面和定义数据绑定之外，并没有做任何其他事情。这正是 MVVM 模式中 View 的职责：显示与绑定。MainPage.xaml 也正是 MvvmHelloWorld 项目中的 View。

7.3　ViewModel

本节主要研究 MainPageViewModel。MainPageViewModel 主要定义了两个属性：Result 与 HelloCommand。

```
//MainPageViewModel.cs
public string Result {
  get => ...
  set => ...
}
public RelayCommand HelloCommand => ...
```

上面代码中 get 后面的省略号代表从 Result 属性中取值时执行的代码，set 后面的省略号代表向 Result 属性设置值时执行的代码。由于 HelloCommand 是只读的，因此没有 set 部分，并可以简写为下面的形式。

```
public RelayCommand HelloCommand => ...
```

读者可能会问，为什么这一次没有直接使用 get 与 set 定义 Result 属性？

```
public string Result { get; set;}
```

别着急，先往下看。

> 关于属性的更多内容,请访问 https://docs.microsoft.com/zh-cn/dotnet/csharp/programming-guide/classes-and-structs/properties。

需要注意的一点是,数据绑定只能绑定到属性。因此,必须将 Result 及 HelloCommand 定义为 MainPageViewModel 的属性,才能在 MainPage.xaml 中使用 Binding 绑定它们。

7.3.1 属性

首先来看 Result 属性。Result 属性的真实值保存在成员变量_result 中:

```
private string _result;
```

当读取 Result 属性的值时,会得到成员变量_result 的值:

```
public string Result {
  get => _result;
  set => ...
}
```

当设置 Result 属性的值时,情况稍微有一点复杂。代码如下:

```
public string Result {
  get => _result;
  set => Set(nameof(Result), ref _result, value);
}
```

这里调用了 Set 函数。Set 函数是由 MVVM Light 提供的。MVVM Light① 是一个帮助开发者实现 MVVM 模式的工具集合。Set 函数在 MVVM Light 的 ViewModelBase 类中定义。如果仔细观察 MainPageViewModel 的定义部分,读者会发现 MainPageViewModel 继承自 ViewModelBase:

```
public class MainPageViewModel : ViewModelBase {
  ...
}
```

因此,MainPageViewModel 可以直接使用 Set 函数。

Set 函数的功能有两个:

(1) 将设置给 Result 属性的值保存到成员变量_result;

(2) 向外发出通知,告知 Result 属性的值发生了改变。

任何绑定到 Result 属性的数据绑定都能监听到 Set 函数发出的通知。在 MainPage.xaml 中,由于 ResultLabel 的 Text 属性绑定了 Result 属性:

```
<!-- MainPage.xaml -->
```

---

① http://www.mvvmlight.net/。

```
<Label x:Name="ResultLabel"
    Text="{Binding Result}" />
```

因此，在设置 Result 属性的值时，ResultLabel 的 Text 属性就会接到通知并更新显示。

Result 属性、成员变量_result、MVVM Light、Set 函数、数据绑定，以及 Label 的 Text 属性之间的关系总结如下。

(1) 在设置 Result 属性的值时，MVVM Light 的 Set 函数会将设置的值保存到成员变量_result 中。

(2) MVVM Light 的 Set 函数向外发出通知，告知 Result 属性的值发生了改变。

(3) 数据绑定监听到 Set 函数发出的通知，得知 Result 属性的值发生了改变，因此会重新读取 Result 属性的值。

(4) Result 属性从成员变量_result 中读取值，并返回给数据绑定。

(5) 数据绑定将新的值设置给 Label 的 Text 属性，从而更新 Label 的显示。

至于前面提出的问题"为什么没有直接使用 get 与 set 定义 Result 属性"，答案也很明显：因为我们需要在 Result 属性的 set 部分调用 Set 函数，从而触发数据绑定更新显示。

保证 Set 函数正常工作的是 Set 函数的三个参数：

```
//MainPageViewModel.cs
//Result
Set(nameof(Result), ref _result, value);
```

其中，nameof(Result)使用 nameof 关键字，以字符串的形式获得 Result 属性的名字"Result"，即：

```
nameof(Result) == "Result" //true
```

Set 函数在发出通知时，实际上是在说"一个名叫 Result 的属性的值发生了改变"。数据绑定则根据通知中属性的名字来重新读取属性的值。

value 关键字代表人们设置给 Result 属性的值。因此，如果有：

```
Result = "Hello Kitty";
```

则在 Result 属性的 set 部分，有：

```
value == "Hello Kitty" //true
```

最后，ref _result 代表 Set 函数可以任意修改成员变量_result 的值。在通常情况下，函数不能修改参数的原始值(即实际参数的值)。ref 关键字则改变了这一规则，让 Set 函数可以任意地修改成员变量_result 的值。

> 关于 nameof 关键字的更多内容，请访问 https://docs.microsoft.com/zh-cn/dotnet/csharp/language-reference/operators/nameof。

关于 value 关键字的更多内容，请访问 https://docs.microsoft.com/zh-cn/dotnet/csharp/language-reference/keywords/value。

关于 ref 关键字的更多内容，请访问 https://docs.microsoft.com/zh-cn/dotnet/csharp/language-reference/keywords/ref。

以下内容可以帮助读者理解数据绑定以及 Set 函数的工作原理。如果读者暂时不想在这方面花时间，也可以跳过这段内容。

要详细地解释数据绑定需要不少的篇幅。值得庆幸的是，微软公司提供了一段非常不错的视频。这段视频会手把手地带着你从零开始实现数据绑定 https://channel9.msdn.com/Shows/XamarinShow/Introduction-to-MVVM。

数据绑定的核心是 INotifyPropertyChanged 接口。在上面的视频中，主持人 James Montemagno 带领观众逐步实现了 INotifyPropertyChanged 接口。然而在实际项目中，每次都实现 INotifyPropertyChanged 确实有点麻烦。因此，MVVM Light 通过 ObservableObject 类实现了 INotifyPropertyChanged 接口，并进一步在继承了 ObservableObject 类的 ViewModelBase 类中定义了 Set 函数，使用户可以方便地实现和使用 INotifyPropertyChanged 接口。

Set 函数的源代码如下[①]：

```
public void Set(string propertyName,
        ref string field,
        string newValue) {
  string oldValue = field;
  field = newValue;
  RaisePropertyChanged(propertyName,
            oldValue,
            field);
}
```

可以看出，Set 函数最终调用了 RaisePropertyChanged 函数。这个函数的功能基本相当于上面视频中的 OnPropertyChanged 函数。

7.3.2 Command(命令)

相比于原理复杂的 Result，HelloCommand 要简单得多：

```
public RelayCommand HelloCommand =>
  _helloCommand ??(_helloCommand =
    new RelayCommand(() => Result = "Hello World!"));
```

这段代码中真正关键的只有这一句：

① 为了方便理解，此处对代码进行了许多删减与修改。

```
Result = "Hello World!"
```

也就是将 Result 属性的值设置为"Hello World!"。其他部分仅是在初始化成员变量_helloCommand。上述代码的分解如下所示，下面来了解它实现的功能。

```
_helloCommand ??(_helloCommand = new RelayCommand(...));
```

这里使用了?? 运算符。如果将上面的代码用简单的自然语言描述，大致为："成员变量_helloCommand 是否为空？如果不为空，直接返回_helloCommand 的值。如果为空，就将_helloCommand 初始化为一个新的 RelayCommand，再将_helloCommand 的值返回。"

是的，?? 运算符也是一块语法糖。

> 关于?? 运算符的更多内容，请访问 https://docs.microsoft.com/zh-cn/dotnet/csharp/language-reference/operators/null-coalescing-operator。

接下来介绍如何初始化一个新的 RelayCommand。

```
new RelayCommand(() => Result = "Hello World!"));
```

这段代码的意思是，新的 RelayCommand 是一个匿名函数。这个匿名函数的功能是将 Result 属性的值设置为"Hello World!"。

> 关于匿名函数的更多内容，请访问 https://docs.microsoft.com/zh-cn/dotnet/csharp/programming-guide/statements-expressions-operators/lambda-expressions。

MainPageViewModel 完成的功能总结如下。

- 提供 HelloCommand，其功能是设置 Result 属性的值。
- 提供 Result 属性供读取。
- 当 Result 属性发生改变时发出通知，以便数据绑定监听。

以最终的结果来讲，MainPageViewModel 为 MainPage.xaml 提供了可供调用的功能(HelloCommand)，可供显示的数据(Result 属性)，并在数据发生变化时发出通知。这就是 MVVM 模式中 ViewModel 的职责：为 View 提供功能与数据。正如名字中说明的那样，MainPageViewModel 就是一种 ViewModel。

7.4　ViewModelLocator

在 MVVM 模式中，View 与 ViewModel 通过数据绑定紧密联系。于是，二者面临一个问题：View 如何找到 ViewModel?

> 读者可能会问："为什么不是 ViewModel 找 View?"
> 从前面的代码来看，View 总是将自己的控件绑定到 ViewModel 的属性，例如：

```
<!-- MainPage.xaml -->
<Label x:Name="ResultLabel"
    Text="{Binding Result}" />
```

由于是 View 主动想绑定到 ViewModel,因此要由 View 去寻找 ViewModel,而不能由 ViewModel 寻找 View。

有多种方法可以帮助 View 寻找 ViewModel。本书中推荐的方法是将 View 寻找 ViewModel 的过程分解为两部分。

(1) 提供一个 ViewModelLocator 类,负责创建 ViewModel 的实例。

(2) 让 View 去寻找 ViewModelLocator 类,再通过 ViewModelLocator 获得 ViewModel 的实例。

首先关注如何实现 ViewModelLocator。

```
//ViewModelLocator.cs
public class ViewModelLocator {
  public MainPageViewModel MainPageViewModel =>
    SimpleIoc.Default.GetInstance<MainPageViewModel>();

  public ViewModelLocator() {
    SimpleIoc.Default.Register<MainPageViewModel>();
  }
}
```

这段代码使用了 SimpleIoc。SimpleIoc 也是由 MVVM Light 提供的,它是一个依赖注入容器。后面章节中会详细地介绍依赖注入。在这里,读者只需要知道, ViewModelLocator 在构造函数 ViewModelLocator 中,将 MainPageViewModel 注册到了依赖注入容器 SimpleIoc。这样,当有人调用 ViewModelLocator 的 MainPageViewModel 属性时,ViewModelLocator 就会从 SimpleIoc 中取出一个 MainPageViewModel 实例①。

读者可能会问:"既然 ViewModelLocator 使用 SimpleIoc 创建 ViewModel 的实例,那为什么不直接让 MainPage.xaml 通过 SimpleIoc 寻找 MainPageViewModel,而是额外定义一个 ViewModelLocator?"

其中一个原因是,ViewModelLocator 以属性的形式提供了获得 ViewModel 的方法。数据绑定只能绑定到属性。ViewModelLocator 让 Mainpage.xaml 可以以数据绑定的形式与 MainPageViewModel 绑定。如果直接使用 SimpleIoc,则无法做到这一点。其他原因我们会在后面的章节中回答。

---

① SimpleIoc 会确保 MainPageViewModel 是单例的。也就是说,无论取多少次 MainPageViewModel,得到的总是同一个 MainPageViewModel 实例。

7.5　App.xaml

ViewModelLocator 解决了 ViewModel 的创建问题，同时也让 View 可以直接与 ViewModel 绑定。那么，View 如何找到 ViewModelLocator 呢？

答案是，将 ViewModelLocator 定义为全局资源。资源（Resource）是 Xamarin 定义共享对象的标准方法。任何被定义为全局资源的对象，例如 ViewModelLocator，都可以被任意一个 View 方便地获取。

在 App.xaml 中将 ViewModelLocator 定义为全局资源：

```
<!-- App.xaml -->
<Application
  xmlns:x="http://schemas.microsoft.com/winfx/2009/xaml"
      xmlns:vm="clr-namespace:MvvmHelloWorld.ViewModels;
            assembly=MvvmHelloWorld"
      x:Class="MvvmHelloWorld.App">
  <Application.Resources>
    <vm:ViewModelLocator x:Key="ViewModelLocator" />
  </Application.Resources>
</Application>
```

定义一个名为 ResultLabel 的 Label：

```
<Label FontSize="48" x:Name="ResultLabel">
```

与定义 ResultLabel 的方法类似，上面的代码中定义了一个名（x：Key）为 ViewModelLocator 的资源，这个资源是一个 ViewModelLocator 实例：

```
<vm:ViewModelLocator x:Key="ViewModelLocator" />
```

其中，vm 代表 MvvmHelloWorld.ViewModels 命名空间：

```
xmlns:vm="clr-namespace:MvvmHelloWorld.ViewModels;
    assembly=MvvmHelloWorld"
```

而 ViewModelLocator 就定义在 MvvmHelloWorld.ViewModels 命名空间下：

```
namespace MvvmHelloWorld.ViewModels {
  public class ViewModelLocator {
    ...
  }
}
```

这样，Xamarin 就会自动创建一个名为 ViewModelLocator 的 ViewModelLocator 资源。

接下来就可以在 MainPage.xaml 中使用 ViewModelLocator 资源获得

MainPageViewModel，并将 MainPageViewModel 绑定到 BindingContext 上了。

```
<!-- MainPage.xaml -->
<ContentPage
  x:Class="MvvmHelloWorld.MainPage"
    BindingContext="{Binding MainPageViewModel,
            Source={StaticResource
              ViewModelLocator}}">
```

在上面的代码中，MainPage.xaml 从静态资源（Static Resource）ViewModelLocator 的 MainPageViewModel 属性中取出值（即一个 MainPageViewModel 实例），并将它绑定到自己的 BindingContext。至此，MainPage.xaml 作为 View 完成了与 MainPageViewModel 的绑定。

让 View 找到 ViewModel 的方法总结如下。

（1）提供一个 ViewModelLocator 类，负责创建 ViewModel 的实例。

（2）在 App.xaml 中将 ViewModelLocator 注册为全局资源。

（3）在 View 中获取 ViewModelLocator 资源，使用数据绑定将 ViewModelLocator 中指定的 ViewModel 属性绑定到 View 的 BindingContext 属性上。

> 关于资源的更多内容，请访问 https://docs.microsoft.com/zh-cn/xamarin/xamarin-forms/xaml/resource-dictionaries。

7.6 再次审视 MVVM 模式

经过本章的学习，读者应已了解了 MvvmHelloWorld 项目的架构。MvvmHelloWorld 项目中各个组成部分之间的关系如图 7-1 所示[①]。

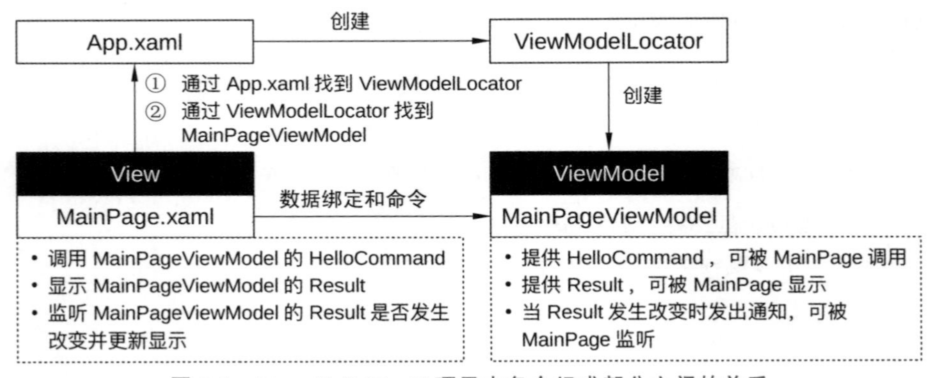

图 7-1 MvvmHelloWorld 项目中各个组成部分之间的关系

① 这并不是一个严格的软件架构图，而是架构的示意图。但它依然很好地说明了各个组成部分之间的关系。

从图 7-1 可以看到，在 MvvmHelloWorld 项目中还没有使用 MVVM 模式中的 Model。不过这个项目已经能够比较好地说明基于 MVVM 模式的软件应该如何架构。图 7-2 显示了微软公司是如何阐述 MVVM 模式的。

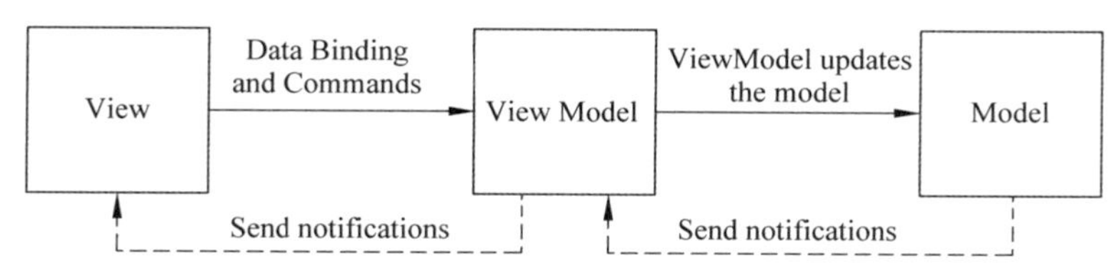

图 7-2　微软公司阐述的 MVVM 模式[①]

图 7-2 只强调了 MVVM 模式本身，而没有标明用于协助用户实现 MVVM 模式的 ViewModelLocator 以及 App.xaml。从图 7-2 中可以看到，View 与 ViewModel 之间的关系主要包括两部分。

- View 通过数据绑定与 ViewModel 的数据(Data)以及命令(Command)绑定。
- ViewModel 通知 View 哪些东西发生了改变。

这与读者在 MvvmHelloWorld 项目做的事情完全一致。

本章内容是 MVVM 模式最艰难晦涩的部分。下一章中将探讨如何使用 MVVM 模式中的 Model。

7.7　动手做

回顾第 1 章的“动手做”部分，试着用 MVVM 模式实现它。

提示：数据绑定是双向的。

① 重绘自 https://docs.microsoft.com/zh-cn/xamarin/xamarin-forms/enterprise-application-patterns/mvvm。

第8章 MVVM + IService 架构

第 7 章的 MvvmHelloWorld 项目使用的 MVVM 模式并没有涉及 Model。这是由于 MvvmHelloWorld 项目过于简单,不需要专门的 Model 来携带数据。现实生活中的软件通常比 MvvmHelloWorld 项目复杂得多,因此缺少 Model 的项目几乎是不存在的。如果读者翻看一下前面章节的项目,也能很容易地找到一些复杂且需要 Model 的项目,例如 6.2 节的 Database 项目。

本章会采用 MVVM 模式来实现 Database 项目。在学习过程中,读者会发现单纯依靠 MVVM 模式并不能很好地实现 Database 项目。为此,本章对 MVVM 模式进行了扩展,提出进阶版的 MVVM + IService 架构。这一架构将支撑读者完成 MvvmDatabase 项目,以及整个 Dpx 项目的开发。

下面从 Model 开始实现 MvvmDatabase 项目。

8.1 Model

在实现 Model 之前,首先需进行准备工作。

接下来实现 Model。

项目准备

实现 Model

Favorite 类是 MvvmDatabase 项目的 Model。可以发现,MvvmDatabase 项目中的 Favorite 类与 Database 项目中的 Favorite 类完全相同,除了位置被移动到了 Models 文件夹下。

```
//Favorite.cs
public class Favorite {
  [PrimaryKey, AutoIncrement]
  public int Id { get; set; }

  public bool IsFavorite { get; set; }
}
```

如果忽略 SQLite-net 使用的 PrimaryKey 以及 AutoIncrement 特性(Attribute)，那么 Favorite 类只包含两个可读写的属性：Id 与 IsFavorite。这种简单的结构让 Favorite 类只能携带数据，而没有任何其他功能。

这正是本书中推荐的设计 Model 的方法：只携带数据，不提供任何功能①。这种方法让设计 Model 变得非常简单。只需搞清楚数据是怎样的，就可以将 Model 做对应的设计。

但是，Model 中的数据从何而来呢？

再次审视 MVVM 模式，如图 8-1 所示。在 MVVM 模式中，View 负责显示用户界面，ViewModel 负责为 View 提供功能与数据，Model 则负责携带数据。那么，既然 ViewModle 负责为 View 提供数据，同时 Model 又是用来携带数据的，那么是否应该由 ViewModel 向 Model 填充数据，再把 Model 交给 View 进行显示呢？

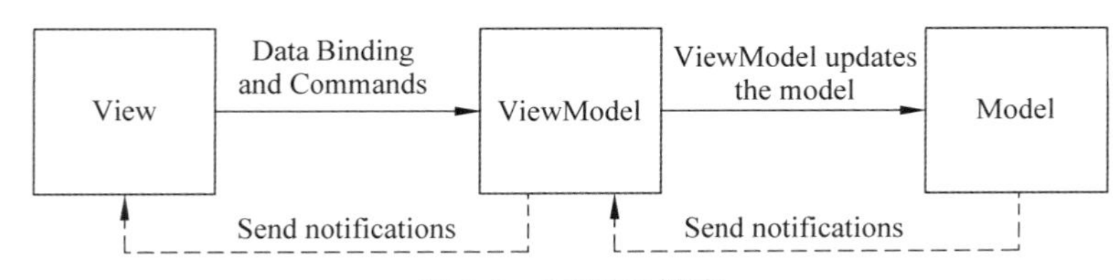

图 8-1　MVVM 模式

这里，笔者给出的答案是：可以这么做，但是更好的方法②是使用 IService 向 Model 填充数据。

8.2　IService

与 MVVM 模式不同，IService 并不是什么复杂的理论，而是一种非常简单的面向对象编程思想：用接口来定义功能。IService 中的 I 含义为 Interface(接口)，而 Service(服务)则代表了接口提供的功能。

设计 IService

前面介绍了相关理论，接下来主要了解 MvvmDatabase 项目中的 IService，即 IFavoriteStorage 接口：

```
//IFavoriteStorage.cs
public interface IFavoriteStorage {
  Task InitializeAsync();
  Task<IList<Favorite>> GetFavoritesAsync();
  Task SaveFavoriteAsync(Favorite favorite);
}
```

---

① 很多人也会选择把与数据相关的功能封装在 Model 里，例如保存数据、修改数据、删除数据等。无论是否将功能封装在 Model 里，只要设计得当，都是好的设计。不过为了更加清晰地划分代码的职责，本书中的 Model 只用来携带数据，与数据相关的功能则放在其他地方。

② 这里的“更好”依然指能够更加清晰地划分代码的职责。只要设计得当，用 ViewModel 直接填充 Model 依然可以是好的设计。

从上面的代码可以看到,IFavoriteStorage 接口只定义了以下三种功能。

- InitializeAsync:初始化收藏存储。
- GetFavoitesAsync:获得一组收藏。
- SaveFavoriteAsync:保存一项收藏。

接下来就可以在 ViewModel 中使用 IService 向 Model 中填充数据了。

读者可能会疑惑:“在本例中还没有书写任何代码,接口本身根本不能运行。在 ViewModel 中使用 IFavoriteStorage 接口如何做到?

这样的疑虑并非多余,接口本身确实不能运行。接口只能定义(Define)功能,却因为没有任何代码不能实现(Implement),也不能运行(Run)功能。

但是,我们只是要在 ViewModel 中使用(Use)IFavoriteStorage 接口,并没有说要运行。这里所说的使用是代码层面上的[①]。只要能写出代码,正常编译就可以了。只有在需要运行时,人们才关心如何实现 IFavoriteStorage 接口。

这种思路有点类似于生活中“到时候再说”的情况。在日常生活中,遇到问题就采取“到时候再说”的态度,而不预先做准备,是一种很坏的习惯。但是在面向对象编程里面,正确使用“到时候再说”却是一种非常好的技能。

所以,下面暂时推迟对 IFavoriteStorage 接口的实现,而先关注如何在 ViewModel 中使用 IService。

> 关于接口的更多内容,请访问 https://docs.microsoft.com/zh-cn/dotnet/csharp/programming-guide/interfaces/index。

8.3 在 ViewModel 中使用 IService

在 ViewModel 中使用 IService

在 MainPageViewModel 中,我们定义了一个 IFavoriteStorage 类型的成员变量_favoriteStorage:

```
//MainPageViewModel.cs
private readonly IFavoriteStorage _favoriteStorage;
```

先不要纠结成员变量_favoriteStorage 的值从哪里来,而是关注如何使用它。

首先,MainPageViewModel 使用 InitializeCommand 向 View 提供初始化收藏存储功能:

```
private RelayCommand _initializeCommand;

public RelayCommand InitializeCommand =>
```

① 这句话并非是对“使用”一词的定义,而仅是说明在本书中,我们对“使用”一词的理解和约定。在其他的书和文档中,“使用”也可能带有“运行”的意思。

```
_initializeCommand ??(_initializeCommand =
  new RelayCommand(async () =>
    await _favoriteStorage.InitializeAsync()));
```

这段代码与7.3.2节中定义HelloCommand的代码相近：先定义一个成员变量_initializeCommand，再使用??运算符、RelayCommand，以及匿名函数初始化_initializeCommand。此后，InitializeCommand的值就是_initializeCommand的值了。

这段代码最为关键的部分是InitializeCommand如何真正地实现“初始化收藏存储”功能。InitializeCommand的做法是调用成员变量_favoriteStorage的InitializeAsync函数。

```
await _favoriteStorage.InitializeAsync()
```

由此可见，在ViewModel中使用IService的方式，就是在需要时调用IService的函数。

下面来看SaveFavoriteCommand。再一次地，它通过成员变量_favoriteStorage实现“保存一项收藏”功能。

```
//SaveFavoriteCommand
Random random = new Random();
var favorite = new Favorite {
  IsFavorite = random.NextDouble() > 0.5
};
await _favoriteStorage.SaveFavoriteAsync(favorite);
```

最后是GetFavoritesCommand。它的功能是获得一组收藏，并将这组收藏放到Favorites属性中，从而让View能够显示它们。“获得一组收藏”的功能同样是通过成员变量_favoriteStorage完成的：

```
//GetFavoritesCommand
await _favoriteStorage.GetFavoritesAsync()
```

GetFavoritesAsync函数的返回值被放在了Favorites属性中：

```
Favorites.Clear();
Favorites.AddRange(
  await _favoriteStorage.GetFavoritesAsync());
```

Favorites是一个ObservableRangeCollection[①]。ObservableRangeCollection的特点是，在使用数据绑定时，对ObservableRangeCollection的任何修改，无论是添加还是删

---

① ObservableRangeCollection是由Refractored.MvvmHelpers提供的。很多文档都不会使用ObservableRangeCollection，而是使用微软公司提供的ObservableCollection。ObservableRangeCollection与ObservableCollection的基本功能是相同的。它们最为主要的区别是ObservableRangeCollection提供了AddRange函数。这个函数允许用户一次性添加一组数据。相比之下，ObservableCollection只有Add函数而没有AddRange函数。因此，一次只能向ObservableCollection添加一条数据。如果需要向ObservableCollection添加一组数据，就需要使用一个循环，并逐次地调用Add函数，使用起来不是很方便。

除,都会立即在 View 中反映[①]。这是数据绑定自动实现的。

因此,当调用 Clear 函数时,用户界面上所有的数据就会随着 Favorites 中的数据一起清空。调用 AddRange 函数时,用户界面就会随着 Favorites 中新数据的加入而更新。

Favorites 属性的定义是:

```
public ObservableRangeCollection<Favorite>
  Favorites { get; } =
    new ObservableRangeCollection<Favorite>();
```

这意味着 Favorites 属性是只读的,并且被初始化为一个 ObservableRangeCollection。此后,每次读取 Favorites 属性,得到的都是同一个 ObservableRangeCollection 实例。上述定义很容易与下面的定义混淆[②]:

```
public ObservableRangeCollection<Favorite> Favorites =>
  new ObservableRangeCollection<Favorite>();
```

在这种定义中,Favorites 属性依然是只读的。不过,每次读取 Favorites 属性时,得到的都是一个新的 ObservableRangeCollection 实例。这显然不是我们想要的效果。

上文中已经详细介绍了在 ViewModel 中使用 IService 的方法。接下来回答如下两个问题。

(1) 如何实现 IService?

(2) ViewModel 如何获得 IService 的实例?

8.4 实现 IService

MvvmDatabase 项目中使用 FavoriteStorage 类实现了 IFavoriteStorage 接口。FavoriteStorage 类主要包含 Database 项目 MainPage.xaml.cs 代码中与数据库打交道的部分,包括数据库文件的存储路径:

实现 MvvmDatabase 项目的 IService

```
//FavoriteStorage.cs
private static readonly string DatabasePath =
  Path.Combine(
    Environment.GetFolderPath(Environment.SpecialFolder
      .LocalApplicationData), "MyData.db");
```

使用 Connection 属性获得数据库连接:

```
private SQLiteAsyncConnection _connection;
```

---

① 这并不是 ObservableRangeCollection 被称为 Observable 的原因。Observable 并不是指 ObservableRangeCollection 能够在用户界面的层面上被观测,而是指它能够在代码层面上被观测,也就是可以通过事件来观测其变化。

② 尤其是,Kotlin 也使用类似的两种方法定义属性,但却具有完全相反的效果。

```
private SQLiteAsyncConnection Connection =>
  _connection ??
  (_connection = new SQLiteAsyncConnection(DatabasePath));
```

以及最重要的，实现 IFavoriteStorage 接口中定义的函数：

```
public async Task InitializeAsync() =>
  await Connection.CreateTableAsync<Favorite>();

public async Task<IList<Favorite>> GetFavoritesAsync() =>
  await Connection.Table<Favorite>().ToListAsync();

public async Task SaveFavoriteAsync(Favorite favorite) =>
  await Connection.InsertAsync(favorite);
```

这些函数的实现都很简单。它们都直接使用 SQLite-net 完成。

与 Database 项目 MainPage.xaml.cs 中的代码相比，MvvmDatabase 的 FavoriteStorage 类中的代码显得简洁、优雅了许多。这是由于：

(1) FavoriteStorage 类的功能更加单一①。FavoriteStorage 类只关注如何与数据库打交道，而不必关心如何设置 ListView 的 ItemsSource。因此，FavoriteStorage 类的代码更少，也更容易理解。

(2) FavoriteStorage 类利用属性让数据库连接的初始化变得更加优雅。FavoriteStorage 类的 DatabasePath 属性确定了数据库文件的存储路径，同时 Connection 属性实现了对数据库连接的初始化。这些属性不仅将数据库文件的初始化与数据库连接的初始化分开，还让后续的函数能够直接通过 Connection 属性访问数据库连接。

8.5 在 ViewModel 中获得 IService 实例

再次回到 MainPageViewModel。8.3 节中讨论了如何在 MainPageViewModel 中使用 IFavoriteStorage 接口的实例，也就是成员变量_favoriteStorage：

```
//MainPageViewModel.cs
private readonly IFavoriteStorage _favoriteStorage;
```

那么成员变量_favoriteStorage 的值从何而来？答案是从构造函数中：

```
public MainPageViewModel(IFavoriteStorage favoriteStorage) {
  this._favoriteStorage = favoriteStorage;
}
```

如果想获得一个类的实例，就必须调用它的构造函数。而 MainPageViewModel 的构造函数则进一步约定，如果想实例化 MainPageViewModel，就必须提供一个

---

① 如果读者听说过“面向对象设计原则”，这里指的就是“单一职责原则”。

IFavoriteStorage 接口的实例。这样做的结果就是我们必须为 MainPageViewModel 准备一个 IFavoriteStorage 接口的实例,否则就不可能获得 MainPageViewModel 的实例。这是从语言的级别上保证的[①]。

那么,从哪里获得 IFavoriteStorage 接口的实例呢?答案自然是从实现了 IFavoriteStorage 接口的 FavoriteStorage 类那里。

因此,获得 MainPageViewModel 实例的过程变得明确:

(1) 获得 FavoriteStorage 类的实例。由于 FavoriteStorage 类实现了 IFavoriteStorage 接口,因此 FavoriteStorage 类的实例同时也是 IFavoriteStorage 接口的实例。

(2) 将 IFavoriteStorage 接口的实例传递给 MainPageViewModel 的构造函数,获得 MainPageViewModel 的实例。

回顾 7.4 节 MvvmHelloWorld 项目中,我们利用 ViewModelLocator 来实例化 MainPageViewModel。在 MvvmDatabase 项目中,我们依然通过 ViewModelLocator 来实例化 MainPageViewModel。下面来看如何为 MvvmDatabase 项目实现 ViewModelLocator。

实现 ViewModelLocator

在 ViewModelLocator 中, MainPageViewModel 实际上由 SimpleIoc 实例化。同时,要实例化 MainPageViewModel,必须提供一个 IFavoriteStorage 接口的实例。那么,SimpleIoc 如何为 MainPageViewModel 提供 IFavoriteStorage 接口的实例呢?答案就是,通过一行代码,告诉 SimpleIoc"如果有人找你要 IFavoriteStorage 接口的实例,就给他一个 FavoriteStorage 类的实例"即可:

```
//ViewModelLocator.cs
//ViewModelLocator()
SimpleIoc.Default.Register<IFavoriteStorage,
            FavoriteStorage>();
```

SimpleIoc 非常智能。在创建 MainPageViewModel 的实例时,SimpleIoc 会发现 MainPageViewModel 的构造函数要求一个 IFavoriteStorage 接口的实例。此时,SimpleIoc 就会创建一个 FavoriteStorage 类的实例,并使用这个实例去创建 MainPageViewModel 的实例。

完成 MvvmDatabase 项目

目前为止,本书中已经实现了 Model、IService 和 ViewModel。接下来只需再实现一下 View,并使用 ViewModelLocator 与 App.xaml 将 View 与 ViewModel 连接起来,就能够在 MVVM + IService 架构下完成 MvvmDatabase 项目了。

① 使用一些特殊的技术可以绕过这个限制。然而,不推荐读者这么做。这么做最严重的问题是:它破坏了设计,并且让开发者在架构上的努力全部付诸东流,而一切又会变成所有的代码都搅在一起的状态。

8.6　审视 MVVM ＋ IService 架构

MvvmDatabase 项目各个组成部分之间的关系如图 8-2 所示。

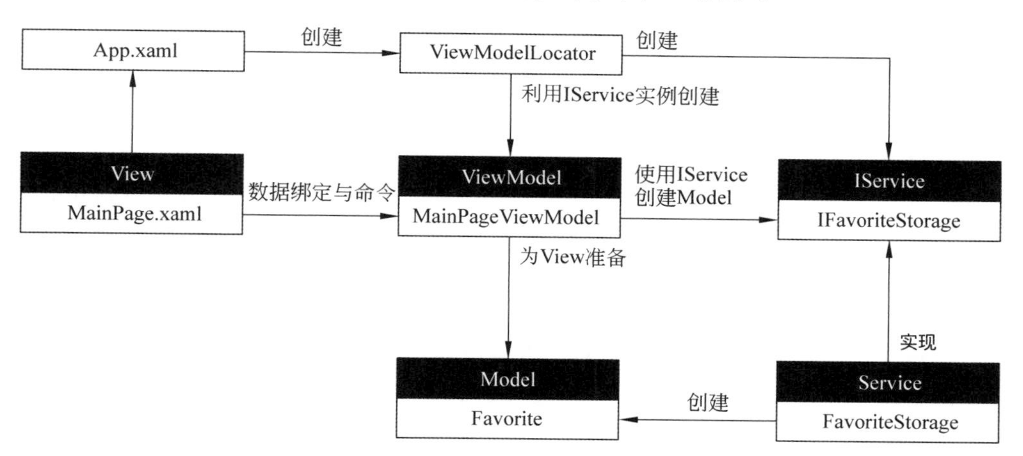

图 8-2　MvvmDatabase 项目各个组成部分之间的关系

MvvmDatabase 实现了完整的 MVVM ＋ IService 架构。这种架构实际上是对 MVVM 模式的一种扩展。将微软公司定义的 MVVM 模式稍微扩展一下，就可以得到 MVVM ＋ IService 架构，如图 8-3 所示。

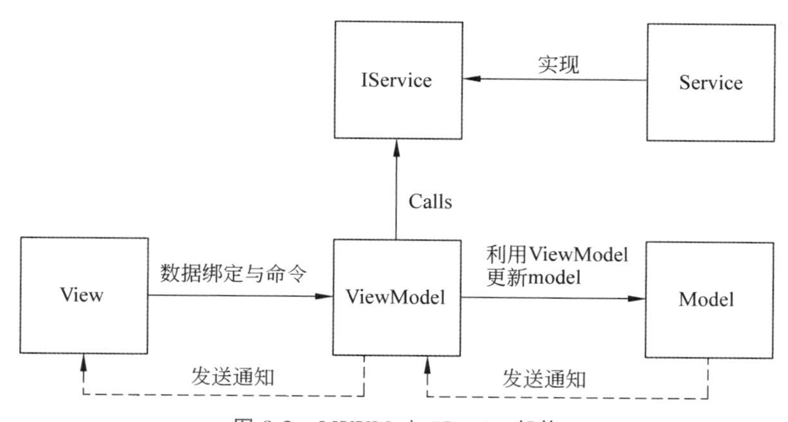

图 8-3　MVVM ＋ IService 架构

在 MVVM ＋ IService 架构中，ViewModel 并不实现具体的功能，而是委托 IService 来实现。IService 则是功能的接口定义，本身并没有代码，需要由 Service 来实现具体的功能。

采用 MVVM ＋ IService 架构的好处是，不同的代码被彻底地分开了：

- 显示用户界面的代码在 View 中；
- 携带数据的代码在 Model 中；

- 为 View 准备数据和功能的代码在 ViewModel 中；
- 定义功能接口的代码在 IService 中；
- 实现功能的代码在 Service 中。

这正是第 7 章引言中说的：采用一套软件架构，意味着不同的代码会被编排在指定的位置，让代码“居其位，安其职，尽其诚而不逾其度”，最终让原本混乱的代码变得和谐、有序、优雅。

8.7 动手做

(1) ObservableRangeCollection 提供了一系列事件来使自身变得可观测。请读者探索 ObservableRangeCollection 都提供了哪些事件，并试试看如何才能观测 ObservableRangeCollection 中数据的变化。

(2) 请尝试使用 MVVM + IService 架构改造 6.3 节的 WebService 项目。请读者思考，用来反序列化 JSON 的 JinrishiciToken 类是 Model 吗？在得出结论后，与团队成员讨论各自的意见，并达成一致。

8.8 给 PBL 教师的建议

在组织小组讨论时，给出一段“沉默时间”是非常好的方法。在提出问题后，可以要求所有人保持沉默一段时间，例如 5～10 分钟。在此期间，学生可以自行查找资料并回答，但不允许互相交流。沉默时间结束后，再要求学生在团队内分享答案，交流意见，形成团队的答案。最后，让每个团队给出自己的答案，并接受其他团队的提问。

学生在团队内分享答案并讨论时，是教师介入讨论的好时机。教师可以到每个组里坐一小会儿，听听同学们在做什么，并适时地给出自己的意见。教师的意见通常可以帮助陷入困境的团队打开思路，并帮助已经有思路的团队完善答案。

第9章

编码规范

在正式开启 Dpx 项目的开发之前，本章先探讨一个本书中一直在做却没有说明的问题：编码规范。

在之前的开发中，可能经常遇到这种情况：一个团队的成员，每个人写代码的方法都不一样。不一样的变量命名，不一样的排版，不一样的注释，这使得团队的代码看起来像是使用不同的语言写成的。在这样的团队中，阅读他人的代码几乎是一种折磨。

编码规范可以有效避免这些问题。编码规范，简单来讲就是写代码的规范。采用一套编码规范，能够让一个团队写出风格一致的代码。这不仅让团队内的沟通更加高效，也方便跨团队的技术交流。同时，遵循编码规范还能避免很多编码的 Bug，让代码具有更高的质量。

需要注意的是，编码规范并不是不可动摇的。很多公司都有自己的编码规范，并且不同公司的编码规范经常是彼此冲突的。下面即将介绍的编码规范，也是在微软公司的.NET 编码规范《框架设计准则》、C# 编码规范《C# 编码约定》，以及文档注释规范《XML 文档注释》的基础上修改得到的。编码规范的目的始终是让团队写出风格一致的代码。只要方案能够方便团队沟通并满足项目开发的要求，就是一套好的编码方案。

> 关于微软公司的.NET 编码规范《框架设计准则》，请访问 https://docs.microsoft.com/zh-cn/dotnet/standard/design-guidelines/。
>
> 关于微软公司的 C#编码规范《C# 编码约定》，请访问 https://docs.microsoft.com/zh-cn/dotnet/csharp/programming-guide/inside-a-program/coding-conventions。
>
> 关于微软公司的文档注释规范《XML 文档注释》，请访问 https://docs.microsoft.com/zh-cn/dotnet/csharp/programming-guide/xmldoc/。

9.1 命名规范

为类、变量等命名时，主要采用如下两种命名方法。

(1) 全部单词首字母大写，如 FavoriteStorage。这种命名方法称为

PascalCasing。它因一门老旧的编程语言 Pascal 而得名。

(2) 首个单词字母小写,其他单词首字母大写,如 favoriteStorage。这种命名方法称为 camelCasing(驼峰命名)。理由很简单,它看起来像是驼峰,如图 9-1 所示。

图 9-1 驼峰命名

截至目前,本书主要在如下场合使用过 PascalCasing:

- 命名空间,例如 MvvmDatabase.Models;
- 类型名,包括类名、接口名等,例如 IFavoriteStorage、FavoriteStorage 等;
- 属性名,例如 Favorite 类的 Id、IsFavorite 属性等;
- 类变量名,例如 FavoriteStorage 类的类变量 DatabasePath;
- 函数名,例如 IFavoriteStorage 接口的 InitializeAsync 函数;
- 资源名,例如 App.xaml 中的 ViewModelLocator 资源;
- 控件名,例如 MainPage.xaml 中的 ReadDataButton 按钮。

未来,我们还会在定义事件、枚举等时使用 PascalCasing。

相比于 PascalCasing 的广泛使用,camelCasing 的使用则要少得多。截至目前,本书只在如下场合使用过 camelCasing:

- 函数的参数,例如 IFavoriteStorage 接口中 SaveFavoriteAsync 函数的 favorite 参数;
- 函数的本地变量,例如 MainPageViewModel 类中初始化 SaveFavoriteCommand 的匿名函数中使用的 random 变量。

另外,我们还约定所有的类成员变量都使用下画线开头,后接 camelCasing,例如 MainPageViewModel 类的成员变量_saveFavoriteCommand。

然而,无论使用哪一种 Casing,都面临着一个问题:大写字母缩写,例如 IO、XML、MVVM 等,应该如何处理?

微软公司给出的建议是,三个字母以内的大写字母缩写保持大写,例如 IOStream。三个字母及以上的大写字母缩写按照普通单词处理,例如 XmlReader、MvvmDatabase。

除了上述涉及大小写的规范,我们还对命名的语义提出如下要求①。

- 在使用 PascalCasing 时,命名的语义必须明确。因此,MainPageViewModel 是个好名字,而 MainVM 则是个坏名字。
- 在使用 camelCasing 时,命名的语义必须明确,除非我们有信心其他人绝对不会搞错命名的语义。因此,在循环处理一维数组时,使用 i 来索引数组的每一项可能是可以的。但在循环处理二维数组时,建议使用 rowIndex 以及 columnIndex 来索引数组的行和列,而不是使用 i 和 j。
- 在保证语义明确的基础上,命名应该尽可能简短。因此,TheViewModelForMainPage 显得太烦琐了,MainPageViewModel 比较适中,而 MainViewModel 又由于省略太多导

① 语义(Semantic),可以理解为语言的含义。因此,MainPageViewModel 的语义,就是 MainPage 的 ViewModel。

致语义不明确。

- 只能使用英文,或者使用中英文都能准确描述的语义,建议使用英文描述。因此 MainPageViewModel 比 ZhuyemianViewModel(主页面 ViewModel)更合适。在只有中文能够准确描述,或者英文翻译难以表达准确含义的情况下,建议使用拼音描述。因此 JinrishiciToken 比 TodayPoetryToken 更合适。
- 虽然编译器允许使用中文命名,但由于开发环境的智能感知功能不能很好地支持中文,并且切换输入法非常麻烦,因此不应使用中文命名,而应该使用英文以及拼音命名。

命名规范是在长期的编码过程中逐渐养成的。不过幸运的是,一些工具可以在一定程度上帮助开发者规范命名。可以参考 1.4 节来安装 ReSharper,并导入本书使用的 ReSharper 配置文件。之后,ReSharper 会在很大程度上帮助读者规范命名。不过,ReSharper 并不会完成所有的事情。很多规范还需要开发者自己遵守。

9.2 排版规范

截至目前,本书主要使用过的排版规范如下:

- 文档宽度限制为 80 列,方便水平并列两份代码;
- 每次缩进 4 个空格,制表符(Tab)保存为 4 个空格;
- 每行只写一条语句或声明;
- 类内成员的定义之间添加至少一个空行,例如 FavoriteStorage 类的 InitializeAsync 函数与 GetFavoritesAsync 函数之间存在一个空行;
- if 等表达式后的语句要使用花括号括起来;
- 左花括号放在前一行代码的末尾,不要单独占据一行;
- 右花括号单独占据一行。

有时,在不影响阅读的情况下,可以偶尔违反一些排版规范,例如用于判断返回条件的 if 语句 :

```
if (condition) return;
```

除此之外,我们会遵守上述排版规范。

本书使用的 ReSharper 配置文件会自动将代码按照上述标准排版。因此,使用 ReSharper 会极大地减轻代码排版的工作量。

除了上述排版规范,在接下来的开发中,我们还推荐将 Service 中的代码按照如下的结构分段:公开变量、私有变量、继承方法、公开方法,以及私有方法[①]。

```
public class AlertService : IAlertService {
```

① 很多人严厉地批评这种按照成员的类型分段组织代码的方法。确实,在复杂的类中,按照这种方法组织代码会引发混乱。但是在本书中,由于代码相对来讲没有那么复杂,同时又不是特别简单,因此认为采用这种方法组织代码能够提升代码的可读性。

```
  /******** 公开变量 ********/

  /******** 私有变量 ********/

  /******** 继承方法 ********/

  /******** 公开方法 ********/

  /******** 私有方法 ********/
}
```

同时,我们还推荐将 ViewModel 中的代码按照如下的结构分段:构造函数、绑定属性、绑定命令。

```
public class AboutViewModel : ViewModelBase {
  /******** 构造函数 ********/

  /******** 绑定属性 ********/

  /******** 绑定命令 ********/
}
```

总体来讲,排版规范比命名规范更加灵活,不同公司的排版规范之间的冲突也更多。很多时候可以不必拘泥于某一种排版规范,而是根据项目的特点选择合适的排版规范。

9.3 文档注释规范

关于注释,这里主要探讨一种特殊类型的注释,即文档注释(Documentation Comments)。文档注释是用来生成文档的注释。而文档则用来解释类型及其成员的功能。这样的定义有些抽象,下面的例子很好地诠释了文档注释:

```
///<summary>
///求和。
///</summary>
///<param name="a">整数 a。</param>
///<param name="b">整数 b。</param>
///<returns>整数 a 与 b 的和。</returns>
public static int Sum(int a, int b) => a + b;
```

上面的代码利用文档注释为函数 Sum 及其参数与返回值提供了详细的注释。这种注释不仅看起来很完备,在使用时也非常方便。一旦为一个类型或成员提供了文档注释,Visual Studio 等开发环境就会在使用该类型或成员时显示文档的内容,如图 9-2 所示。

开发者可以为所有的类型及其成员提供文档注释,包括接口:

```
///<summary>
```

```
///警告服务。
///</summary>
public interface IAlertService {
```

类：

```
///<summary>
///警告服务。
///</summary>
public class AlertService : IAlertService {
```

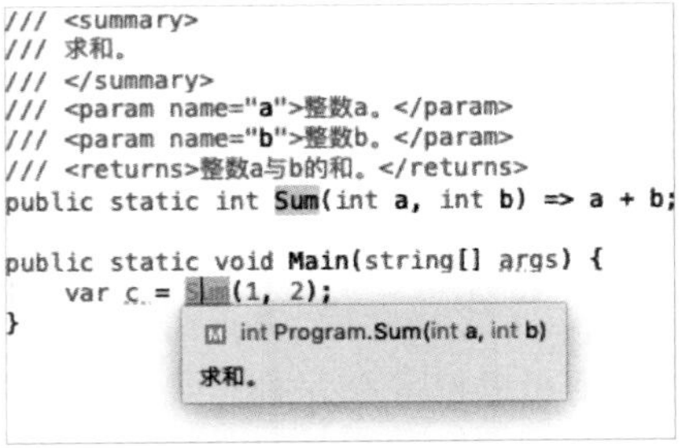

```
/// <summary>
/// 求和。
/// </summary>
/// <param name="a">整数a。</param>
/// <param name="b">整数b。</param>
/// <returns>整数a与b的和。</returns>
public static int Sum(int a, int b) => a + b;

public static void Main(string[] args) {
    var c = Sum(1, 2);
}
    int Program.Sum(int a, int b)
    求和。
```

图 9-2　Visual Studio for Mac 自动显示的文档注释

属性：

```
///<summary>
///正在载入。
///</summary>
public bool Loading {
  get => _loading;
  set => Set(nameof(Loading), ref _loading, value);
}
```

函数：

```
///<summary>
///显示警告。
///</summary>
///<param name="title">标题。</param>
///<param name="message">信息。</param>
///<param name="button">按钮文字。</param>
public void ShowAlert(string title, string message, string button) =>
  MainThread.BeginInvokeOnMainThread(async () =>
    await MainPage.DisplayAlert(title, message, button));
```

添加文档注释也非常简单。只需在想要添加文档注释的类型或成员的前一行输入三个斜线“///”，开发环境就会自动生成文档注释。

9.4 动手做

请依据 9.2 节的排版规范，以及 9.3 节的注释规范，为第 8 章 MvvmDatabase 项目的 FavoriteStorage 以及 MainPageViewModel 排版，并添加注释。

9.5 给 PBL 教师的建议

在经历了多年的考试以及竞赛之后，学生容易形成一种固化的思维：所有问题都必须有一个评分标准，并且只有能拿高分的回答才是好的回答，否则就都是"差的回答"。然而我们都知道，除了高度量化的评价指标之外，现实生活中的很多问题都没有明确的评分标准。这种问题的回答通常是高度多样化的。而评价一个回答是否是合适的，更多在于团队成员能否对一个答案形成认同感。

编码规范就是一种典型的、高度多样化的、充斥着自我认同感的方案。针对同一门编程语言，例如 Java，谷歌、IBM、阿里巴巴等公司都给出了自己的编码规范。这些规范大体上相似，但又在很多方面彼此冲突。每一份编码规范都是公司文化的一种体现，因此每一家公司可能都觉得自己的编码方案才是最好的。

针对某一门语言，教师们不妨收集几份不同的编码方案，与同学们一起比较它们的区别，并让同学们讨论为什么会有这些区别，以及不同的公司为什么会选择不同的方案。类似的活动可以帮助学生理解如何解决"没有评分标准"的问题，并切实地体会多样化思维，形成从多角度思考的能力。

第10章 重新审视数据库

在继续学习新内容之前，首先回顾前 9 章所学。

第 1 章至第 5 章介绍了一批控件，同时帮助读者尝试了解了用户的需求，并且学习使用这些控件构建满足用户需求的应用的方法。第 6 章学习了如何管理数据，包括使用偏好存储、数据库，以及 Web 服务。第 7 章和第 8 章讲解了如何使用 MVVM + IService 架构优雅地构建应用。第 9 章讲述了如何写出规范的代码。

本章中，我们将启动 Dpx 项目的开发工作，探讨如何设计一个好的数据库，以及了解那些躲藏在代码与工具背后的隐形技能。

10.1 开启 Dpx：使用 Master-Detail 项目模板

接下来新建 Dpx 项目。跟随下面的视频，使用 Master-Detail（主从）模板创建一个支持 Android、iOS 以及 Windows 10 UWP 的 Xamarin.Forms 项目[①]。

创建 Dpx 项目

上面的例子中新建了一个 Master-Detail 结构的应用。这里的“主从”有两层意思。首先，在应用启动后，可以看到一个列表。点击列表上的任意一项，就能查看项目的详细信息，如图 10-1 所示。这里，列表界面就是 Master（主），而详情界面就是 Detail（从）。利用这种主从列表结构，可以在诗词列表和诗词详情之间进行导航。

其次，在列表页面的左上角，可以看到一个由三条线组成的汉堡按钮。点击汉堡按钮，就会出现导航菜单。点击导航菜单项，就能导航到指定的界面，如图 10-2 所示。这里，导航菜单就是 Master，指定的界面则是 Detail。利用这种主从菜单结构，可以在诗词搜索、诗词收藏等功能之间导航。

---

① 撰写本书时，Xamarin.Forms 还提供另一种更为强大的项目模板：Shell。Shell 项目具有更优美的用户界面，同时开发起来也更简单。但同时，Shell 也存在着一些问题：①Shell 暂时还不支持 Windows 10 UWP，导致应用不能真正地实现全平台运行；②Shell 极大地简化了导航等功能的开发工作，会使读者失去学习一些重要技术的机会。基于上述考虑，本书没有使用 Shell，而是使用了相对传统的 Master-Detail 模板。然而，在读者完成了本书的学习之后，不妨探索一下如何使用 Shell。相信 Shell 未来会成为 Xamarin.Forms 开发的标准。

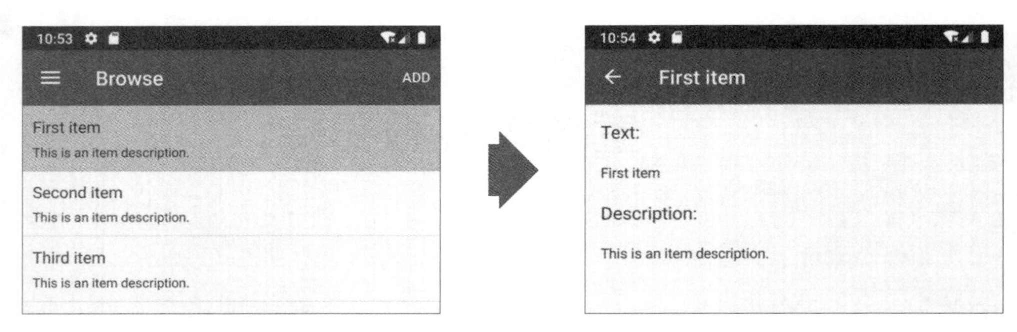

图 10-1 Master-Detail(主从)列表(点击项为 First item)

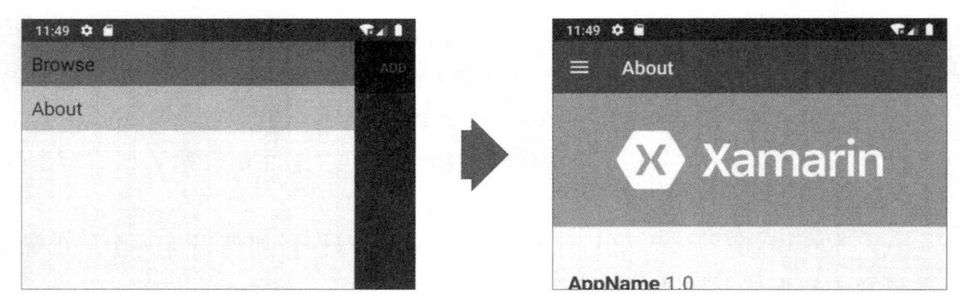

图 10-2 Master-Detail(主从)菜单(点击项为 About)

因此,Xamarin.Forms 的主从结构至少包括两种类型:主从列表和主从菜单。在后面的章节中会看到,上述两种类型的主从结构其实是使用两种不同的技术实现的。

接下来关注项目的文件结构。从 Visual Studio 的解决方案管理器中可以看到,Master-Detail 模板已经按照 MVVM + IService 架构组织好了文件,包括 Models、Services、ViewModels,以及 Views,如图 10-3 所示。

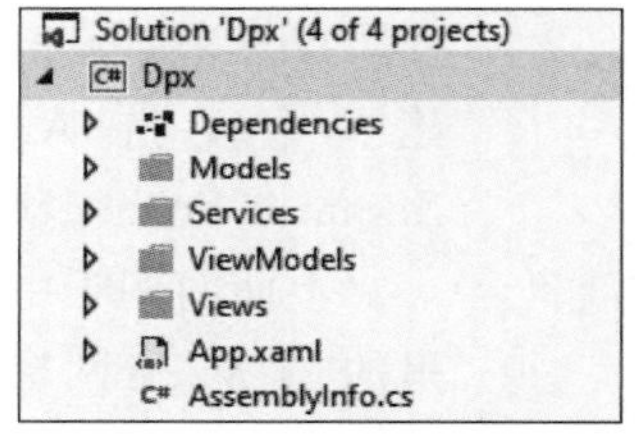

图 10-3 Dpx 项目的文件结构

现在项目建好了,并且也能够运行了。那么,从哪里开始开发呢?

> 请你和团队的成员讨论一下,结合第 3 章的用户需求、第 5 章的交互设计,以及我们所学的其他内容,你们打算从何处入手开发 Dpx 项目?

“从哪里开始开发”是个很难的问题。一方面,相对基础的教材可能从未讨论过这个问题。另一方面,更加深入的文档资料以及资深的开发者们可能会给出很多种不同的建议。本书中采用的方法,则是从过去的项目经验中总结出来的。

在着手开发项目之前,可以首先考察项目是否涉及安全方面的要求,例如用户是否需要登录和注销,应用是否需要验证用户的身份并授予访问权限。如果答案是肯定的,那么建议先从安全机制入手。这是由于安全机制通常会深入到项目的每一个模块中。如果在安全机制还没有设计妥当的情况下就开始开发其他模块,容易导致模块无法有效地集成安全机制,从而带来大量的修改工作,并且容易引发安全漏洞。

然而,结合第 3 章的用户需求和第 5 章的交互设计来看,除了数据同步功能之外,Dpx 项目的绝大多数功能都不涉及安全机制。这时建议从核心功能入手。

Dpx 项目的核心功能可以概括为“查找并收藏诗词”。这一功能显然是以数据为中心的:诗词是数据,对诗词的收藏也是数据。而且,无论是诗词数据,还是诗词收藏数据,都是大批量的本地数据。结合第 6 章的内容,应该使用数据库来管理这些数据。因此,不妨从数据库入手开始开发 Dpx 项目。

10.2 选择“好的”数据库

在数据库类课程中,谈到数据库的设计,通常指的都是如何设计表结构,然而,在实际项目中,还需要考虑很多其他问题。

如果已经决定要使用数据库,那么首先需要考虑的问题是,要使用什么样的数据库。如同在 6.2 节中讨论过的,数据库有很多种类型,包括关系数据库、列数据库、键-值数据库、文档数据库、图数据库等[①]。每种数据库都有它适用的问题场景,也有各自的优缺点。著名的云服务提供商 DitigalOcean 提供了一篇不错的文档来对比不同类型的数据库。

关于不同类型数据库的区别,请访问 https://www.digitalocean.com/community/tutorials/a-comparison-of-nosql-database-management-systems-and-models。

Dpx 项目中需要使用数据库存储全部的诗词,以及查看用户收藏了哪些诗词。这两类数据都具有显著的特征,例如诗词都具有 ID、标题、作者、朝代、正文等特征,而收藏都具有诗词 ID、收藏时间等特征。关系数据库、列数据库、文档数据库等都可以用于存储这类数据。相比之下,键-值数据库与图数据库等则不太适合存储这类数据[②]。

接下来,我们要决定使用独立运行的数据库,还是使用嵌入式数据库。6.2 节中讨论过,独立运行的数据库需要单独安装,适用开发网站、Web 服务,以及面向企业的应用。而嵌入式数据库则是应用的一部分,适合开发面向消费者的应用。Dpx 就是一款面向消费者的应用。在使用过程中,不可能要求用户为 Dpx 单独安装一款数据库软件。因此,Dpx 不适于使用独立运行的数据库,而更适于使用嵌入式数据库。

因此,这里需要一款嵌入式的关系、列,或者文档数据库。对于嵌入式关系数据库,可以使用 6.2 节介绍过的 SQLite,或者使用 VistaDB、SqlDatabase.net 等。嵌入式文档数据库有 Couchbase、LiteDB 等可供选择。而对于嵌入式列数据库,目前还没有很好的工具可供选择。

---

① 如果再放宽一点概念上的限制,那么检索系统(如 Solr)和消息队列(如 Kafka)等也可以被视为数据的存储形式和工具。

② 这里强调的是“相比之下”的不适合。但如果一定要做的话,键-值数据库和图数据库也可以用于存储此类数据。在后续的章节中会遇到适合于使用键-值数据库的情况。

下一步,需要考虑数据库的价格。SQLite、SqlDatabase.net,以及 LiteDB 是免费的开源数据库。在使用这些数据库时不需要支付任何费用[①]。Couchbase 同时提供企业版与社区版。在使用社区版时同样不需要支付任何费用。VistaDB 则是纯粹的商业软件,必须要支付费用才能使用。

最后,为了方便开发,我们希望数据库有完善的 ORM 工具支持[②]。6.2 节中已经介绍了 SQLite 的一款方便的 ORM 工具:SQLite-net。Couchbase 的开发者 Couchbase 公司则为 Couchbase 提供了一款官方的 ORM 工具:Linq2Couchbase。LiteDB 又更进一步,直接集成了 ORM 支持。相比之下,SqlDatabase.net 的 ORM 工具支持则不尽完善。

至此,可以将考察过的各型数据库及其各方面特征汇总如表 10-1 所示。从表 10-1 可以看到,LiteDB、Couchbase 以及 SQLite 都是不错的选择。

表 10-1 各型数据库及其各方面特征对比

数 据 库	数据库类型	运行模式	价 格	ORM 工具支持
SQLite	关系数据库	嵌入式运行	免费	SQLite-net
VistaDB			付费	/
SqlDatabase.net			免费	/
Couchbase	文档数据库		社区版免费	Linq2Couchbase
LiteDB			免费	集成

在准备诗词数据的过程中,本书借用了 Mac 应用“晓诗”[③]诗词数据库中的前 30 首诗。由于这一数据库使用了 SQLite,因此 Dpx 项目也使用 SQLite 作为数据库。然而,做出这一决定的逻辑是:由于 LiteDB、Couchbase 以及 SQLite 都是不错的选择,那么既然已有的诗词数据使用 SQLite 存储,那么就顺势选择 SQLite 数据库。如果 SQLite 并不适用于我们的问题,则即便已有的数据存储在 SQLite 中,也应该果断地弃用 SQLite,并将 SQLite 中的数据导出到我们选择的数据库。

总体来讲,在开始数据库设计之前,首先需要选择一款好的数据库。这里所谓的“好”并没有一个固定的标准,而是需要结合项目的实际,综合考虑多方面的因素。Dpx 项目中,我们在考虑了数据库的类型、运行模式、价格,以及 ORM 工具支持等因素之后,选定了三款备选数据库,并最终为了方便利用现有资源而选定了 SQLite 数据库。在其他项目中,可能还需要考虑数据库的稳定性、可扩展性、数据类型支持、读写性能、团队的熟练程度、学习的难度等更多方面的因素。对这些因素的认知、调研,以及分析能力正是所谓的“躲藏在代码与工具背后的隐形技能”,也是区分新手与高手的重要标志。

---

① 相应地,如果使用了某款开源的软件或工具,可以考虑通过贡献代码或者捐款的方式支持它的发展。

② 这段话中的“ORM 工具支持”泛指各种不同数据库的对象映射工具。严格来讲,这种说法并不准确,只是为了方便理解。ORM 是 Object-Relational Mapping(对象关系映射)的缩写,因此只适用于关系数据库。对于 Couchbase 等文档数据库,应该使用 Object-Document Mapping(ODM,对象文档映射)工具。

③ https://poem.awehunt.com/。

10.3 提出“好的”数据库设计

在选定了嵌入式关系数据库 SQLite 之后，理应开始设计表结构。但此处我们不这么做。

如果现在就开始设计表结构，那么隐含的意思就是，这个案例中只会使用一个数据库。在这个数据库中同时保存有诗词数据和诗词收藏数据。但是，这个案例中真的只需要使用一个数据库吗？

在回答这个问题之前，需要再次认真地审视一下 Dpx 项目涉及的两类数据：诗词数据和诗词收藏数据。

诗词数据是所有的诗词的数据，包括每一首诗词的 ID、标题、作者等信息。诗词数据基本上是静态的。无论多少名用户安装了 Dpx，他们设备上的诗词数据都是相同的。诗词数据只会在版本升级时发生变化[①]。届时可能会有新的诗词填充进来，有旧的诗词被修改或删除，甚至可能要修改某些字段。

诗词收藏数据记录了用户收藏了哪些诗词。诗词收藏数据是高度动态化的。不同的用户显然会形成不同的诗词收藏数据。并且，随着用户的使用，诗词收藏数据也在不断地发生变化。在版本升级时，开发者不会修改诗词收藏数据，因为不希望破坏用户辛辛苦苦收藏的诗词。然而，由于新版本的应用可能会带来新的功能，因此开发者可能需要修改诗词收藏数据的字段。

诗词数据与诗词收藏数据之间的区别，让开发者考虑是否应该使用两个数据库分别存储它们。如果将诗词数据单独保存在一个数据库中，那么当需要升级诗词数据时，只需要简单地删除旧版本的诗词数据库文件，再将新版本的数据库文件复制过去即可。而如果将诗词数据与诗词收藏数据保存在同一个数据库中，就需要删除旧的诗词数据表，建立新的诗词数据表，再将新的诗词数据导入数据表中。显然，仅就数据库升级的便利程度来讲，第一种方案相较于第二种方案的诱惑力太大了。

当然，分库保存诗词与诗词收藏数据也会带来一些问题。最为明显的问题是，分库保存导致开发者不能在诗词数据与诗词收藏数据之间建立外键约束。然而，尽管数据库类课程通常要求使用严格的外键约束，但在实际项目中，外键约束究竟带来了好处还是制造了麻烦，却是一个有争议的问题。另外，诗词数据极少有可能更新，因此分库保存所带来的优势也可能难以体现。我们需要综合权衡利弊，才能决定是否采用分库保存数据的方案。

> 关于是否应该使用外键约束的争议，请访问 https://www.quora.com/Should-we-use-or-not-use-foreign-keys-constraints-in-our-databases-Why。

---

① 很多相对基础的教材都没有探讨过版本升级对软件设计的影响。但在现实生活中，软件的版本一定会更新迭代。如果软件的设计没有考虑可能的升级，则会导致很多难以解决的问题。

在 Dpx 项目中,我们倾向于分库保存诗词数据与诗词收藏数据。做出这一决定的理由包括:①分库方案极大地简化了诗词数据的升级工作;②过去的项目经验让我们倾向于不使用外键约束;③分库方案提升了用于管理诗词数据的 Service 与用于管理诗词收藏数据的 Service 之间的隔离性,轻微地简化了设计工作。当然,这些理由都不是十分具有决定性的理由。如果有更具有决定性的理由支持使用单一的数据库,则应该拒绝分库方案。

在实际应用中,数据库设计不仅仅涉及表、字段、索引、视图、存储过程等对象,还涉及很多技巧性的优化设计。再一次地,这些从经验中习得的能力属于"躲藏在代码与工具背后的隐形技能",需要经历大量的实践才能获得。

10.4 诗词数据 Model:Poetry 类

在开始设计表结构之前,别忘了可以使用 Code-First(代码优先)的方法,先定义类,再由 ORM 自动创建数据库表。因此,完全可以先无视数据库的存在,而是从数据是什么样子的,以及如何管理数据开始。这些正是 MVVM + IService 架构中 Model 与 IService 的职责。因此,先来设计 Model 与 IService。首先设计 Model。

为诗词数据设计 Model

诗词数据库的特殊之处在于,它是预先准备好的,并不需要由 ORM 工具创建。我们需要做的则是建立一个 Model 类 Poetry,并将 Poetry 类的属性与预先准备好的诗词数据表 works 对应起来。Poetry 类的部分关键代码如下:

```
//Poetry.cs
//诗词类。
[SQLite.Table("works")]
public class Poetry {
  //主键。
  [SQLite.Column("id")]
  public int Id { get; set; }
  //标题。
  [SQLite.Column("name")]
    public string Name { get; set; }

    ...

  private string _snippet;
  //预览。
  [SQLite.Ignore]
  public string Snippet =>
    _snippet ??
    (_snippet = Content.Split('。')[0].Replace("\r\n",
                      " "));
```

```
    //居中布局。
    public const string CenterLayout = "center";
    //缩进布局。
    public const string IndentLayout = "indent";
}
```

上面的代码中有一些值得注意的部分。首先，标注在 Poetry 类上的特性（Attribute）SQLite.Table("works")将 Poetry 类与 works 表对应起来。标注在 Id 属性上的特性 SQLite.Column("id")则将 Id 属性与 id 列对应起来。这些特性是由 SQLite-net 提供的①。它们帮助 SQLite-net 确定类和属性与数据库的表和字段之间的对应关系。这些特性也印证了 Poetry 类的职责：携带 works 表的数据。

其次，Poetry 类的 Snippet（预览）属性用于在诗词的搜索结果等界面上显示诗词的预览。从 Model 的角度来说，Snippet 属性是一个虚拟属性。与 Id、Name 等标注有 SQLite.Column 特性的属性不同，Snippet 属性的值并不是 Poetry 类从 works 表中携带来的，works 表中也没有字段与 Snippet 属性对应。事实上，SQLite.Ignore 特性清楚地告诉 SQLite-net 应该忽略 Snippet 属性。Snippet 属性的值则是计算得到的：

```
//预览。
public string Snippet =>
  _snippet ??
  (_snippet = Content.Split('。')[0].Replace("\r\n", " "));
```

上述代码表明，Snippet 属性的值等于 Content 属性的第一个句号之前的内容，并且去掉了回车换行符。换句话说，Snippet 属性的值是诗词正文的第一句话。由于 Snippet 属性的值不是从数据库中读取的，而是计算得到的，因此，从 Model 的角度来说，Snippet 属性是虚拟的。

严格来讲，虚拟属性 Snippet 破坏了 Poetry 类作为 Model 的纯粹性，使得 Poetry 类除了携带数据外，也承担了为用户界面准备数据的功能。然而我们认为，向 Poetry 类添加 Snippet 属性是合适的。原因有以下两点。

(1) 尽管 works 表没有提供诗词预览数据，但 Snippet 属性看起来确实很像诗词数据的一部分。如果不去查看 Poetry 类的源代码，开发者甚至可能不会注意到 Snippet 属性其实是利用 Content 属性计算得到的。换句话说，向 Poetry 类引入 Snippet 属性并没有导致不和谐，相反却显得非常自然。

(2) 如果 Snippet 不由 Poetry 类计算得到，就需要由另外的类来计算。这意味着除了 Poetry 类，还需要一个类知道如何利用 Content 属性计算预览文本。这会使开发者对诗词数据的处理变得分散，轻微地提升了设计与实现的复杂度。

通过 Snippet 属性可以看到，在正确、全面地权衡利弊的基础之上，适当地违反设计准则是可以被接受的。这样做的前提是，开发者清楚地知道自己在做什么，会失去什么，

---

① 有趣的是，SQLite-net 的项目网址 https://github.com/praeclarum/sqlite-net 并没有提供关于这些特性的文档。

同时又会得到什么。这也同样是一种躲藏在代码与工具背后的“隐形技能”。

示例代码的最后定义了两个字符串常量：

```
//居中布局。
public const string CenterLayout = "center";
//缩进布局。
public const string IndentLayout = "indent";
```

这两个常量的值来自works表的layout字段。使用字符串常量代替字符串能够显著地降低程序Bug出现的概率。一方面,开发环境的智能感知功能会补全常量名。另一方面,编译器会在常量名写错时给出编译错误。相反,如果开发者直接写出字符串,则可能经常遇到由centre之类的拼写错误所导致的不易发现的问题。

10.5 诗词数据管理IService：IPoetryStorage

接下来设计IService。

为诗词数据设计IService

IPoetryStorage的设计如下所示：

```
//IPoetryStorage.cs
//诗词存储接口。
public interface IPoetryStorage {
  //是否已经初始化。
  bool Initialized();
  //初始化。
  Task InitializeAsync();

  ///<summary>
  ///获取一首诗词。
  ///</summary>
  ///<param name="id">诗词id。</param>
  Task<Poetry> GetPoetryAsync(int id);
  ///<summary>
  ///获取满足给定条件的诗词集合。
  ///</summary>
  ///<param name="where">Where条件。</param>
  ///<param name="skip">跳过数量。</param>
  ///<param name="take">获取数量。</param>
  Task<IList<Poetry>> GetPoetriesAsync(
    Expression<Func<Poetry, bool>> where,
    int skip, int take);
}
```

IPoetryStorage承担MVVM + IService架构中IService的角色,提供对诗词数据的管理功能,主要包括以下3方面。

- 初始化诗词数据库：利用 Initialized 函数检查诗词数据库是否已经初始化，并利用 InitializeAsync 函数初始化诗词数据库。
- 获取指定的诗词：利用 GetPoetryAsync 获取具有指定 ID 的诗词。
- 获取满足给定条件的一组诗词：利用 GetPoetriesAsync 函数获取满足 where 条件的一组诗词。

这些功能有些比较直观，有些则相对不易理解。下面由浅入深，逐个地分析这些功能。

GetPoetryAsync 函数用于获取指定的诗词。它的使用场景比较特殊，本书将在用到它时再来讨论它。它接受 int 型的参数 id，并返回具有指定 id 的 Poetry（诗词）类对象。

GetPoetriesAsync 函数用于获取满足指定条件的一组诗词。在搜索结果页中，它会根据诗词搜索页提供的搜索条件来搜索一组诗词。它接受 where、skip、take 三个参数。其中，take 参数告诉 GetPoetriesAsync 函数应该返回多少条结果，skip 参数则告诉 GetPoetriesAsync 函数应该跳过多少条结果。因此，当 skip 为 0，take 为 10 时，GetPoetriesAsync 函数会返回第 1～10 首满足条件的诗词。而当 skip 为 10，take 为 20 时，则会返回第 11～30 首满足条件的诗词。通过妥善地组合 skip 与 take 参数，就能够实现翻页效果。

GetPoetriesAsync 函数的 where 参数与 SQL 语言中的 where 语句类似，用于告诉 GetPoetriesAsync 函数应该返回什么样子的诗词。它的原理有些复杂，本书将在以后用到它时再来讨论它。

Initialized 函数用来检查诗词数据库是否已经初始化。Dpx 应用在启动时会根据它的返回值来决定是否显示初始化页。如果诗词数据库还没有初始化，初始化页就会调用 InitializeAsync 函数来初始化诗词数据库。

通过上面的分析可以看到，IPoetryStorage 接口的设计是完全服务于 Dpx 应用的功能的。接下来只要开发者实现了 IPoetryStorage 接口，就能实现相应的功能。

10.6　实现 IPoetryStorage

在完成了 IPoetryStorage 的设计之后，接下来研究它的实现。8.4 节中曾经实现了一个用于访问数据库的 IService。这次要实现的 PoetryStorage 与之相比有很多相似之处，也有很多不同。下面逐步地实现 IPoetryStorage。

10.6.1　连接到数据库：通过 Connection 属性

访问数据库的第一步是连接数据库。因此，先设法连接诗词数据库。

首先，将数据库文件的文件名保存在 DbName 常量中：

连接诗词数据库

```
//PoetryStorage.cs
//数据库名。
private const string DbName = "poetrydb.sqlite3";
```

接下来,与 8.4 节类似,数据库文件的存储路径保存在 PoetryDbPath 常量中:

```
//诗词数据库路径。
private static readonly string PoetryDbPath =
  Path.Combine(
    Environment.GetFolderPath(Environment.SpecialFolder
      .LocalApplicationData), DbName);
```

同时,依然使用 Connection 属性获得数据库连接:

```
//数据库连接影子变量。
private SQLiteAsyncConnection _connection;
//数据库连接。
private SQLiteAsyncConnection Connection =>
  _connection ??
  (_connection = new SQLiteAsyncConnection(PoetryDbPath));
```

根据 8.4 节的经验,只要利用 Connection 属性,就可以很容易地实现 IPoetryStorage 规定的功能了。

10.6.2 实现 GetPoetryAsync 函数:语言集成查询 LINQ

实现函数
GetPoetryAsync

对于 GetPoetryAsync 函数有:

```
///<summary>
///获取一首诗词。
///</summary>
///<param name="id">诗词 id。</param>
public async Task<Poetry> GetPoetryAsync(int id) =>
  await Connection.Table<Poetry>()
    .FirstOrDefaultAsync(p => p.Id == id);
```

这段代码逐步分析如下。

首先,Connection.Table<Poetry>()代表了数据库中与 Poetry 类对应的数据表。Poetry 类标注有 SQLite.Table("works")特性,因此与 Poetry 类对应的数据表就是 works 表。可以认为,Connection.Table<Poetry>()就是由 works 表的所有数据构成的集合,并且每一条数据都已经被转换成了 Poetry 类的对象。

其次,FirstOrDefaultAsync 函数会返回集合中满足条件的第一条结果,而条件则是一个 Lambda 表达式:

```
p => p.Id == id
```

它的含义是,对于集合中的一个元素 p 来讲,判断 p 的 Id 属性是否等于 id 参数。因此,

```
FirstOrDefaultAsync(p => p.Id == id)
```

表达的含义是:寻找第一个满足“Id 属性的值为 id”这一条件的元素 p,如果没有这

样的元素，则返回默认值 null。

Lambda 表达式是一个既直观又抽象的概念。本书只会从直观的角度解释 Lambda 表达式。如果读者有兴趣深入了解 Lambda 表达式，可以访问微软公司提供的相关文档。

> 关于 Lambda 表达式的更多内容，请访问 https://docs.microsoft.com/zh-cn/dotnet/csharp/programming-guide/statements-expressions-operators/lambda-expressions。

将上述两个部分放在一起：

```
await Connection.Table<Poetry>()
  .FirstOrDefaultAsync(p => p.Id == id);
```

由于 FirstOrDefaultAsync 函数在 Poetry 类对应的数据表上进行查找，而 Poetry 类的 Id 属性的值是唯一的，因此上述代码就是在寻找 Id 为 id 的 Poetry 对象。

上文中使用的这种查询数据的方法被称为 LINQ（Language Integrated Query，语言集成查询）。很多其他语言都提供类似 LINQ 的功能，例如 Kotlin 的集合操作（Collection Operations），以及 Java 的 Stream API。LINQ 上手起来可能有些困难。但是相比于 SQL，LINQ 最大的优势之一就是可以利用开发环境的智能感知来自动完成代码。LINQ 会在后续章节中多次使用，并会对其原理进行深入探讨。在此之前，如果读者有兴趣，可以参考下面的文档，提前深入了解 LINQ。

> 关于 LINQ 的更多内容，请访问 https://docs.microsoft.com/zh-cn/dotnet/csharp/programming-guide/concepts/linq/。

10.6.3 实现 GetPoetriesAsync 函数：LINQ 翻页

在理解 GetPoetryAsync 函数之后，再去分析 GetPoetriesAsync 函数就变得简单了：

实现函数 GetPoetriesAsync

```
///<summary>
///获取满足给定条件的诗词集合。
///</summary>
///<param name="Where">where 条件。</param>
///<param name="Skip">跳过数量。</param>
///<param name="Take">获取数量。</param>
public async Task<IList<Poetry>> GetPoetriesAsync(
  Expression<Func<Poetry, bool>> where,
  int skip, int take) =>
    await Connection.Table<Poetry>().Where(where)
                    .Skip(skip)
                    .Take(take)
                    .ToListAsync();
```

上面代码中的 Where、Skip、Take 以及 ToListAsync 函数都是 LINQ 提供的。这段代码的意思也非常明确：将 Poetry 类对应的数据表中满足 Where 条件的结果，跳过 Skip 条，取回 Take 条，并转换为一个列表。这里再次忽略 Where 参数的工作原理，只需知道它描述了具体的选择条件。等到未来为 Where 参数赋值时，再来深入地讨论它。

10.6.4 实现 InitializeAsync 函数：嵌入式资源

接下来实现 InitializeAsync 函数。

实现函数 InitializeAsync

InitializeAsync 函数用来初始化诗词数据库。在这个案例中，诗词数据库是预先准备好的，即 Dpx 项目下的 poetrydb.sqlite3 文件。然而，SQLite-net 并不能读取项目文件夹下的文件。因此，需要将 poetrydb.sqlite3 文件从项目文件夹复制到 LocalApplicationData 文件夹[①]。

为了实现上述目的，首先需要将 poetrydb.sqlite3 文件转化为嵌入式资源(EmbeddedResource)。Dpx.csproj 文件中的如下代码会完成这一工作：

```
<!-- Dpx.csproj -->
<ItemGroup>
  <EmbeddedResource Include="poetrydb.sqlite3" />
</ItemGroup>
```

接下来，在 InitializeAsync 函数中，有：

```
//PoetryStorage.cs
//InitializedAsync()
using (var dbFileStream =
  new FileStream(PoetryDbPath, FileMode.Create))
using (var dbAssetStream = Assembly.GetExecutingAssembly()
  .GetManifestResourceStream(DbName)) {
  await dbAssetStream.CopyToAsync(dbFileStream);
}
```

这段代码首先打开了指向诗词数据库文件路径 PoetryDbPath 的文件流 dbFileStream，接着打开了指向 poetrydb.sqlite3 嵌入式资源的资源流 dbAssetStream，最后将 dbAssetStream 资源流中的数据复制到 dbFileStream 文件流中，从而实现了将 poetrydb.sqlite3 文件复制到 LocalApplicationData 文件夹。using 关键字则会在代码执行结束后自动关闭流。

---

① 这段叙述只是为了方便理解。严格来讲，这段叙述并不准确。项目文件夹只存在于开发者的计算机中。对于安装 Dpx 应用的用户来讲，根本不存在“项目文件夹”。在打包安装文件时，项目文件夹中的 poetrydb.sqlite3 会被转化为嵌入式资源(Embedded Resource)，而 SQLite-net 不能读取资源，只能读取文件。因此，开发者需要做的是将 poetrydb.sqlite3 资源复制到 LocalApplicationData 文件夹。

关于 using 关键字的更多内容，请访问 https://docs.microsoft.com/zh-cn/dotnet/csharp/language-reference/keywords/using-statement。

在复制工作完成之后，对诗词数据库的初始化就完成了。为了标记初始化工作已经完成，此处将诗词数据库的版本号写入偏好存储中。这样，如果未来需要升级诗词数据库，就可以根据版本号判断都需要升级哪些内容了。

```
Preferences.Set(PoetryStorageConstants.VersionKey,
    PoetryStorageConstants.Version);
```

这里，PoetryStorageConstants 是一个静态类。静态类是不能被实例化的，并且静态类中只有静态成员。为了方便，可以将静态类视为一个命名空间：在静态类中定义的常量，相当于全局常量；在静态类中定义的函数，则相当于全局函数。当然，这种理解只是为了方便，并不十分准确。

关于静态类及其成员的更多内容，请访问 https://docs.microsoft.com/zh-cn/dotnet/csharp/programming-guide/classes-and-structs/static-classes-and-static-class-members。

10.6.5　实现 Initialized 函数

偏好存储中保存的诗词数据库版本号为判断诗词数据库是否已经初始化提供了依据。在 Initialized 函数中，只需判断偏好存储中保存的版本号，就可以知道诗词数据库是否已经初始化了。

实现函数 **Initialized**

```
//是否已经初始化。
public bool Initialized() =>
  Preferences.Get(PoetryStorageConstants.VersionKey, -1) ==
  PoetryStorageConstants.Version;
```

这样一来，如果未来出现了新版本的诗词数据库，Initialized 函数就会返回 false。此时，只需要再次调用 InitializeAsync 函数，新版本的诗词数据库就会被复制到 LocalApplicationData 文件夹，同时新的版本号也会被保存到偏好存储中。这正是在 10.3 节中讨论的分库保存诗词数据所带来的好处。

至此，IPoetryStorage 就彻底实现了。

10.7　反思数据库

在有些人的观念中，数据库就是关系数据库，数据库设计就是表结构设计，访问数据库就是写 SQL 语句。造成这种片面理解的原因有很多。狭窄的知识面、孱弱的信息搜集能力、傲慢自满的学习态度、缺乏对优雅设计的追求等都可能导致这种片面的理解。

数据库是整个计算机领域中发展最为繁盛的分支之一。全世界的开发者们提供了多种多样的数据库,同时也开发了大量的工具(如 ORM)来简化开发工作。此时,如何为项目选择最合适的数据库,就成为每个开发者必须考虑的问题。项目数据的特征,软件的运行方式,相关的工具支持,数据库的授权方式、可扩展性、类型支持、读写性能、学习曲线等都是需要考虑的问题。而哪些因素更加重要,究竟应该如何做出决策,则并没有一个统一的标准,而是需要结合项目的实际。

数据库的设计也绝非表结构设计那样简单。不同类型的数据可能需要分库存储,过多的数据可能要分表存储,分布式的数据需要分片存储。数据库的设计还需要方便程序访问——有时,严格遵照范式设计的数据库访问起来可能像灾难一样。需要考虑的因素如此之多,以至于每个项目都有一个与众不同的"最佳"设计。而强行照搬设计则可能引发严重的后果。

用于访问数据库的代码,无论是用于携带数据的类,还是用于访问数据库的类,都需要遵从应用的整体架构设计。随着应用版本的升级,数据库的设计还可能发生变化,甚至开发者可能会换用不同的数据库。开发者需要妥善地评估各类可能的变化,分辨哪些变化是需要处理的,并在设计之初就为需要处理的变化做好准备,这些都能够为未来的开发避免大量的麻烦。

总体来讲,数据库开发涉及大量代码与工具层面的技术,同时也有更多的技能隐藏在它们背后。要获得这些技能,唯有参与更多、更复杂的实际项目。

10.8 动手做

你的团队是否已经为你们的项目选定了数据访问与管理机制?在做出决定之前,你们是否按照10.2节的做法充分对比了不同的可选方案?请你和你的团队针对项目涉及的所有可能的数据,按照10.2节的方法开展详细的调研,充分对比不同方案的优缺点,并选定一个或一组最合适的数据库。

接下来,请结合项目的需求,按照10.3节的方法提出你们的数据库设计,给出 Model 及 IService 设计,并实现 Service。完成之后,请准备一次汇报,向其他人充分地介绍你们都做了哪些工作。

10.9 给 PBL 教师的建议

数据的管理技术多种多样,最重要的是找到适合具体问题的技术。为了实现这一目标,首先需要找到多种不同的技术方案(如关系数据库、列数据库、键-值数据库、文档数据库、图数据库等),并且为每种技术方案寻找几种不同的实现(例如不同的关系数据库,以及对应的 ORM 工具),从而充分对比不同方案与实现的优缺点,再决定选择哪一种技术与实现。

完成上述任务需要高超的信息搜索能力以及方案论证能力，而这个任务正是培养学生这些能力的好机会。教师可以与学生一起完成这些任务，利用自身更加丰富的搜索与对比论证经验，启发并协助学生搜索信息以及对比论证。教师还可以组织开展方案论证比赛，利用竞争制造适当的压力与紧张气氛，在激发学生动力的同时，也让他们乐在其中。

第11章

测试代码

第10章中包含了不少代码。每个开发者都面临着一个问题：我们写的代码对吗？

读者可能会说："运行一下不就知道了。"确实，只要为PoetryStorage写一个界面，放上几个按钮，逐个调用PoetryStorage的各个函数，就能够知道代码有没有问题了。

然而，这种做法的不足也很明显。首先，这种做法有点麻烦。开发者需要专门为PoetryStorage编写XAML代码从而建立一个用于测试的用户界面，再编写C#代码测试PoetryStorage。这里奇怪的部分是，为了测试一段C#代码，为什么需要写一段XAML代码？同时，用于测试的用户界面并不是应用的一部分。这意味着必须把它妥善地隐藏起来，或者删除。这些代码编写和管理工作给开发者添加了额外的工作量。

其次，这种测试很慢。每次运行测试都需要启动用户界面。而启动用户界面很慢，尤其是在模拟器中。这种迟缓的过程可能让开发者懒于运行测试。

最后，这种测试很难自动化。代码随时可能变化，也就意味着正确的代码随时可能会被改错。为了及时地发现这些错误，就需要反复地、自动化地运行测试。然而，让计算机自动运行带有用户界面的应用，并按照顺序操作界面上的控件是非常麻烦的。这可能导致开发者不愿意将测试自动化。

本章中将学习一些更高级的测试技术。相比于上面的方法，这些技术编写简单、运行迅速，并且能够方便地自动化。我们将采用这些技术测试未来所有的代码。它们将成为代码质量的有力保证。

11.1 Hello Unit Test World!

本章要学习的第一种测试技术是单元测试(Unit Test)。下面先用单元测试来做Hello World!项目，以此观察单元测试到底是怎么工作的。

单元测试实现Hello World!

单元测试编写起来并不复杂。只需新建一个单元测试项目，再新建单元测试类，最后写出带有Test特性标注的单元测试函数就可以了。单元测试主要依靠各类Assert(断言)函数来检查程序的执行

结果。例如下面这段代码

```
//HelloWorldProviderTest.cs
Assert.AreEqual(HelloWorldProvider.HelloWorld,
  helloWorldProvider.GetHelloWorld());
```

就是在断言 GetHelloWorld 函数的返回结果应该等于 HelloWorld 常量。而

```
Assert.AreEqual("Hello Kitty!",
  helloWorldProvider.GetHelloWorld());
```

则是在断言 GetHelloWorld 函数的返回结果应该等于“Hello Kitty!”。

想知道除了 AreEqual 之外还有哪些断言函数吗？在开发环境中写下“Assert.”，并从智能感知里面翻看可用的断言函数吧(见图 11-1)！

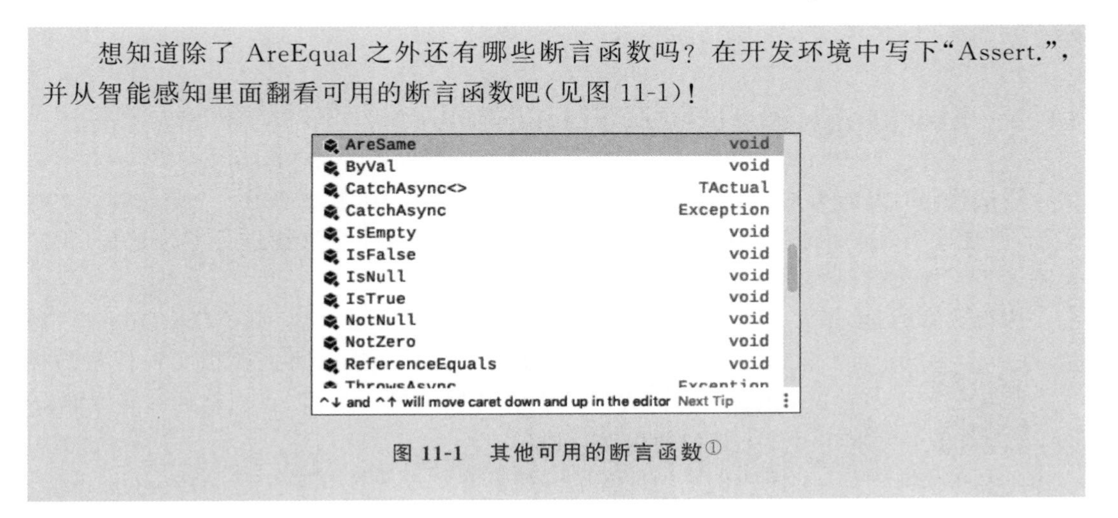

图 11-1　其他可用的断言函数[①]

显然，上述两个断言不可能都成立。在运行单元测试时，前一个测试函数会成功，后一个测试函数则会失败，如图 11-2 所示。

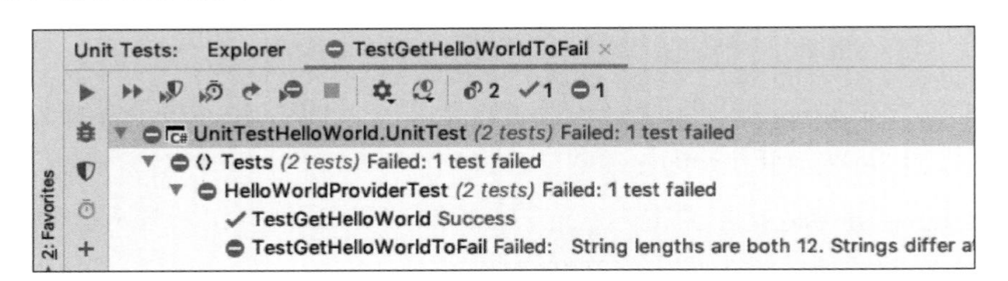

图 11-2　HelloWorldProviderTest 单元测试类的运行结果

单击失败的单元测试函数，开发环境还会给出详细的错误信息，如图 11-3 所示。

使用单元测试可以很容易地调用写好的代码，并使用断言判断代码的执行结果是否符合预期。当执行结果与预期不符时，开发环境还会给出详细的错误信息。这些信息有助于开发者发现并改正错误。

① 本节的插图均是 JetBrains Rider 在 macOS 下运行的界面。使用 Visual Studio 会得到不同的界面，但其中的内容应该是类似的。

```
⊖ TestGetHelloWorldToFail [56 ms] String lengths are both 12. Strings differ at index 6.
Tests.HelloWorldProviderTest.TestGetHelloWorldToFail

  String lengths are both 12. Strings differ at index 6.
  Expected: "Hello Kitty!"
  But was:  "Hello World!"
  -----------------^

   at Tests.HelloWorldProviderTest.TestGetHelloWorldToFail() in
  /Volumes/HD500/vs/XamarinFullStack/ch11/1/UnitTestHelloWorld
  /UnitTestHelloWorld.UnitTest/HelloWorldProviderTest.cs:line 16
```

图 11-3 TestGetHelloWorldToFail 单元测试函数的错误信息

11.2 Mocking：模拟任意接口的实现

测试代码时经常会遇到这样一种情况：某个 ViewModel 需要使用一个 IService 才能运行，但是这个 IService 的实现类还没写完。这时，测试就没法继续进行了。于是，我们又陷入了不知道代码写得对不对的窘境。

值得庆幸的是，伟大的开发者先驱们早就发现了这个问题，并发明了 Mocking(模拟)工具来解救陷入困境中的我们。Mocking 工具可以模拟实现任意的接口(Interface)，从而方便开发者开展测试。下面，我们就通过一个例子来学习一下如何使用 Mocking。

Mocking 的使用

上面的例子中准备了一个没有实现的接口 IWeatherProvider：

```
//IWeatherProvider.cs
public interface IWeatherProvider {
  string GetWeather();
}
```

在 HelloWorldProvider 中，通过构造函数要求一个 IWeatherProvider 接口的实例，才能实例化 HelloWorldProvider：

```
//HelloWorldProvider.cs
private IWeatherProvider _weatherProvider;

public HelloWorldProvider(IWeatherProvider weatherProvider) {
  _weatherProvider = weatherProvider;
}
```

然而，由于没有实现 IWeatherProvider 接口，因此上面的代码根本不可能运行。此时，如果想要测试 HelloWorldProvider 类，就需要模拟一个 IWeatherProvider 接口的实例。为了实现这一目标，这里准备了一个 IWeatherProvider 接口的 Mocking 工具：

```
//HelloWorldProviderTest.cs
```

```
//TestGetHelloWorld()
var weatherProviderMock = new Mock<IWeatherProvider>();
```

接下来告诉这个 Mocking 工具，当有人调用 GetWeather 函数时，就返回“Clear”：

```
string weatherToReturn = "Clear";
weatherProviderMock.Setup(p => p.GetWeather())
  .Returns(weatherToReturn);
```

然后就可以得到一个 Mock 的 IWeatherProvider 接口的实例：

```
var mockWeatherProvider = weatherProviderMock.Object;
```

可以使用这个 Mock 的实例来初始化 HelloWorldProvider：

```
var helloWorldProvider =
  new HelloWorldProvider(mockWeatherProvider);
```

并且，当 HelloWorldProvider 对象调用 mockWeatherProvider 的 GetWeather 函数时：

```
//HelloWorldProvider.cs
public const string WeatherFormat = "Today is {0}";
public string GetHelloWorld() =>
  HelloWorld +
  string.Format(WeatherFormat,
          _weatherProvider.GetWeather());
```

也会正确地返回 Clear：

```
//HelloWorldProviderTest.cs
Assert.AreEqual(
  HelloWorldProvider.HelloWorld +
    string.Format(HelloWorldProvider.WeatherFormat,
      weatherToReturn),
  helloWorldProvider.GetHelloWorld());
```

Mocking 工具极大地方便了开发者的测试工作。事实上，即便接口的实现类已经开发好了，开发者也可能不会在测试中使用它们，而是依赖 Mocking 工具来生成接口的 Mock 对象。这是由于接口的实现类和被测试的代码中都可能存在错误。而一旦测试无法通过，则很难判断究竟是接口的实现类错了，还是被测试的代码错了。使用 Mock 对象可以很好地避免这个问题。开发者只需要确保 Mock 对象正确，就可以很容易地判断被测试的代码是否存在问题。

11.3　决定测试内容

在学习了单元测试与 Mocking 技术之后，就可以着手测试 PoetryStorage 了。在开始编写测试之前，首先需要决定测试哪些内容。

PoetryStorage 是 IPoetryStorage 的实现。因此,我们主要关心 IPoetryStorage 接口定义的 4 个函数：Initialized、InitializeAsync、GetPoetryAsync 以及 GetPoetriesAsync 函数能否正确地执行。下面依次观察这 4 个函数中都有哪些内容需要测试。

对于 Initialized 函数,它的功能是判断偏好存储中保存的诗词数据库的版本号：

```
//PoetryStorage.cs
//是否已经初始化。
public bool Initialized() =>
  Preferences.Get(PoetryStorageConstants.VersionKey, -1) ==
  PoetryStorageConstants.Version;
```

因此,可以得出 Initialized 函数需要测试的内容：

(1) 判断 Initialized 函数能否从偏好存储中读出诗词数据库的版本号。

(2) 判断 Initialized 函数能否正确地比较版本号。

我们可以将上述测试内容整理成表 11-1。

表 11-1 Initialized 函数的测试内容

被测函数	Initialized
测试内容	(1) 能否从偏好存储中读出诗词数据库的版本号。 (2) 能否正确地比较版本号。

采用这种方法,能够得到其他三个函数的测试内容,如表 11-2 所示。

表 11-2 InitializeAsync、GetPoetryAsync,以及 GetPoetriesAsync 函数的测试内容

被测函数	InitializeAsync
测试内容	(1) 能否将诗词数据库文件拷贝到 LocalApplicationData 文件夹。 (2) 能否向偏好存储中写入诗词数据的版本号。
被测函数	GetPoetryAsync
测试内容	能否正确地返回给定 ID 对应的诗词。
被测函数	GetPoetriesAsync
测试内容	能否正确地返回满足给定条件的一组诗词。

基于表 11-1 和表 11-2 的内容,就可以开始编写测试了。

11.4 测试 PoetryStorage

下面开始测试 PoetryStorage。

测试发现,PoetryStorage 无法运行。

虽然令人沮丧,不过先来看错误信息：

测试 PoetryStorage

```
Xamarin.Essentials.NotImplementedInReferenceAssemblyException : This
functionality is not implemented in the portable version of this assembly. You
```

```
should reference the NuGet package from your main application project in order
to reference the platform-specific implementation.
  at Xamarin.Essentials.Preferences.PlatformGet[T](String key, T defaultValue,
String sharedName)
  at Dpx.Services.Implementations.PoetryStorage.Initialized() in /Volumes/
HD500/vs/XamarinFullStack/ch11/3/UnitTestingDatabase/Dpx/Dpx/Services/
Implementations/PoetryStorage.cs:line 51
  ...
```

根据错误信息提示，出错的代码是下面这一行：

```
Preferences.Get(PoetryStorageConstants.VersionKey, -1) ==
PoetryStorageConstants.Version;
```

错误内容竟然是 Xamarin.Essentials 无法运行。而 6.1 节明明可以使用 Preferences.Get 从偏好存储读取数据。为什么这里不行呢?

答案是，Xamarin.Essentials 只能在客户端环境下运行。Xamarin.Forms 支持的客户端环境包括 iOS、Android、以及 Windows 10 UWP，但并不包括单元测试环境。因此，不能在单元测试环境下使用 Preferences.Get 函数读取偏好存储。换句话说，PoetryStorage 是不能被测试的!

这是我们之前没想到的，也是接下来我们需要注意的。不是所有的代码都能被测试。如果开发者希望代码能够被测试，就需要为测试优化设计。

11.5　为测试优化设计

现在需要做的是调整 PoetryStorage 的设计，使它变得能够被测试。请跟随下面的视频，了解如何调整设计。

调整设计

上面的例子中进行的调整非常地简单直接：既然调用 Xamarin.Essentials 偏好存储的代码无法被测试，那么就把 PoetryStorage 中调用偏好存储的代码剥离出来。具体的做法是将偏好存储抽象成一个 IService：

```
//IPreferenceStorage.cs
//偏好存储。
public interface IPreferenceStorage {
  void Set(string key, int value);
  int Get(string key, int defaultValue);
}
```

这个 IService 与 Xamarin.Essentials 偏好存储的功能一模一样。因此，PoetryStorage 就不必再依赖 Xamarin.Essentials 的偏好存储，而可以直接依赖 IPreferenceStorage：

```
//PoetryStorage.cs
//诗词存储。
```

```
public class PoetryStorage : IPoetryStorage {
  //偏好存储。
  private IPreferenceStorage _preferenceStorage;
  ///<summary>
  ///诗词存储。
  ///</summary>
  ///<param name="preferenceStorage">偏好存储。</param>
    public PoetryStorage(IPreferenceStorage
      preferenceStorage) {
    _preferenceStorage = preferenceStorage;
  }
  //是否已经初始化。
  public bool Initialized() => _preferenceStorage.Get(
    PoetryStorageConstants.VersionKey,
    -1) == PoetryStorageConstants.Version;

  ...
}
```

接下来实现 IPreferenceStorage。

开发者需要做的仅是在 PreferenceStorage 中调用 Xamarin.Essentials 偏好存储:

实现 IPreferenceStorage

```
//PreferenceStorage.cs
//偏好存储。
public class PreferenceStorage : IPreferenceStorage {
      public void Set(string key, int value) =>
        Preferences.Set(key, value);
  public int Get(string key, int defaultValue) =>
    Preferences.Get(key, defaultValue);
}
```

接下来,可以使用 Mocking 工具模仿一个 IPreferenceStorage 实例,交给 PoetryStorage 来运行测试。如此一来,PoetryStorage 就变得可以测试了。

当然,新建的 PreferenceStorage 由于依赖 Xamarin.Essentials 的偏好存储,因此依然无法被测试。不过,由于 PreferenceStorage 的代码非常简单,开发者甚至可以通过仔细地检查代码来确保它的正确性。如果自己检查之后还不放心,可以找团队成员再检查一次。

总体来讲,并不是所有的代码都能被测试。有些代码天生就很难测试。当遇到这种代码时,可以将它们封装成 IService,再将难以测试的代码移动到相应的 Service 类中。当难以测试的代码被全部剥离时,就可以使用单元测试和 Mocking 工具来测试剩余的代码了。至于那些被剥离到 Service 类中的难以测试的代码,则需要使用更传统的方法,例如代码审查和人工测试,来确保它们的正确性。

另外还有一点，我们确实调整了 PoetryStorage 的设计，但 PoetryStorage 所实现的 IPoetryStorage 却没有发生任何变化。这意味着所有依赖 IPoetryStorage 的类都不需要做出改变。这也是采用 IService 的优势：所有的类都依赖于抽象的 IService，而不是具体的 Service 实现类，因此能够免于被实现类的改变波及[①]。

11.6　再次测试 PoetryStorage

调整了 PoetryStorage 的设计之后，就可以再次尝试对其进行测试了。下面，对 PoetryStorage 中的函数逐个进行测试。

11.6.1　测试 Initialized 函数：验证 Mocking 调用

测试 Initialized 函数：

测试 Initialized 函数

```
//PoetryStorageTest.cs
//测试已初始化。
[Test]
public void TestInitialized() {
  var preferenceStorageMock = new
    Mock<IPreferenceStorage>();
  preferenceStorageMock
    .Setup(p => p.Get(PoetryStorageConstants.VersionKey,
      -1)).Returns(PoetryStorageConstants.Version);
  var mockPreferenceStorage = preferenceStorageMock.Object;

  var poetryStorage = new
    PoetryStorage(mockPreferenceStorage);
  Assert.IsTrue(poetryStorage.Initialized());

  preferenceStorageMock.Verify(
    p => p.Get(PoetryStorageConstants.VersionKey, -1),
    Times.Once);
}
```

上面的代码中，首先建立了一个 Mock 的 IPreferenceStorage 对象，并且要求它在有人调用 Get(PoetryStorageConstants.VersionKey，－1)函数时返回 Version 常量。由于 Initialized 函数判断的依据就是偏好存储中保存的诗词数据库版本是否等于 Version 常量，因此 Initialized 函数的返回值应该是 true：

```
Assert.IsTrue(poetryStorage.Initialized());
```

进一步地，验证 Get 函数有没有被使用(PoetryStorageConstants.VersionKey，－1)

---

① 事实上，这是由“面向对象设计原则”中“依赖倒置原则”所带来的好处。

参数调用过,而且只调用了一次:

```
preferenceStorageMock.Verify(
  p => p.Get(PoetryStorageConstants.VersionKey, -1),
  Times.Once);
```

根据表 11-1 给出的 Initialized 函数的测试内容,上面的代码已经能够覆盖测试内容(1),并且能够覆盖测试内容(2)中版本号符合预期的情况。接下来需要测试版本号不符合预期的情况。

针对版本号不符合预期的情况,我们设计了 TestNotInitialized 测试函数。这个函数中,要求 Mock 的 IPreferenceStorage 对象返回 Version 常量减 1,并预期 Initialized 函数的返回值是 false。

测试版本号不符合预期

```
//TestNotInitialized()
preferenceStorageMock
  .Setup(p => p.Get(PoetryStorageConstants.VersionKey, -1))
  .Returns(PoetryStorageConstants.Version - 1);
...
Assert.IsFalse(poetryStorage.Initialized());
```

这样就覆盖了表 11-1 中所有的测试内容。

11.6.2 测试 InitializeAsync 函数:清除副作用

下面使用 TestInitializeAsync 函数来测试 InitializeAsync 函数。主要看看断言的部分:在调用 InitializeAsync 函数之前,我们断言 LocalApplicationData 文件夹中不存在 poetrydb.sqlite3 文件。

测试 InitializeAsync 函数

```
//TestInitializeAsync()
Assert.IsFalse(File.Exists(Path.Combine(
  Environment.GetFolderPath(Environment.SpecialFolder
    .LocalApplicationData), PoetryStorage.DbName)));
```

接下来调用 InitializeAsync 函数,并断言 LocalApplicationData 文件夹中出现了 poetrydb.sqlite3 文件。

```
await poetryStorage.InitializeAsync();
Assert.IsTrue(File.Exists(Path.Combine(
  Environment.GetFolderPath(Environment.SpecialFolder
    .LocalApplicationData), PoetryStorage.DbName)));
```

最后,验证 IPreferenceStorage 的 Set 函数被使用正确的参数调用过一次。

```
preferenceStorageMock.Verify(
  p => p.Set(PoetryStorageConstants.VersionKey,
    PoetryStorageConstants.Version), Times.Once);
```

至此，表 11-2 给出的 InitializeAsync 函数的测试内容就完成了。

然而，测试产生了一个副作用。在测试完成之后，LocalApplicationData 文件夹下残留了一份 poetrydb.sqlite3 文件。再次运行 TestInitializeAsync 函数时，第一个用于判断 LocalApplicationData 文件夹中不存在 poetrydb.sqlite3 文件的断言就会失败。

测试的副作用是开发者编写测试时必须考虑的问题。开发者期望所有的测试都不会产生副作用：在一个测试函数运行前和测试结束之后，执行环境应该保持原状，不应该出现任何的变化。这要求每一个测试函数在结束之后，都要妥善地"打扫"执行环境，清除自己产生的副作用。把这个想法再扩展一下，开发者还希望每个测试函数在运行之前，也都"打扫"一下执行环境中可能对自己产生影响的部分，以免其他测试函数没有彻底地清除它们的副作用。

TestInitializeAsync 副作用

在 PoetryStorageTest 测试类中打扫执行环境的方法是在每个测试函数运行的前后都运行 RemoveDatabaseFile 函数：

```
//删除数据库文件。
[SetUp, TearDown]
public static void RemoveDatabaseFile() {
    //用于删除 poetrydb.sqlite3 文件。
  File.Delete(Path.Combine(
    Environment.GetFolderPath(Environment.SpecialFolder
      .LocalApplicationData), PoetryStorage.DbName));
}
```

使用 SetUp 特性标注的函数会在每个测试函数运行之前都运行一次，而 TearDown 特性则会让函数在每个测试函数运行之后都运行一次。在上面的代码中，File.Delete 函数会删除 poetrydb.sqlite3 文件。如此一来，测试函数的副作用就被清除了。

11.6.3　测试 GetPoetryAsync 函数：再次调整设计

接下来测试 GetPoetryAsync 函数。跟随下面的视频，了解如何测试它。

与前面两节相比，TestGetPoetryAsync 函数并没有那么多需要注意的部分。只不过，由于每次运行 TestGetPoetryAsync 函数之前执行环境都被彻底地打扫过了，因此必须要调用 InitializeAsync 函数初始化诗词数据库：

测试 GetPoetryAsync 函数

```
//TestGetPoetryAsync()
await poetryStorage.InitializeAsync();
```

另外，由于 PoetryStorage 的 Connection 属性打开了数据库连接：

```
//PoetryStorage.cs
//数据库连接。
private SQLiteAsyncConnection Connection =>
  _connection ??(_connection =
```

```
    new SQLiteAsyncConnection(PoetryDbPath));
```

因此在删除数据库之前,必须关闭数据库连接,否则就会出现无法删除诗词数据库文件的情况:

```
Message:
  TearDown : System.IO.IOException : The process cannot access the file
'C:\Users\zhang\AppData\Local\poetrydb.sqlite3' because it is being used by
another process.
Stack Trace:
  --TearDown
  FileSystem.DeleteFile(String fullPath)
  File.Delete(String path)
  PoetryStorageTest.RemoveDatabaseFile() line 23
```

这个错误只有在 Windows 下运行单元测试时才会出现。这是由于 Windows 不允许删除正被访问的文件。在 macOS 下运行单元测试时并不会出现这个错误,但这不代表这样做在 macOS 下就是正确的。先关闭文件,再删除文件是职业素养的一部分,与操作系统是否允许无关。

然而,PoetryStorage 并未提供关闭数据库连接的函数。因此,向 PoetryStorage 添加一个新的函数:

```
//PoetryStorage.cs
//关闭数据库。
public async Task CloseAsync() =>
    await Connection.CloseAsync();
```

并在 TestGetPoetryAsync 函数中调用它:

```
//PoetryStorageTest.cs
//TestGetPoetryAsync()
await poetryStorage.CloseAsync();
```

如果使用 1.6 版的 SQLite-net,此时就可以正常地测试 GetPoetryAsync 函数了。而如果使用 1.5 版的 SQLite-net,就会发现问题依然没有排除。这是由于 1.5 版的 SQLite-net 的 CloseAsync 函数并不能保证连接已经被关闭[①]。因此,在正式删除诗词数据库文件之前,还需要额外调用 GC:

```
//RemoveDatabaseFile()
GC.Collect();
GC.WaitForPendingFinalizers();
```

即便是使用最广泛的工具,也不能保证绝对不出问题。

---

① https://stackoverflow.com/questions/41134100/closing-an-sqliteasyncconnection。

读者可能会问:"为什么 IPoetryStorage 中没有 CloseAsync 函数?"这是由于 Dpx 并没有关闭诗词数据库的需求。在 Dpx 首次调用 PoetryStorage 时,就会自动建立与诗词数据库的连接。在运行过程中,Dpx 会不断地访问诗词数据库,因此没有必要关闭与诗词数据库的连接。在 Dpx 被关闭时,作为嵌入式数据库的诗词数据库也会一并被关闭,因此也没有必要手动关闭诗词数据库。当然,这些论述只针对 Dpx 成立。如果要开发其他的应用,则需要自己判断一下是否应该提供关闭数据库连接的函数。

11.6.4 测试 GetPoetriesAsync 函数:初识动态 LINQ

最后测试 GetPoetriesAsync 函数。

TestGetPoetriesAsync 测试函数中唯一需要注意的部分,是如何为 GetPoetriesAsync 函数生成 where 参数。生成 where 参数的表达式是:

测试 **GetPoetriesAsync** 函数

```
//TestGetPoetriesAsync()
Expression.Lambda<Func<Poetry, bool>>(
  Expression.Constant(true),
  Expression.Parameter(typeof(Poetry), "p"))
```

上面的代码等价于如下的 Lambda 表达式:

```
p => true
```

当上面的 where 参数被传递给 GetPoetriesAsync 函数时:

```
//PoetryStorage.cs
///<summary>
///获取满足给定条件的诗词集合。
///</summary>
///<param name="where">Where 条件。</param>
///<param name="skip">跳过数量。</param>
///<param name="take">获取数量。</param>
public async Task<IList<Poetry>> GetPoetriesAsync(
  Expression<Func<Poetry, bool>> where,
  int skip, int take) =>
    await Connection .Table<Poetry>().Where(where)
                     .Skip(skip)
                     .Take(take)
                     .ToListAsync();
```

就相当于执行如下的语句:

```
await Connection.Table<Poetry>()
    .Where(p => true)
    .Skip(skip).Take(take).ToListAsync();
```

而 p => true 意味着 Lambda 表达式的返回值永远都是 true,这意味着诗词数据库中所有的诗词都满足 Where(p => true)的查询条件。因此,Where(p => true)会返回诗词数据库中所有的诗词。这也对应着 TestGetPoetriesAsync 测试函数中的断言:

```
//TestGetPoetriesAsync()
Assert.AreEqual(PoetryStorage.NumberPoetry, poetries.Count);
```

其中,NumberPoetry 常量预先存储了诗词数据库中所有诗词的数量。

用于生成 where 参数的表达式如下:

```
//TestGetPoetriesAsync()
Expression.Lambda<Func<Poetry, bool>>(
  Expression.Constant(true),
  Expression.Parameter(typeof(Poetry), "p"))
```

翻译成 p=>true 的 Lambda 表达式的步骤如下。

首先,最外层的 Expression.Lambda 表示这是一个 Lambda 表达式。因此,它一定会被翻译成如下形式:

```
XXX =>XXX
```

其次,Func<Poetry, bool>表示 Lambda 表达式的参数类型是 Poetry,并且返回值是 bool 型。因此,这个 Lambda 表达式一定具有如下形式:

```
(Poetry 型参数) => (bool 型返回值)
```

接下来,Expression.Constant(true)表明 Lambda 表达式的右侧只有一个常量 true。因此,这个 Lambda 表达式被进一步翻译为:

```
(Poetry 型参数) => true
```

最后,Expression.Parameter(typeof(Poetry), "p")表明 Lambda 表达式的 Poetry 型参数的参数名为 p:

```
p => true
```

这是本书中第一次接触 LINQ 的动态生成。后面还会学习如何动态地生成更加复杂的 LINQ。

11.7 反思单元测试

这一章中介绍了一系列的测试技术与技巧。但总体来讲,它们都属于单元测试的范畴。

本书使用的单元测试工具是 NUnit。NUnit 一直是.NET 框架下开展单元测试的事实标准。除了 NUnit,还可以使用 xUnit 和 MSTest。它们的使用方法大同小异。开发者可以很容易地在不同的单元测试工具之间切换。这里使用的 Mocking 工具则是 moq。

moq 目前是.NET 框架下 Mocking 工具的不二选择。

NUnit 和 moq 让单元测试的编写变得非常容易。开发环境则让单元测试的运行变得简单且自动化[①]。对于难以测试的代码，需要将它们剥离出来，从而方便测试剩余的代码。这就需要开发者为测试而优化程序设计。对于剥离出来的部分，则依然要使用传统的方法进行测试。

在测试过程中，还需要关注测试函数所带来的副作用。一方面要在测试结束后及时清除副作用，另一方面还要防止测试函数被其他函数的副作用影响。清除副作用的代码看起来可能有一些啰嗦，但是它们会有效地保护测试函数。

在项目的早期阶段，单元测试看起来可能是拖慢了开发的进度，但它们实际上极大地提升了项目整体的开发效率。经验表明，单元测试能在各个模块的开发阶段就扫除 90% 以上的 Bug。并且由于有大量的单元测试做保障，剩余 10%的 Bug 在集成测试阶段也很容易定位和消除。单元测试是一剂见效慢但效力猛的"神药"，在任何情况下都不应该跳过单元测试。

通过本章的学习可以发现，编写测试和编写代码一样需要高超的技巧。事实上，尽管低水平的测试工程师的编程能力可能不如低水平的研发工程师，但高水平的测试工程师的编程能力至少等于高水平的研发工程师，甚至可能会更高。这是因为测试工程师必须能够妥善地理解研发工程师的代码，发现可能的问题，并且写出完善的测试程序。这也解释了为什么有些公司在拥有一支高水平的研发队伍后，就负担不起另一支高水平的测试队伍。但这样做的后果往往是软件质量的快速下滑，从而引发用户的不满。

11.8　动手做

(1) 前面的学习中，我们一直在使用 Mocking 工具模仿接口，但读者有没有想过，Mocking 工具能不能模仿类？请读者新建一个项目，试试看能否模仿一个类，并查找相关资料解释你实验结果，再阐述实验结果如何影响你对 MVVM + IService 架构的理解。

(2) 通常来讲，开发者都认为自己的代码应该由自己来单元测试。当然，更加理想的情况是团队成员可以互相审查代码，包括程序代码和测试代码。请为自己之前写的代码编写并运行单元测试，再找一位固定的团队成员审查你过去和未来的代码。

11.9　给 PBL 教师的建议

单元测试是非常考验耐心的工作。很多同学都会急于开发功能代码，而忽略单元测试。此时，教师可以适当地运用自己的权威，要求同学们妥善地编写单元测试，充分地记录使用单元测试发现的问题，再举办交流会，让同学们交流单元测试的收获。这有助于同

---

① 这里的"自动化"指的是在点击"运行测试"之后，单元测试能够独立、批量地运行。当然，这里的"自动化"还可以更进一步。利用持续集成(Continuous Integration)服务器，单元测试可以被自动触发并运行。微软公司的 Azure Pipelines 就是一款支持自动运行单元测试的持续集成服务 https://azure.microsoft.com/zh-cn/services/devops/pipelines/。

学们发现单元测试的价值,也能帮助同学们按部就班、稳扎稳打地开展工作。

单元测试和程序开发一样,都非常依赖经验。教师可以考虑充当义务代码审查员,帮助同学们审查一部分代码,并依据自身经验提出修改建议。开发与测试的技巧数不胜数,而且很多技巧听起来十分抽象,只有在特定的场景下才容易理解。审查代码正是向同学们传授这些技巧的好机会。

第12章 实战级数据库 View 与 ViewModel

在完成了数据库的 Model、IService 以及 Service 之后，就可以使用它们构建用户界面了。本章将为 Dpx 项目建立第一个用户界面：搜索结果页。为了开发出优秀的用户界面，本章还将介绍一些实战级的技术与技巧。

12.1 搜索结果页 View：设计时数据

先来建立搜索结果页。请跟随下面的视频新建搜索结果页，并了解如何巧妙地使用预览器（Previewer）来查看用户界面的设计效果。

新建搜索结果页

上面的例子使用了一种非常重要的用户界面开发技巧：设计时数据（Design Time Data）[①]。这里的设计时数据指的是设计用户界面的时候使用的数据。

前面的例子中已经使用过很多种控件，包括 Label、ListView 等。在使用 Label 控件时，通常会预先指定 Text 属性。此时，Label 控件就能够在预览器中显示，如图 12-1 所示。

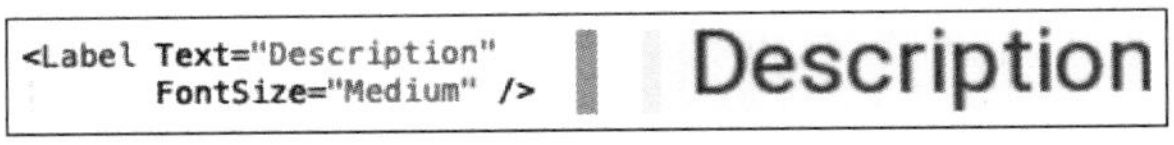

```
<Label Text="Description"
       FontSize="Medium" />
```

Description

图 12-1　带有 Text 属性的 Label 控件及其在预览器中的显示

然而，ListView 控件却不能很容易地在预览器中显示。这是由于 ListView 控件是用于显示一组数据的。需要通过 ItemsSource 属性为 ListView 控件指定一组数据，才能让 ListView 控件在预览器中显示。然而，在设计用户界面时，想做到这一点却不太容易，因为根本没有数据可供 ListView 控件显示。

设计时数据正是为了解决上面的问题。使用设计时数据，可以直接在 XAML 代码中定义一组数据，将它们赋值给 ListView 控件的 ItemsSource 属性，再让 ListView 控件将它们显示出来。在上面的例子中，使用如下的代码定

---

① 读者可能经常听到"XX 时"，如"运行时库（Runtime Library）""运行时数据（Run Time Data）"，以及"设计时数据（Design Time Data）"。这里的"时"就是"时候"的意思。因此。运行时数据就是程序在运行的时候产生的数据，而设计时数据就是在设计的时候使用的数据。运行时库则是程序在运行的时候需要的库文件。

义并使用设计时数据：

```
<!-- ResultPage.xaml -->
<ListView>
  <d:ListView.ItemsSource>
    <x:Array Type="{x:Type x:String}">
      <x:String>Item 1</x:String>
      <x:String>Item 2</x:String>
    </x:Array>
  </d:ListView.ItemsSource>
  ...
```

使用<ListView.ItemsSource>标签为 ListView 控件指定 ItemsSource 属性。在 XAML 中，带有“.”的标签并不是独立的标签，而是标签的属性。因此：

```
<Label>
  <Label.Text>
    Hello World!
  </Label.Text>
</Label>
```

等价于：

```
<Label Text="Hello World!" />
```

这种用“<[标签].[属性]>”代替“<[标签] [属性]>”的写法被称为属性元素语法(Property Element Syntax)。属性元素语法主要用于书写复杂的属性。例如，在上面的例子中，设计时数据就由于太过复杂，无法简单地书写出来，而只能使用属性元素语法。

> 关于属性元素语法的更多内容，请访问 https://docs.microsoft.com/zh-cn/dotnet/framework/wpf/advanced/xaml-syntax-in-detail#property-element-syntax。

<ListView.ItemsSource>标签前添加了“d:”命名空间：

```
<d:ListView.ItemsSource>
```

“d:”表示标签中的内容只在设计时有意义。d 就是 Design(设计)的含义。在运行时，“d:”命名空间下的所有标签都会被忽略。因此，设计时数据在程序运行时并不会起作用。

接下来的内容就比较直观了。定义一个字符串类型的数组，内容是两个字符串：“Item 1”和“Item 2”：

```
<x:Array Type="{x:Type x:String}">
  <x:String>Item 1</x:String>
  <x:String>Item 2</x:String>
</x:Array>
```

这段代码中的"x:Array"以及"x:String"使用了"XAML 命名空间(x:)语言功能的语法"。本书中不会探讨这些功能,而是尝试直观地理解它们。如果读者有兴趣,可以查看下面的文档来详细了解它们。

> 关于"XAML 命名空间(x:)语言功能"的更多内容,请访问 https://docs.microsoft.com/zh-cn/dotnet/framework/xaml-services/xaml-namespace-x-language-features。

至此,ListView 控件就被指定了设计时数据:一个包含两个元素的字符串数组。现在,就可以使用数据绑定将设计时数据显示出来了:

```
<ListView.ItemTemplate>
  <DataTemplate>
    <TextCell Text="{Binding}"
        Detail="{Binding}" />
  </DataTemplate>
</ListView.ItemTemplate>
```

上面的代码中直接使用了{Binding},并且没有提供任何参数。此时,数据绑定会将 ItemsSource 中的每一个元素直接赋值给 Text 和 Detail 属性。这是正确的,因为在设计时,ItemsSource 中的每一个元素都是字符串,因此可以直接赋值给 Text 和 Detail 属性。这个 ListView 控件在预览器中的显示效果如图 12-2 所示。

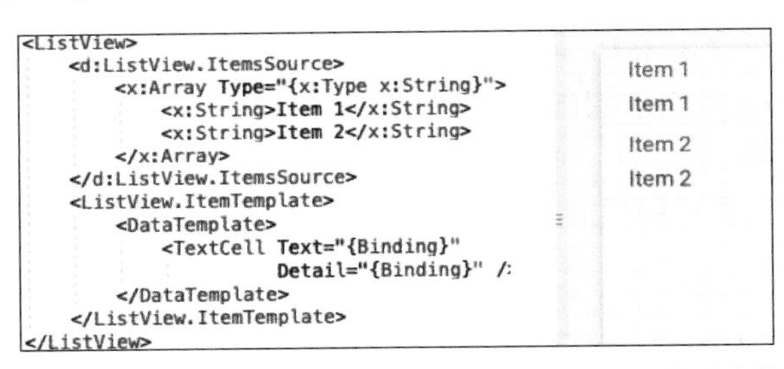

图 12-2 带有设计时数据的 ListView 控件及其在预览器中的显示

设计时数据让开发者在没有任何数据的情况下就能充分地预览用户界面的效果,极大地提升了用户界面的开发效率。这也让 View 与 ViewModel 的开发工作充分地分离,有利于多人并行开发项目。

12.2 搜索结果页 ViewModel

接下来为搜索结果页开发 ViewModel。

12.2.1 无限滚动与 InfiniteScrollCollection

开发者希望搜索结果页上的 ListView 能够实现无限滚动效果。为此,需要使用由

无限滚动

Matthew Leibowitz 开发的 Infinite Scrolling 库[1]。跟随下面的视频,了解如何利用 Infinite Scrolling 来实现无限滚动。

实现无限滚动的关键是使用 InfiniteScrollCollection 代替 8.3 节中使用的 ObservableRangeCollection:

```
//ResultPageViewModel.cs
//诗词集合。
public InfiniteScrollCollection<Poetry> PoetryCollection {
  get;
}
```

PoetryCollection 属性在搜索结果页 ViewModel 的构造函数中初始化:

```
///<summary>
///搜索结果页 ViewModel。
///</summary>
///<param name="poetryStorage">内容存储。</param>
///<param name="contentNavigationService">内容导航服务。...
public ResultPageViewModel(IPoetryStorage poetryStorage) {
    PoetryCollection = new InfiniteScrollCollection<Poetry> {
    ...
```

在初始化 InfiniteScrollCollection 时,需要提供两个关键的委托(Delegate):OnCanLoadMore 和 OnLoadMore[2]。从它们的名字也能看出,InfiniteScrollCollection 会调用 OnCanLoadMore 委托来判断还能不能加载更多内容,并且会调用 OnLoadMore 委托来加载更多的内容。

OnCanLoadMore 委托的内容非常简单。它是一个 Lambda 表达式,用于返回成员变量_canLoadMore 的值:

```
OnCanLoadMore = () => _canLoadMore,
...
private bool _canLoadMore;
```

OnLoadMore 委托则比较复杂,下面对其进行逐步分析。首先,它会将 Status 属性设置为 LOADING 常量。与 7.3 节的 Result 属性相同,Status 属性也是一个可供绑定的属性:

```
//加载状态。
public string Status {
  get => _status;
  set => Set(nameof(Status), ref _status, value);
```

① https://github.com/mattleibow/InfiniteScrolling。

② 委托类似于 C 语言的函数指针。如果将一个函数 F 赋值给一个委托,例如 OnLoadMore,则持有这个委托的对象,例如 InfiniteScrollCollection,就可以在需要的时候调用函数 F。

```
}
//加载状态。
private string _status;
```

Status 属性用于在用户界面上显示搜索结果列表的加载状态。它可能的取值包括如下几个常量：

```
//正在载入。
private const string LOADING = "正在载入";
//没有满足条件的结果。
private const string NO_RESULT = "没有满足条件的结果";
//没有更多结果。
private const string NO_MORE_RESULT = "没有更多结果";
```

显然，当 InfiniteScrollCollection 调用 OnLoadMore 委托来加载更多内容时，应该让 Status 属性显示 LOADING 常量的内容：

```
OnLoadMore = async () => {
  Status = LOADING;
```

接下来，OnLoadMore 委托向 IPoetryStorage 请求下一页的诗词。OnLoadMore 委托会要求 GetPoetriesAsync 函数跳过已经显示的诗词，并请求下一页的诗词：

```
var poetries = await poetryStorage.GetPoetriesAsync(Where,
  PoetryCollection.Count, PAGE_SIZE);
```

Where 属性保存了诗词的搜索条件，具体会在稍后进行讨论。对于 GetPoetriesAsync 函数的返回结果 poetries，如果其中的诗词的数量不足一页，说明已经没有更多的诗词可供加载：

```
if (poetries.Count < PAGE_SIZE) {
  _canLoadMore = false;
  Status = NO_MORE_RESULT;
}
```

如果 PoetryCollection 属性中诗词的数量和 poetries 中诗词的数量都为 0，就意味着使用当前的 Where 属性查询不到任何诗词：

```
if (PoetryCollection.Count == 0 &&
  poetries.Count == 0) {
  Status = NO_RESULT;
}
```

最后，无论 poetries 中有没有诗词，都要返回 poetries，以便 InfiniteScrollCollection 能够将新的结果（包括 0 条结果）载入进来。

利用 InfiniteScrollCollection，ListView 就可以轻松实现无限滚动。类似 InfiniteScrollCollection 这样的第三方库还有很多。这些第三方库极大地方便了开发者实现各种功能。同时,这些工具很多都是开源的。如果读者对它们的实现原理有兴趣,可以阅读它们的源代码,顺路学习有经验的开发者是如何解决问题的。

12.2.2 重置搜索结果与 PageAppearingCommand

每当搜索结果页接收到新的搜索条件时,就需要重置搜索结果。也就是说,搜索结果页需要清除已有的搜索结果,并根据新的搜索条件显示新的搜索结果。接下来关注搜索结果页 ViewModel 如何重置搜索结果。

重置搜索结果

如 12.2.1 节所述,诗词的搜索条件保存在 Where 属性中。此处先不研究搜索条件是如何被保存到 Where 属性中的,而是先关心 Where 属性是如何定义的[①]:

```
//查询语句。
public Expression<Func<Poetry, bool>> Where {
  get => _where;
  set {
    Set(nameof(Where), ref _where, value);
    _newQuery = true;
  }
}
//查询语句。
private Expression<Func<Poetry, bool>> _where;
//是否为新查询。
private bool _newQuery;
```

Where 属性也是一个可供绑定的属性。唯一的不同点是,每次 Where 属性被赋值时,成员变量_newQuery 都会被设置为 true。成员变量_newQuery 的作用是标记 Where 属性的值是否是“新的”。因此,上面的代码是符合逻辑的:当 Where 属性被赋值时,就意味着这是一个“新的”搜索条件(a “new” query),因此成员变量_newQuery 应该被设置为 true。

通过成员变量_newQuery,我们已经知道搜索条件是否是新的了,那么应该如何重置 PoetryCollection 属性中的搜索结果呢?答案是通过 PageAppearingCommand。我们期望搜索结果页每次显示出来的时候,都会调用 PageAppearingCommand[②]。

首先来解释一下前文中“显示出来”的意思。无论在 iOS、Android、还是 Windows 10 UWP 下,应用默认都是“单界面”的。也就是说在任何时刻,一个应用默认只会显示一个界面。因此,如果当前显示的是诗词搜索页,那么搜索结果页就一定没有显示。相反,如果当前显示的是搜索结果页,那么诗词搜索页就一定没有显示。而“显示出来”的意思,就是当从诗词搜索页跳转到搜索结果页时,应用的界面从诗词搜索页替换为搜索结果页。在这时,我们期望搜索结果页会调用 PageAppearingCommand。

---

① 后面的章节中会深入地探讨如何设置 Where 属性的值。

② 后面的小节中会说明如何在页面显示时调用 PageAppearingCommand。

PageAppearingCommand 首先判断 Where 属性是否是新的。如果不是新的，则没有必要重置搜索结果，直接返回即可。如果是新的，就要重置搜索结果，即将 PoetryCollection 属性中的诗词清空，将成员变量_canLoadMore 设置为 true，同时要求 PoetryCollection 属性加载更多内容：

```
//PageAppearingCommand
if (!_newQuery) return;
_newQuery = false;

PoetryCollection.Clear();
_canLoadMore = true;
await PoetryCollection.LoadMoreAsync()
```

PageAppearingCommand 经常用于在界面显示时完成一些操作。后面的章节中还会进一步学习如何利用 PageAppearingCommand 在界面首次显示时初始化 ViewModel。

12.3　单元测试搜索结果页 ViewModel

接下来开始单元测试搜索结果页 ViewModel。ViewModel 的单元测试主要涉及到三个方面：①为 ViewModel 准备 IService；②测试 Command；③测试可绑定属性。

12.3.1　为 ViewModel 准备 IService

许多 ViewModel 都需要特定的 IService 实例才能实例化。例如，搜索结果页 ViewModel 就需要一个 IPoetryStorage 实例才能实例化。在单元测试时，通常使用如下两种方法获得 IService 实例。

（1）使用 Mocking 工具模仿一个实例。

（2）从 IService 的实现类那里实例化一个对象。

11.6.1 节中已经学习过模仿 IService 的实例。本节中则会采用第 2 种方法获得 IService 的实例。

10.6 节中使用 PoetryStorage 实现了 IPoetryStorage。因此，只需要获得一个 PoetryStorage 实例，就可以实例化搜索结果页 ViewModel 了。我们在 PoetryStorageHelper 的 GetInitializedPoetryStorage 函数中获得 PoetryStorage 实例。PoetryStorageHelper 是为了进行与 PoetryStorage 有关的单元测试而建立的帮助类。它的 GetInitializedPoetryStorage 函数会实例化一个新的 PoetryStorage 实例：

准备实例

```
//PoetryStorageHelper.cs
//获得已初始化的诗词存储。
public static async Task<PoetryStorage>
  GetInitializedPoetryStorage() {
    var _poetryStorage = new PoetryStorage(
```

```
        new Mock<IPreferenceStorage>().Object);
    await _poetryStorage.InitializeAsync();
    return _poetryStorage;
}
```

由于PoetryStorage的构造函数要求一个IPreferenceStorage实例,因此上面模仿了这样一个实例。接下来实例化了一个PoetryStorage的对象,并调用InitializeAsync函数来初始化诗词数据库,从而获得了一个彻底初始化过的PoetryStorage实例。

由于GetInitializedPoetryStorage函数使用起来非常方便,我们甚至更新了PoetryStorageTest测试类的TestGetPoetryAsync以及TestGetPoetriesAsync函数,让它们调用PoetryStorageHelper的GetInitializedPoetryStorage函数来获得PoetryStorage实例:

```
//PoetryStorageTest.cs
//TestGetPoetryAsync(), TestGetPoetriesAsync()
var poetryStorage = await PoetryStorageHelper
  .GetInitializedPoetryStorage();
...
```

PoetryStorageHelper的RemoveDatabaseFile函数则会完成与PoetryStorageTest单元测试类的RemoveDatabaseFile函数相同的事情:删除诗词数据库文件。事实上,我们也修改了PoetryStorageTest的RemoveDatabaseFile函数,让它直接调用PoetryStorageHelper的RemoveDatabaseFile函数来删除诗词数据库文件:

```
//PoetryStorageHelper.cs
//删除数据库文件。
public static void RemoveDatabaseFile() {
  GC.Collect();
  GC.WaitForPendingFinalizers();
  File.Delete(Path.Combine(
    Environment.GetFolderPath(Environment.SpecialFolder
      .LocalApplicationData), PoetryStorage.DbName));
}

//PoetryStorageTest.cs
//删除数据库文件。
[SetUp, TearDown]
public static void RemoveDatabaseFile() =>
  PoetryStorageHelper.RemoveDatabaseFile();
```

这样一来,借助PoetryStorageHelper,就可以集中地完成IPoetryStorage的实例化与副作用清除工作了。在单元测试中,开发者经常会利用帮助类来完成与IService对象实例化有关的工作。这些帮助类可以很好地避免重复代码,并减少错误的发生。

12.3.2　测试 Command：使用 Command 函数

接下来测试 PageAppearingCommand。

测试 PageAppearing-Command

在测试 PageAppearingCommand 时，我们再次遇到了类似于 11.4 节的问题：Command 是很难被测试的。为了解决这个问题，可以将 Command 拆分成两个部分[①]：

① 执行具体功能的 Command 函数，如：

```
//ResultPageViewModel.cs
internal async Task PageAppearingCommandFunction() {
  if (!_newQuery) return;
    _newQuery = false;
    ...
```

② 调用 Command 函数的 Command 定义，如：

```
//页面显示命令。
public RelayCommand PageAppearingCommand =>
  _pageAppearingCommand ??
  (_pageAppearingCommand = new RelayCommand(
    async () => await PageAppearingCommandFunction()));
```

在定义 Command 函数时使用了 internal 关键字。与 public 和 private 关键字类似，internal 关键字也用于说明函数的可访问性。使用 internal 关键字声明的函数只能在当前项目(Project，不是解决方案 Solution)内访问。这意味着其他项目，例如 Dpx.UWP 项目，是不能访问 Command 函数的。这样做可以确保 Command 函数的安全，毕竟它只是用来测试的。

然而，由于 Dpx.UnitTest 项目与 Dpx.UWP 项目一样，也是独立于 Dpx 项目的。因此，Dpx.UnitTest 项目也不能访问使用 internal 关键字声明的 Command 函数。此时就需要修改规则，破例允许 Dpx.UnitTest 项目访问标有 internal 关键字的函数。开发者需要做的，是在 AssemblyInfo.cs 文件中添加如下一行：

```
//AssemblyInfo.cs, Project Dpx
[assembly: InternalsVisibleTo("Dpx.UnitTest")]
```

上面这段代码理解起来也非常直观：当前程序集(Assembly，一个项目会编译为一个程序集)的 internal 对于 Dpx.UnitTest 项目是可见的(Visible)。此时就可以在 Dpx.UnitTest 项目中调用 Dpx 项目中使用 internal 声明的 Command 函数了，例如：

```
//ResultPageViewModelTest.cs
//TestPoetryCollection()
```

---

① 这只是测试 Command 的一种方法。这个网页还探讨了其他可能的方法 https://stackoverflow.com/questions/29132985/how-to-unit-test-relaycommand-that-executes-an-async-method。

```
await resultPageViewModel.PageAppearingCommandFunction();
```

接下来简单了解如何测试搜索结果页 ViewModel 中的 Command 函数。首先准备了一个类似于 11.6.4 节中的搜索条件：

```
var where = Expression.Lambda<Func<Poetry, bool>>(
  Expression.Constant(true),
  Expression.Parameter(typeof(Poetry), "p"));
```

接下来使用 12.3.1 节中实例化的 IPoetryStorage 实例来获得 ResultPageViewModel 的实例，并设置搜索条件：

```
var resultPageViewModel = new
  ResultPageViewModel(_poetryStorage);
resultPageViewModel.Where = where;
```

这里先跳过与可绑定属性有关的部分，暂时只关心与 Command 函数有关的部分。先断言 PoetryCollection 中不存在任何诗词：

```
Assert.AreEqual(0,
  resultPageViewModel.PoetryCollection.Count);
```

而首次调用 PageAppearingCommandFuncion 后，由于在 ResultPageViewModel 中使用 PAGE_SIZE 常量规定每次返回 20 条搜索结果，PoetryCollection 中应该存有 20 篇诗词：

```
await resultPageViewModel.PageAppearingCommandFunction();
Assert.AreEqual(20,
  resultPageViewModel.PoetryCollection.Count);
```

如此一来就可以测试 Command 函数了。当然，调用 Command 函数的 Command 定义依然是无法测试的。开发者可以使用代码审查等方法确保它们的正确。

12.3.3 测试可绑定属性：监听 PropertyChanged 事件

最后关心如何测试可绑定属性。相比于 Command，可绑定属性的测试内容比较简单。这是由于 Command 需要执行具体的功能，而可绑定属性只会发生取值上的变化。因此只需要知道可绑定属性的值有没有按照预期的过程变化就可以了。

与 7.3 节相同，搜索结果页 ViewModel 也继承自 MVVM Light 的 ViewModelBase 类。7.3.1 节中提到，ViewModelBase 的 Set 函数会在开发者设置可绑定属性的值时向外发出通知，告知哪个属性的值发生了改变。Set 函数发出通知的方法是触发 ViewModelBase 的 PropertyChanged 事件。因此只需要监听搜索结果页 ViewModel 的 PropertyChanged 事件，就可以知道哪些可绑定属性发生了变化。

测试 Status 属性

首先测试搜索结果页 ViewModel 的 Status 属性。

Status 属性给出了搜索结果列表的加载状态。每当调用 PageAppearingCommandFunction 时，Status 属性的值都会发生变化：首先变为 LOADING 常量的值，再变为 NO_RESULT 常量、NO_

MORE_RESULT 常量，或者空字符串。为了保存 Status 属性值的变化过程，在 ResultPageViewModelTest 测试类中声明一个字符串列表：

```
var statusList = new List<string>();
```

接下来监听 ResultPageViewModel 的 PropertyChanged 属性，并使用 args.PropertyName 属性判断哪个属性的值发生了改变。当 Status 属性的值发生改变时，将改变后的 Status 属性的值保存到 statusList 中：

```
resultPageViewModel.PropertyChanged += (sender, args) => {
  if (args.PropertyName ==
    nameof(ResultPageViewModel.Status)) {
    statusList.Add(resultPageViewModel.Status);
  }
};
```

最后，判断 statusList 中的值是否按照预期的规律变化。在首次调用 PageAppearingCommandFunction 后，Status 属性的值应该变为 LOADING 常量的值，并在执行结束之后变为空字符串。

```
//await resultPageViewModel.PageAppearingCommandFunction();
Assert.AreEqual(2, statusList.Count);
Assert.AreEqual(ResultPageViewModel.LOADING, statusList[0]);
Assert.AreEqual("", statusList[1]);
```

类似地，还可以判断 PoetryCollection 属性的值如何变化。

与 Status 属性不同，PoetryCollection 自带 CollectionChanged 事件。因此，可以直接监听 CollectionChanged 事件：

测试 PoetryCollection 属性

```
var poetryCollectionChanged = false;
resultPageViewModel. PoetryCollection. CollectionChanged
+=
    (sender, args) => poetryCollectionChanged = true;
```

这样就可以测试 PoetryCollection 属性了。

12.4　连接 View 与 ViewModel

在完成了搜索结果页 ViewModel 的开发之后，就可以将它与搜索结果页 View 连接起来了。遵循旧例，这里依然使用 ViewModelLocator 与 App. xaml 连接 View 与 ViewModel。除此之外，还需要让搜索结果页 View 调用 ViewModel 的 PageAppearingCommand 从而重置搜索结果，并将 ListView 与 InfiniteScrollCollection 连接起来，从而实现无限滚动的 ListView。

12.4.1 ViewModelLocator 与 App.xaml

与7.4节类似，首先准备一个 ViewModelLocator，在它的构造函数中依次将 PreferenceStorage 与 PoetryStorage 注册为 IPreferenceStorage 与 IPoetryStorage 的实现类，并注册 ResultPageViewModel：

```
//ViewModelLocator.cs
//ViewModelLocator()
SimpleIoc.Default.Register<IPreferenceStorage,
                PreferenceStorage>();
SimpleIoc.Default.Register<IPoetryStorage, PoetryStorage>();
SimpleIoc.Default.Register<ResultPageViewModel>();
```

接下来提供一个 ResultPageViewModel 类型的属性，供搜索结果页绑定 BindingContext 属性：

```
//搜索结果页 ViewModel。
public ResultPageViewModel ResultPageViewModel =>
  SimpleIoc.Default.GetInstance<ResultPageViewModel>();
```

在完成了 ViewModelLocator 之后，依据7.5节的做法将它注册到 App.xaml 中：

搜索结果

```
<!-- App.xaml -->
<Application.Resources>
  <ResourceDictionary>
    <vm:ViewModelLocator x:Key="ViewModelLocator" />
    ...
```

最后在搜索结果页中使用 ViewModelLocator 设置 BindingContext 属性：

```
<!-- ResultPage.xaml -->
<ContentPage
  BindingContext="{Binding ResultPageViewModel,
              Source={StaticResource
                ViewModelLocator}}">
```

接下来修改搜索结果页，以便它充分地利用搜索结果页 ViewModel 提供的可绑定属性与 Command。首先为 ListView 指定 ItemsSource 属性：

```
<ListView ItemsSource="{Binding PoetryCollection}">
  ...
```

接下来修改 TextCell，以便它从 Poetry 类的 Name 与 Snippet 属性中取值：

```
<TextCell Text="{Binding Name}"
    d:Text="{Binding}"
    Detail="{Binding Snippet}"
    d:Detail="{Binding}" />
```

这里继续保留 d:Text 与 d:Detail 属性,以便在预览器中查看设计效果。

ListView 的 Footer 属性中还放置了一个 Label,并用于显示搜索结果列表的加载状态,即 ResultPageViewModel 的 Status 属性:

```
<ListView.Footer>
  <StackLayout Padding="8">
    <Label d:Text="正在载入"
           Text="{Binding Status}"
           HorizontalOptions="Center" />
  </StackLayout>
</ListView.Footer>
```

12.4.2　扩展控件的功能:使用 Behavior

接下来探讨如何调用 PageAppearingCommand,以及让 ListView 实现无限滚动效果。

调用 PageAppearingCommand

7.2 节中学习过让 Button 控件调用 HelloCommand 的方法。我们的做法,是将 Button 控件的 Command 属性绑定到 HelloCommand 上:

```
<Button x:Name="ClickMeButton"
    Command="{Binding HelloCommand}" />
```

类似地,应该也可以将 PageAppearingCommand 绑定到 ContentPage 的 AppearingCommand 属性上。然而,ContentPage 并没有提供 AppearingCommand 属性,只有 Appearing 事件,如图 12-3 所示。

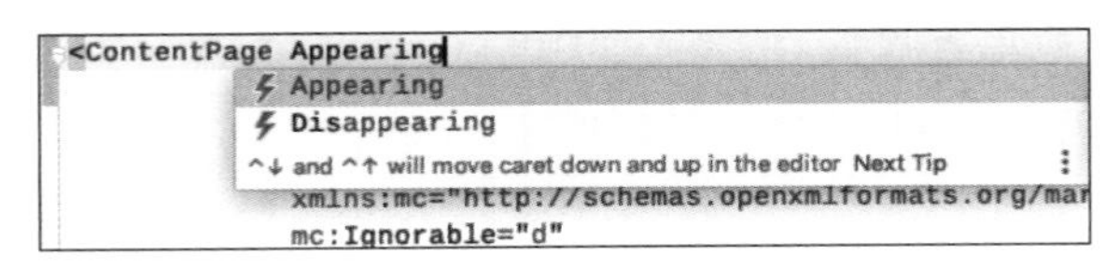

图 12-3　ContentPage 的 Appearing 事件

此时无法让 ContentPage 直接调用 PageAppearingCommand,而是需要一些间接的方法。一种方法是在 Appearing 事件中调用 PageAppearingCommand:

```
//ResultPage.xaml.cs
private void ResultPage_OnAppearing(object sender,
                EventArgs e) {
  ((ResultPageViewModel) BindingContext)
    .PageAppearingCommand.Execute(null);
```

```
}
```

然而这样做的问题也比较明显。一方面,这段代码看起来又麻烦又莫名其妙:首先需要进行一次强制类型转换,再调用 Command 的 Execute 函数,还要传递一个空参数。其次,这段代码打破了本书自采用 MVVM 模式以来的一项成就:不在 View 里使用任何的 C#代码。

为了避免上述问题,此时就要采用另一种方法调用 PageAppearingCommand:使用 Behavior(行为)。Behavior 是一种扩展控件功能的方法。利用 Behavior 可以让控件具有原本没有的功能。在搜索结果页中就使用 EventHandlerBehavior(事件处理行为)扩展了 ContentPage,从而调用 PageAppearingCommand:

```
<!-- ResultPage.xaml -->
<ContentPage.Behaviors>
  <b:EventHandlerBehavior EventName="Appearing">
    <b:ActionCollection>
      <b:InvokeCommandAction
        Command="{Binding PageAppearingCommand}" />
    </b:ActionCollection>
  </b:EventHandlerBehavior>
</ContentPage.Behaviors>
```

上面代码中的"b:"命名空间定义为:

```
xmlns:b="clr-namespace:Behaviors;assembly=Behaviors"
```

上面的代码将 EventHandlerBehavior 添加到 ContentPage 的 Behaviors 属性中,并指明需要处理 Appearing 事件。当 Appearing 事件触发时,EventHandlerBehavior 就会执行相应的动作(Action)。而开发者要求 EventHandlerBehavior 执行的动作,则是一个 InvokeCommandAction(执行命令动作),它的内容是调用 PageAppearingCommand。这样一来,就能在不使用 C#代码的情况下调用 PageAppearingCommand 了。

> 关于 Behavior 的更多内容,请访问 https://docs.microsoft.com/zh-cn/xamarin/xamarin-forms/app-fundamentals/behaviors/。

类似地,也可以为 ListView 添加 InfiniteScrollBehavior(无限滚动行为),从而使它具有无限滚动功能。

为 ListView 添加 InfiniteScrollBehavior 的代码为:

添加 InfiniteScrollBehavior

```
<ListView.Behaviors>
  <scroll:InfiniteScrollBehavior />
</ListView.Behaviors>
```

其中,"scroll:"命名空间定义为:

```
xmlns:scroll="clr-namespace:Xamarin.Forms.Extended;
```

```
assembly=Xamarin.Forms.Extended.InfiniteScrolling"
```

最后运行搜索结果页。

运行搜索结果页

为了运行搜索结果页，此处不得不进行一系列的调整。首先，将 MainPage.xaml 中的：

```
<views:ItemsPage />
```

修改为：

```
<views:ResultPage />
```

从而让 Dpx 应用在启动时显示搜索结果页。其次，大量地修改了搜索结果页 ViewModel，添加了很多原本不应该存在的代码，从而初始化 PoetryStorage 并提供搜索条件，还顺路破坏了单元测试。不过，并不能草率地说：为了运行搜索结果页而产生这些破坏是得不偿失的。毕竟，看到能够运行的结果始终是振奋人心的。只不过，开发者需要妥善地管理由此带来的负面影响。

12.5　实战的反思

理论与实践之间总是存在着很大的距离。理论上来讲，只需要在 View 中用 XAML 绘制用户界面，在 ViewModel 中提供可绑定属性与 Command，再使用数据绑定将 View 与 ViewModel 连接起来就可以了。但在实际操作中，还需要很多工具的帮助才能妥善地完成上述任务。

首先，View 与 ViewModel 很可能是分开开发的。这样做的理由很明显：擅长写 ViewModel 的开发人员不一定能够写出让人赏心悦目的 View，优秀的用户界面工程师也未必能写出同样优秀的 ViewModel 代码。在开发 View 时，很可能 ViewModel 还没有开发完成。即便 ViewModel 已经开发完成，每次通过运行程序来查看 View 的设计效果也非常麻烦。此时，只有依靠设计时数据才能顺利地完成 View 的设计。

其次，ViewModel 天生不太容易测试。为了测试 Command，需要使用 Command 函数将 Command 的功能独立出来。为了测试可绑定属性，需要监听 PropertyChanged 事件，并记录可绑定属性的值的变化。此外，还需要为 ViewModel 准备 IService 实例，否则就无法实例化 ViewModel 对象。完成对 ViewModel 的测试需要开发者具备相当的测试技巧。

最后，View 与 ViewModel 之间的连接通常也不是一帆风顺的。View 中控件的功能往往很有限。为了让这些控件顺利地绑定到 ViewModel 中的可绑定属性与 Command，需要使用 Behavior 等机制扩展控件的功能。这些扩展机制使用起来非常灵活，它们之间的相互组合还能带来更多样化的效果。但同时，它们的灵活性与组合的多样性也增加了学习与使用的难度。

缩短理论与实践之间距离的唯一方法，是在实际问题中反复实践理论。实战的技能只有在实战中才能培养。

12.6 动手做

依据已经开发完成的 Model、IService 及 Service,请利用设计时数据、Command 函数等技术开发并测试相应的 View 与 ViewModel。完成之后,请准备一次汇报,向其他人充分地介绍你们都做了哪些工作。

12.7 给 PBL 教师的建议

传统的课堂经常使用一些精心准备的例子供学生实践。可能是受到有限的教学时间的限制,这些例子往往屏蔽了大量的细节,极大地简化了复杂度,甚至彻底铲除了实战背景,让实践成为理论服务的工具。这些例子可能能够帮助学生更快地理解理论,从而在考试的时候多拿几分,但它们对现实问题的过度简化扭曲了理论的实际应用过程。在教学过程中,如果只使用这些过度简化的例子,可能让学生错误地认为现实的世界就如同例子中描绘得那样简单。

PBL 是一个很好的扭转这些观念的机会。在项目进展的过程中,教师可以经常性地了解同学们具体在解决什么问题,如何解决问题,在适当的时候提醒学生不要过度地简化问题,并指出问题中应该被考虑的其他因素。例如,在为消防逃生系统设计用户界面时,不仅应该考虑在非紧急情况下如何为用户提供优雅的用户界面,还需要考虑在紧急情况下,当用户高度紧张甚至陷入恐慌时,如何才能有效地将信息传达给用户。这种考虑不必面面俱到,但至少应该避免过度脱离实践背景。

第13章

源代码管理、分支开发与 Git

在开发项目时，经常会遇到这些问题：

- 我的代码被我不小心改错(删除)了！我还没有备份！
- 在不同的电脑之间复制粘贴代码真麻烦，一不小心版本就不一致了。
- 合并多个人的代码根本就是噩梦，经常变成“一人干着，其他人看着”。

本章将利用源代码管理(Source Control)与分支开发(Branching)来优雅地解决上述问题。

13.1 准备工作

在开启源代码管理与分支开发之前，需要做一些准备工作。源代码管理将程序代码保存在仓库(Repository)中，而仓库则需要托管到服务器上[①]。“码云”(https://www.gitee.com/)提供了免费的仓库托管服务。读者可在“码云”注册一个账号，再继续学习吧。

13.2 将项目发布到 Gitee

完成准备工作之后，就可以将项目发布到 Gitee 了。

这里介绍的方法并不是最优的方法，而是最稳妥的方法。这种方法使用的工具较少，较为稳定，同时兼容性比较好。首先，新建一个 HelloGit 项目，并将解决方案(Solution)添加到源代码管理，如图 13-1 所示。

将项目发布到 Gitee

接下来在 Gitee 上新建一个 HelloGit 仓库，并在团队资源管理器(Team Explorer)中将 HelloGit 仓库克隆(Clone)出来。具体方法是，在团队资源管理器中切换到管理连接(Manage Connections)界面，选择克隆(Clone)，填写 Git 仓库的地址，并单击 Clone 按钮，如图 13-2 所示。需要注意的是，由于我们已经新建了一个本地项目 HelloGit，为了避免重名，克隆下来的文件夹被自动命名为 HelloGit2。

① 这是通常的情况。在极少数情况下，仓库也可以不托管到服务器上，而是保存在本地的文件夹中。

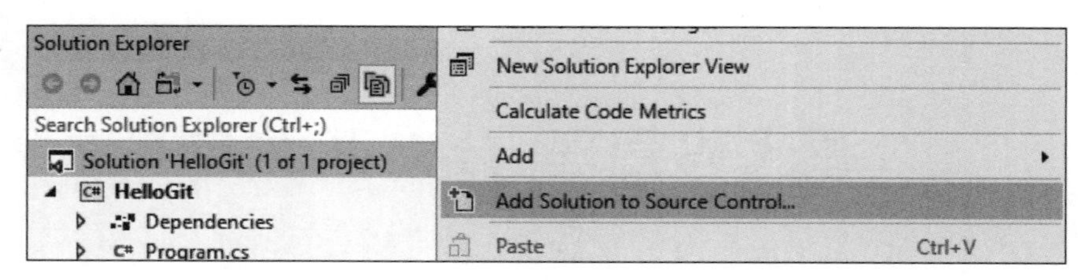

图 13-1　将解决方案添加到源代码管理

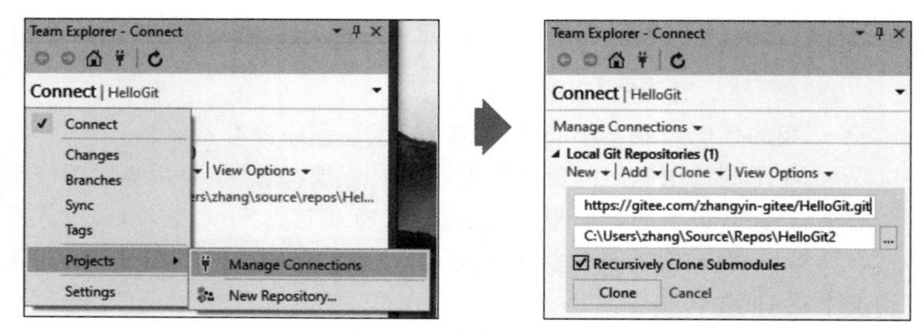

图 13-2　克隆 Git 仓库

下面将 HelloGit 项目中的所有文件(不包括隐藏的.git 以及.vs 文件夹)复制到 HelloGit2 文件夹中,如图 13-3 所示。

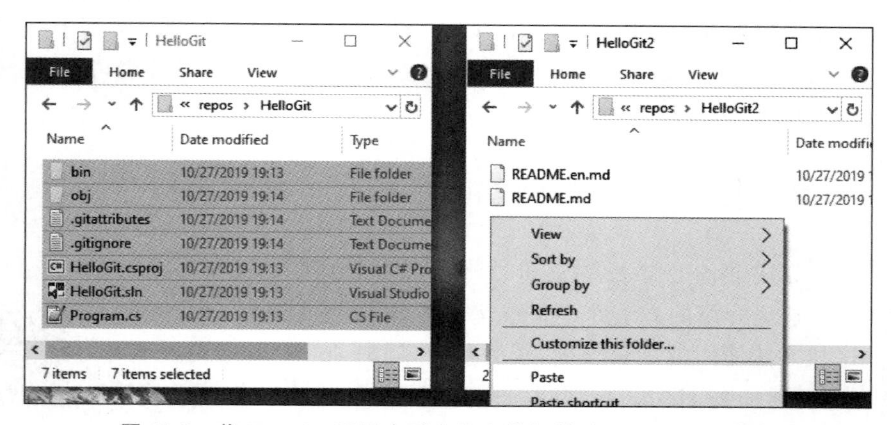

图 13-3　将 HelloGit 项目中所有的文件复制到 HelloGit2 文件夹

之后就可以在 HelloGit2 文件夹中双击 HelloGit.sln 文件,打开 Visual Studio,并将复制进来的文件提交与推送到 HelloGit 仓库。具体做法包括两个步骤: ①首先,我们在团队资源管理器中切换到更改(Changes)界面,填写更改信息并单击 Commit All 按钮,如图 13-4 所示。②之后,切换到同步(Sync/Synchronization)界面,单击推送(Push)按钮将提交推送到 Gitee 服务器上的 HelloGit 仓库,如图 13-5 所示。

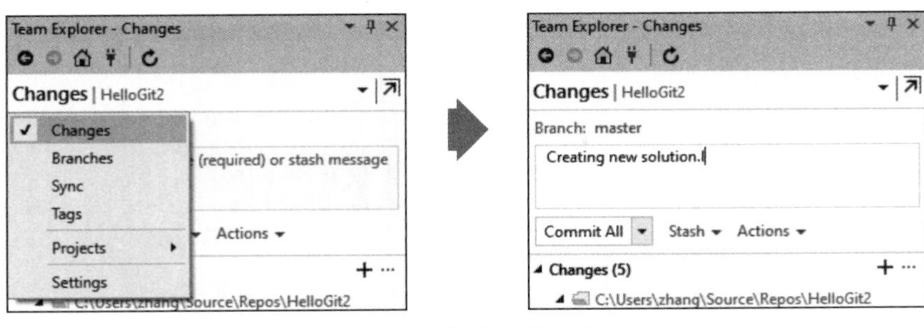

图 13-4　提交文件更改

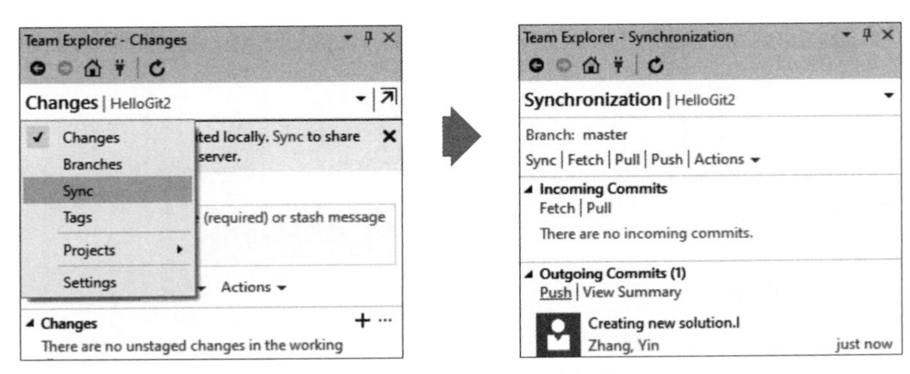

图 13-5　将提交推送到服务器

13.3　同步更改

源代码管理的一项重要功能就是同步代码的更改。下面的视频表示了如何使用 Git 同步更改。

使用 Git
同步更改

同步更改主要包括 4 个步骤：①提交更改；②推送更改；③提取更改；④拉取更改。上面的例子中，使用了 HG1 与 HG2 两个文件夹模拟两台计算机，在 HG1 文件夹中提交并推送更改，再在 HG2 文件夹中提取并拉取更改。

提交更改的过程与图 13-4 所示的过程相同。所有更改过的文件都会显示在团队资源管理器的更改界面中。只需要填写更改信息，并单击 Commit，就可以提交更改。此时，更改只是提交到了本地，还没有推送到服务器。因此，除了开发者自己之外，其他人还不知道代码已经发生了更改。

推送更改的过程与图 13-5 所示的过程相同。提交的所有更改都显示在“传出提交(Outgoing Commits)”中。此时，只需要单击推送按钮，就可以将更改推送到 Gitee 服务器。

提取与拉取更改都在同步(Sync / Synchronization)界面完成。首先单击提取(Fetch)，就能在传入提交(Incoming Commits)栏目中看到之前在 HG1 文件夹中提交的更改了。此时,更改还没有应用到本地,因此代码还没有更新。接下来,单击拉取(Pull)按钮,更改就会应用到本地,代码也会更新,如图 13-6 所示。

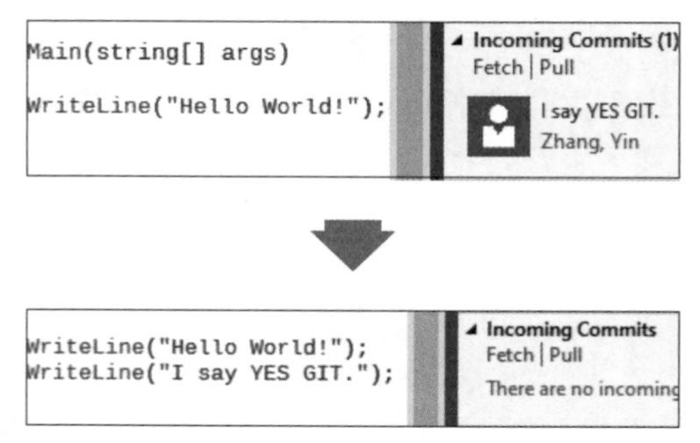

图 13-6 提取与拉取更改

建议每完成一个小任务,就提交一次更改。一个小任务可以是一个新设计的接口、一个新添加的函数,或是对一个已有函数的修改。记得为每一次更改都提供一段明确的信息,方便以后追踪更改。

13.4 解决冲突

在多台计算机上开发时不可避免地会遇到同步冲突。例如,先在笔记本计算机 L 上修改了文件 F,将更改提交并推送到了服务器。紧接着,在台式机 D 上,忘记了提取并拉取更改,而是再次修改并提交了文件 F,并试图将更改推送到服务器。此时,对于台式机 D 来说,文件 F 的更改就出现了冲突:一份是在台式机 D 本地发生的修改,另一份是在服务器上保存的,发生在笔记本计算机 L 的修改。如何解决这种冲突呢?

解决冲突

如果本地已经提交的更改与服务器上保存的更改存在冲突,那么在尝试将更改推送到服务器时,Git 就会提示冲突:

```
Error encountered while pushing to the remote repository: rejected Updates were rejected because the remote contains work that you do not have locally. This is usually caused by another repository pushing to the same ref. You may want to first integrate the remote changes before pushing again.
```

此时如果提取更改,就能看到来自其他设备的更改。如果拉取更改,则会提示存在冲突,如图 13-7 所示。

单击冲突的数量"冲突(Conflicts):1",就可以查看存在冲突的文件,如图 13-8 所示。

单击合并(Merge)按钮,就可以打开合并界面。在这里可以选择使用远程(Remote,即服务器)的代码还是使用本地(Local)的代码,或者在结果(Result)中编写新的代码。解决冲突之后,单击接受合并(Accept Merge)按钮就可以保存最终的结果,如图 13-9 所示。

合并后的文件只是简单地保存了,并没有提交或推送到服务器。接下来还需要在更改界面中提交更改,并将更改推送到服务器,如图 13-10 所示。

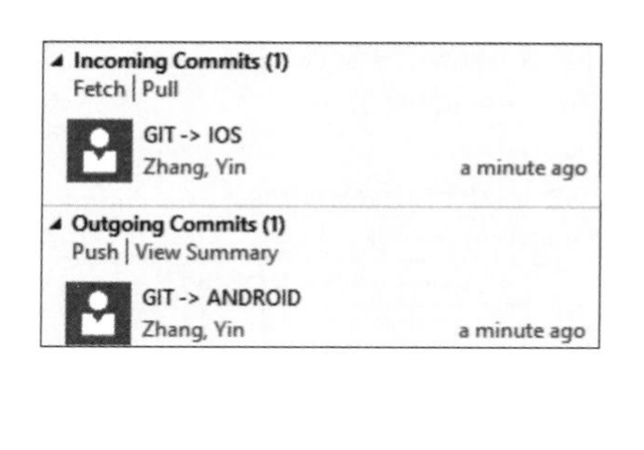

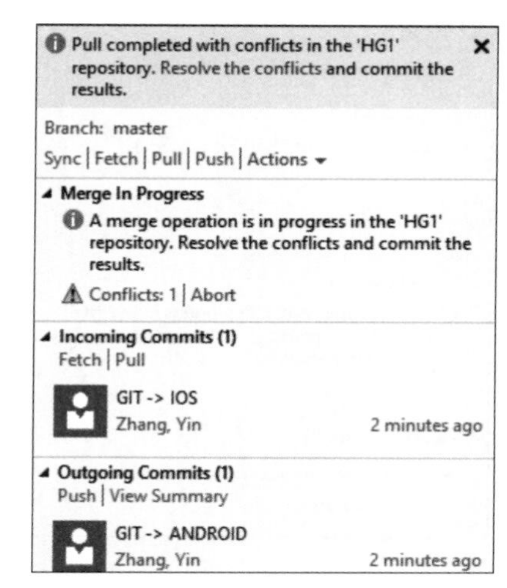

图 13-7 提取并拉取存在冲突的更改

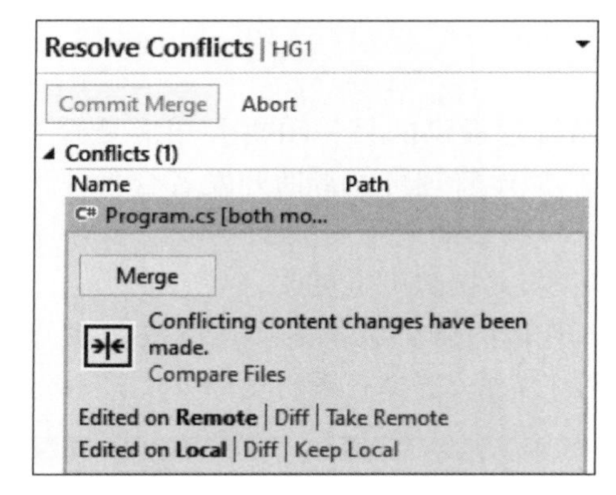

图 13-8 查看存在冲突的文件

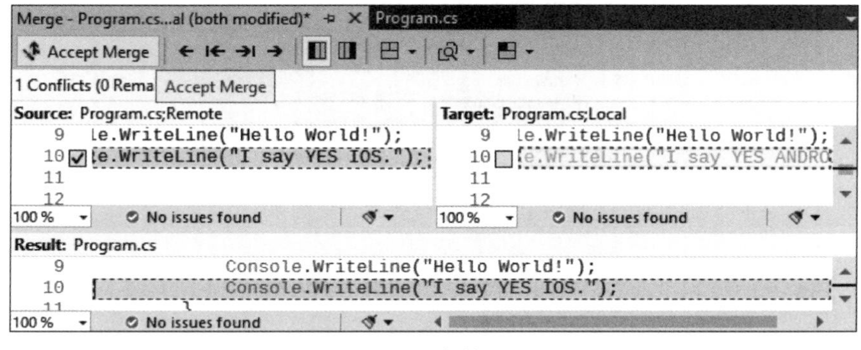

图 13-9 合并界面

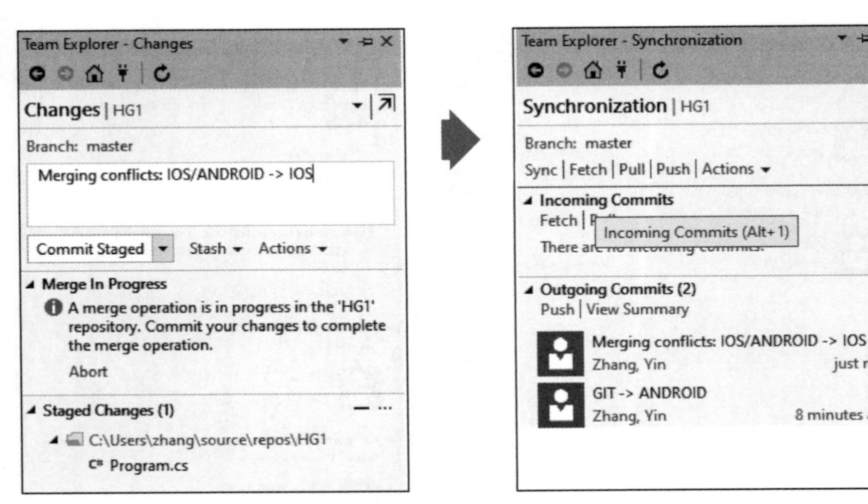

图 13-10 提交合并结果并推送到服务器

13.5 撤销更改

除了同步更改,源代码管理提供的另一项重要功能是版本管理(Version Control)。顾名思义,版本管理可以帮助开发者管理源代码的版本。有时,人们可能会提交一些错误或不必要的更改。此时,版本管理就可以查看代码的历史版本,并撤销历史更改。

查看历史版本并撤销历史更改

查看代码的历史版本需要在解决方案管理器(Solution Explorer)中的文件上右击,选择查看历史(View History),如图 13-11 所示。

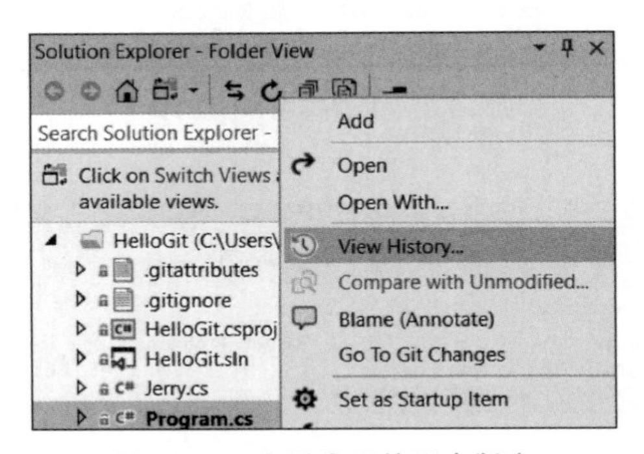

图 13-11 查看代码的历史版本

在打开的文件历史界面中双击任何一个历史版本,就可以查看文件的指定版本,如图 13-12 所示。

如果需要撤销某一更改,只需在历史更改上右击,并选择撤销(Revert)。此时,更改就会被撤销并提交,如图 13-13 所示。我们只需要在团队资源管理器的同步界面中将撤销的更改推送到服务器就可以了。

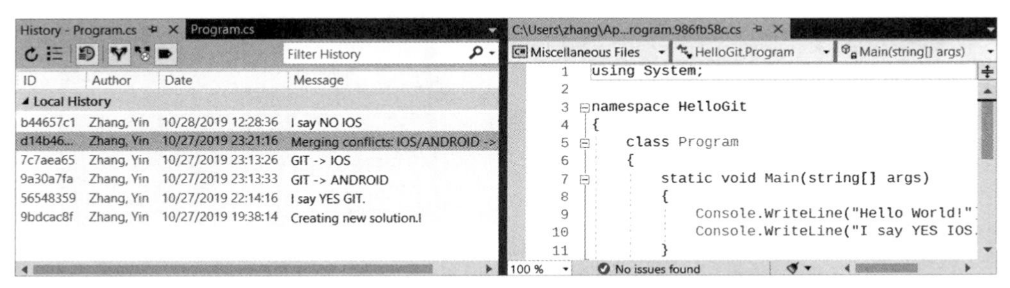

图 13-12　代码的历史版本

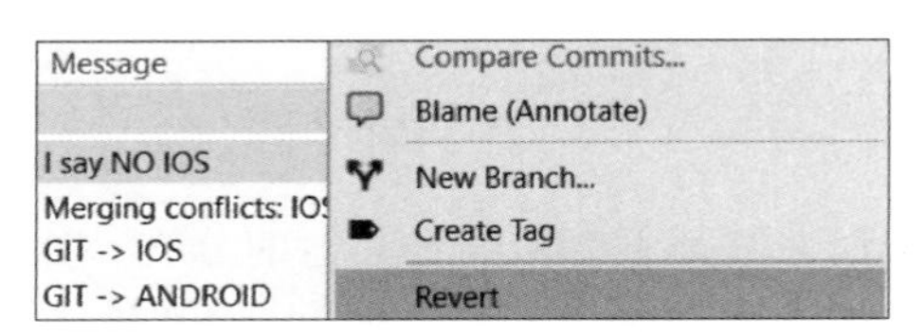

图 13-13　撤销更改

在查看文件的历史版本以及撤销更改时，更改的信息能够帮助开发者确定应该查看或撤销哪个版本。因此，有必要在每次提交更改时都提供明确的信息。同时，每次提交的更改所涉及的范围不宜过大，也不宜过小。过大范围的更改在撤销时会产生很大的影响，而过小范围的更改则会导致开发者必须撤销很多个更改才能达到目的。尽管本书 13.3 节中建议过，以小任务为单位提交更改，但最合适的更改范围需要开发者在实践中不断摸索，形成适合自己与项目的标准。

13.6　分支开发

现实生活中的项目的大多是由多个人合作完成的。在开发一些功能时，开发者经常需要临时性地修改一些公共文件。然而，由于公共文件会被多个人使用，开发者进行的修改就可能导致他人的代码无法正常工作。此时只有不提交更改，才能防止对他人的影响。但这样做也相当于放弃了源代码管理，不能在多台电脑之间同步代码，也不能使用版本管理功能。

分支(Branching)的提出正是为了将开发者从上面的困境中解救出来。通过分支，开发者可以方便地构建一个独立的代码环境。在一个分支中进行的任何修改，都不会影响到其他的分支。在开发完成之后，还能将分支中的更改合并到其他分支中。下面的视频介绍了如何使用分支。

分支开发

在创建 Git 仓库时，就会自动创建一个 master 分支。我们可以从 master 分支创建新的分支。为此，需要切换到团队资源管理器的分支(Branches)界面，在 master 分支上右击，选择从选定项创建本地分支(New Local Branch From)。接下来输入分支名，并单击创建分支(Create Branch)按钮，就可以创建一个新的分支了，如图 13-14 所示。

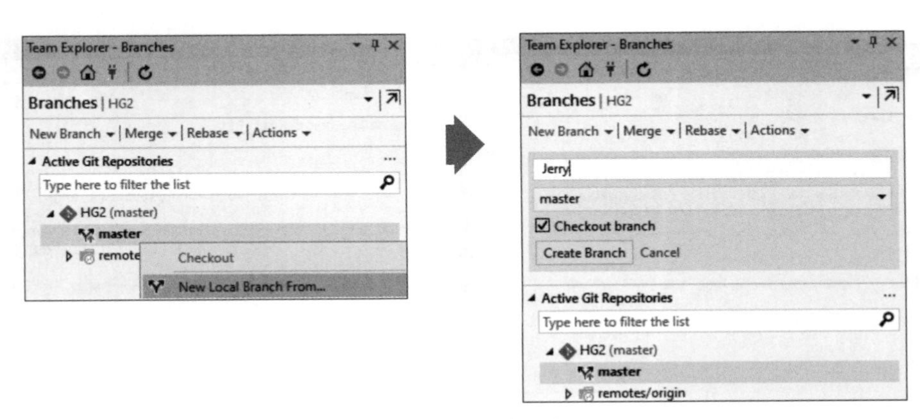

图 13-14　创建分支

一个分支中提交的任何修改都不会影响到其他的分支。如图 13-15 所示，Jerry 分支中提交了 Jerry.cs 文件。然而，当双击 master 分支从而切换到 master 分支时，根本看不到 Jerry.cs 文件，如图 13-16 所示。

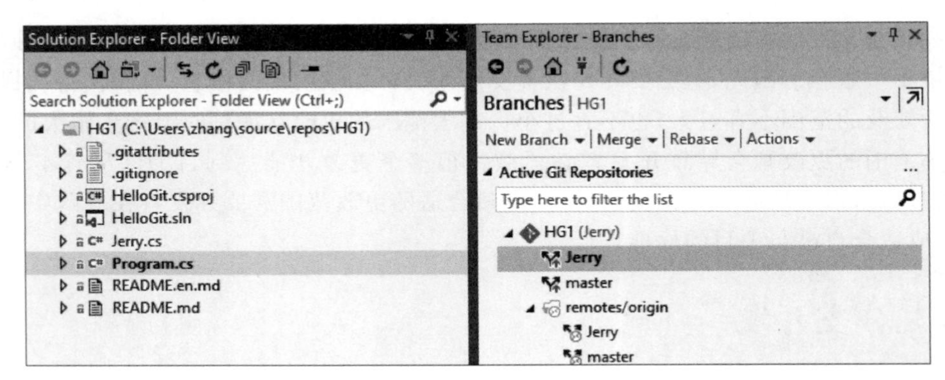

图 13-15　Jerry 分支

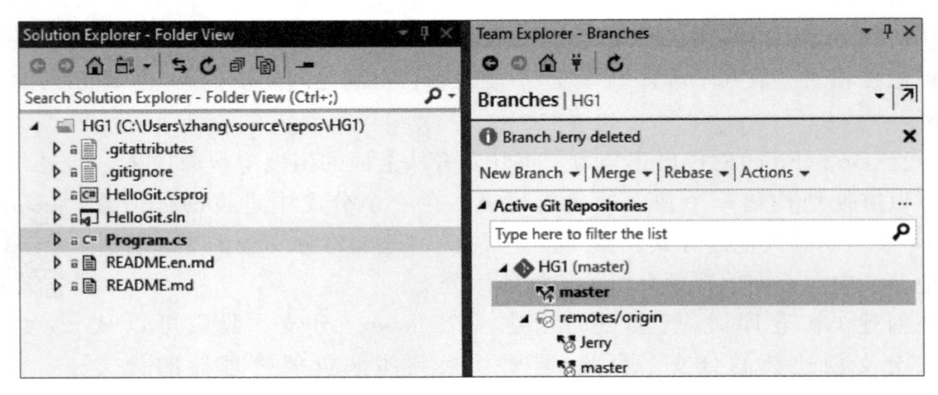

图 13-16　master 分支

完成了 Jerry 分支的开发之后，还可以将它合并回 master 分支。首先，需要双击

master 分支从而切换到 master 分支。接下来，在 master 分支上点击右键，选择合并自（Merge From），并选择从 Jerry 分支合并，如图 13-17 所示。

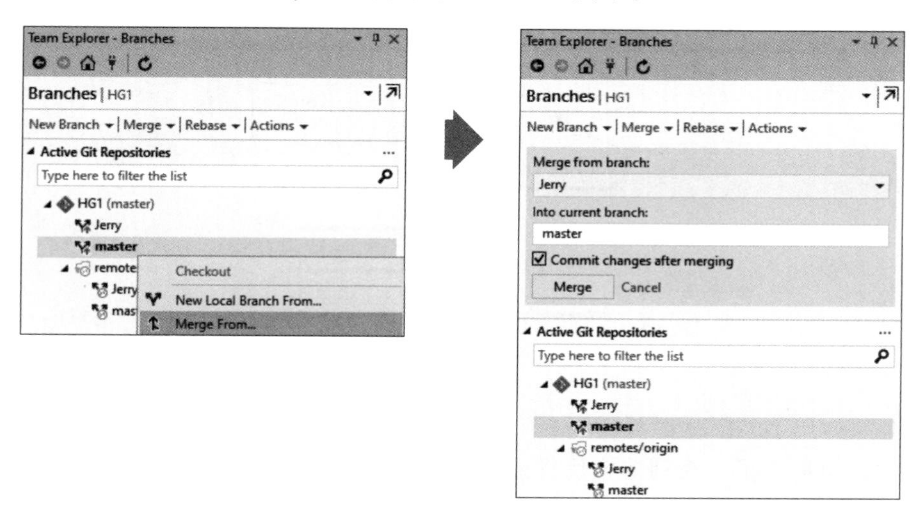

图 13-17　合并分支

在完成合并之后，还需要将合并结果推送到服务器上，如图 13-18 所示。

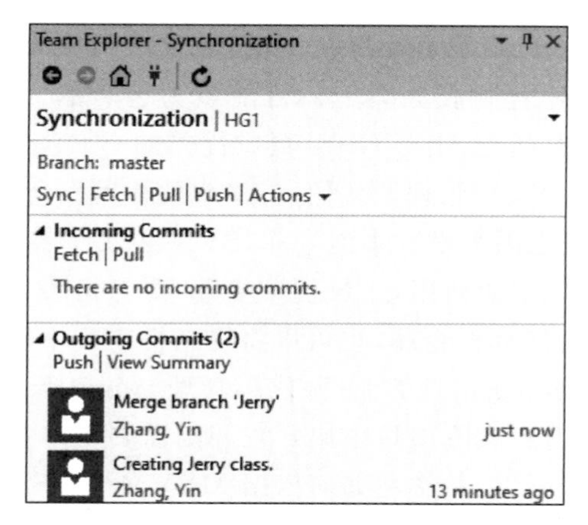

图 13-18　推送合并结果

13.7　关于 Git

本章中使用的源代码管理工具叫 Git[①]。Git 是目前源代码管理的事实标准。图 13-19 给出了 Git 的一个简化的工作流程[②]。

这个工作流程与本章中学习的内容相对应：提交更改时，实际上是将更改提交到了

① https://git-scm.com/。

② 这个工作流程省略了 Staging Area，并且只展示了 4 种最为基本的操作。

本地仓库;当推送更改时,实际上是将本地仓库的更改推送到了服务器上的远程仓库;当我们提取更改时,是在将远程仓库中的更改提取到本地仓库;当我们拉取更改时,才将远程仓库中的更改拉取到项目文件中。

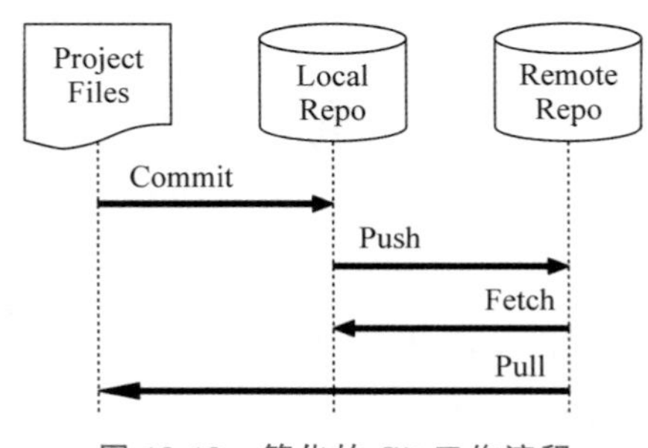

图 13-19 简化的 Git 工作流程

此处只介绍了 Git 非常少的内容,但这些内容已经足够读者完成 Dpx 项目的开发了。微软公司提供了一系列非常优秀的文档来介绍 Git,以及如何在 Visual Studio 中充分使用 Git 的各项功能。如果读者有兴趣,可以从下面的文档开始。

> 关于 Git 的更多内容,请访问 https://docs.microsoft.com/zh-cn/azure/devops/repos/git/。

Git 的远程仓库需要托管到服务器上。目前最为著名的 Git 仓库托管商是 GitHub(https://github.com)。在国内,则有 Gitee 提供优秀的 Git 仓库托管服务。

除了 Git,还可以使用 SVN 管理源代码。SVN 只有远程仓库,没有本地仓库,因此其工作流程也更为简单。但也因为没有本地仓库,SVN 必须连接服务器才能使用。如果服务器或网络连接不可用,就不能使用 SVN 提交更新,导致开发工作无法正常进行。而如果使用 Git,则即便无法连接远程仓库,也可以将更新提交到本地仓库。

与单元测试以及 Mocking 工具类似,源代码管理与分支开发只是开发工具。学会它们的使用方法非常容易,但在实际项目中用好它们则需要很多技巧。下一章将在 Dpx 项目的开发过程中实践分支开发,并学习如何依据 MVVM + IService 架构划分开发分支。

第14章

今日推荐页 ViewModel 与 IService：从需求到设计

本章将继续 Dpx 项目的开发。从今日推荐页入手，研究如何根据需求设计 ViewModel 与 IService。本章提出的设计将会成为 MVVM + IService 架构下进行分支开发的基础。

14.1 确定 ViewModel 的数据与功能

有了第 12 章的基础，就可以尝试直接从今日推荐页的原型设计提出 ViewModel 及相关 IService 的设计。

今日推荐页的原型设计如图 14-1 所示。作为一个 View，今日推荐页的所有数据和功能都由 ViewModel 提供。

(a) TodayPage/a

(b) TodayPage/b

(c) TodayPage/c

图 14-1 今日推荐页原型设计

下面依据原型设计了解今日推荐页的 ViewModel 需要提供哪些数据和功能：

- 诗词推荐涉及到一系列数据,包括推荐的片段、作者、标题等,如图 14-1(b)所示。这些数据可以封装为 TodayPoetry 类,分别使用 Snippet、AuthorName、Name 属性存储。今日推荐页的 ViewModel 使用一个名为 TodayPoetry 的可绑定属性为今日推荐页 View 提供 TodayPoetry 类的实例。
- "查看详情"按钮需要一个 ShowDetailCommand 处理点击事件。
- "推荐自'今日诗词'"是一个 HyperlinkButton。因此,需要一个 JinrishiciCommand 处理点击事件。
- 只有当诗词推荐来自"今日诗词"Web 服务时,才显示"推荐自 今日诗词"。因此,需要一个属性说明诗词推荐是否来自"今日诗词"Web 服务。这个属性可以放在 TodayPoetry 类中,属性名为 Source。
- 在载入诗词推荐的过程中需要显示"正在载入",因此需要一个 bool 型的 TodayPoetryLoading 可绑定属性,用于判断是否正在载入诗词推荐,如图 14-1(a)所示。
- 在诗词推荐载入完成后需要显示推荐的诗词,因此需要一个 bool 型的 TodayPoetryLoaded 可绑定属性,用于判断是否已经载入诗词推荐,如 14-1(b)所示[①]。
- 页面背景显示必应(Bing)每日图片,同时页面底端以 HyperlinkButton 的形式提供图片的版权信息。这涉及到图片的二进制数据、版权信息,以及链接地址。这些数据可以封装为 TodayImage 类,分别使用 ImageBytes、Copyright、CopyrightLink 属性存储。今日推荐页 ViewModel 使用一个名为 TodayImage 的可绑定属性为今日推荐页 View 提供 TodayImage 类的实例。同时,HyperlinkButton 需要一个 CopyrightCommand 处理点击事件。
- 页面首次显示时需要触发更新诗词推荐与页面背景,因此需要一个 PageAppearingCommand 处理页面显示事件。

通过上面的分析,可以确定两个新的 Model:

- TodayPoetry:携带诗词推荐数据,包含 Snippet、AuthorName、Name、Source 属性。
- TodayImage:携带必应每日图片数据,包含 ImageBytes、Copyright、CopyrightLink 属性。

另外还确定了今日推荐页 ViewModel 需要提供的数据与功能:

(1) 可绑定属性。

- TodayPoetry:提供 TodayPoetry 类的实例。
- TodayImage:提供 TodayImage 类的实例。
- TodayPoetryLoading:正在载入诗词推荐。
- TodayPoetryLoaded:已经载入诗词推荐。

---

① 当然也可以使用"!TodayPoetryLoading"来代替"TodayPoetryLoaded"。此处没有采用这种做法仅仅是为了方便书写 XAML 代码。

（2）Command。

- ShowDetailCommand：处理“查看详情”按钮点击事件。
- JinrishiciCommand：处理今日诗词 HyperlinkButton 点击事件。
- CopyrightCommand：处理图片版权信息 HyperlinkButton 点击事件。
- PageAppearingCommand：处理页面显示事件。

基于以上分析可以形成如图 14-2 所示的设计。

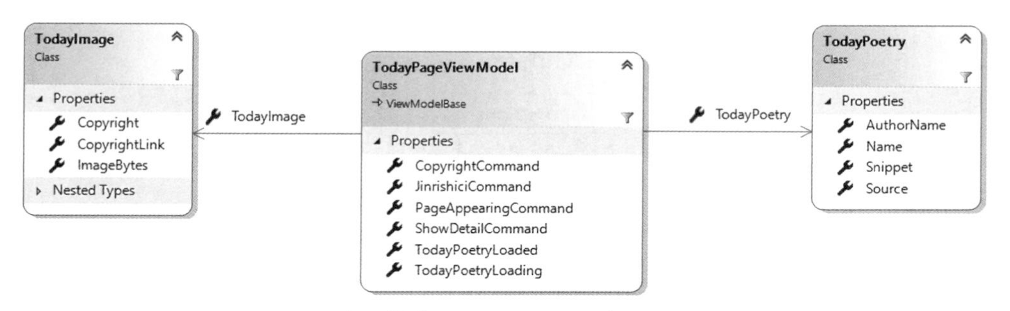

图 14-2　今日推荐页 ViewModel 及相关 Model 设计

14.2　审视相关的页面

对今日推荐页 ViewModel 及相关 Model 的设计产生影响的，除了今日推荐页之外，还包括与今日推荐页相关的页面。从今日推荐页的操作动线可以看出，用户在单击“查看详情”按钮后，会跳转到推荐详情页，并显示推荐的详细信息，如图 14-3 所示。

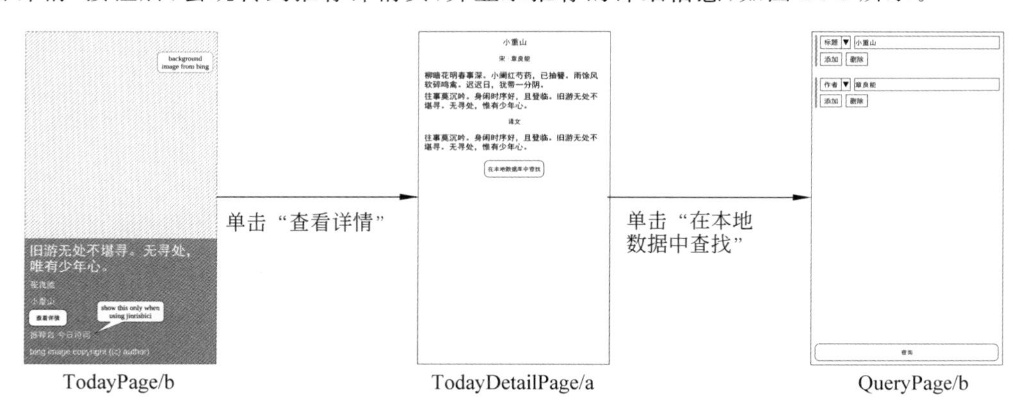

图 14-3　今日推荐页操作动线

推荐详情页的原型设计如图 14-4 所示。在推荐详情页中，除了要显示诗词的标题（对应 TodayPoetry 类的 Name 属性）和作者（对应 AuthorName 属性）之外，还需要显示朝代、正文，以及译文。因此，还需要向 TodayPoetry 类添加 Dynasty、Content，以及 Translation 属性。

基于以上分析，可以得到第二个版本的设计，如图 14-5 所示。

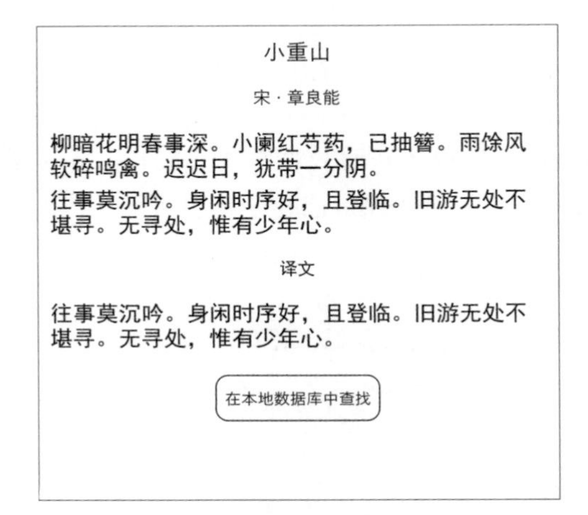

图 14-4 推荐详情页原型设计

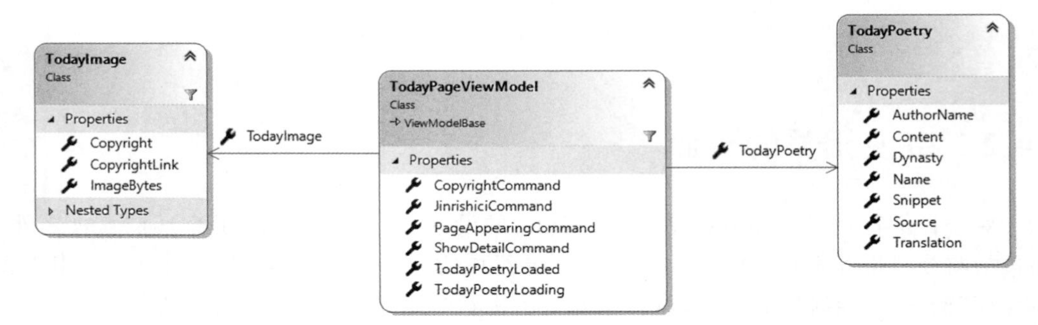

图 14-5 今日推荐页 ViewModel 及相关 Model 设计(第 2 版)

14.3 设计 IService

与之前实现过的所有 ViewModel 一样，今日推荐页 ViewModel 虽然为今日推荐页提供数据，但它本身并不操作数据，而是委托 IService 来进行。依据 14.2 节中的图 14-5，今日推荐页 ViewModel 需要提供两种数据：TodayPoetry 和 TodayImage。依据“单一职责原则”，我们希望 IService 的功能尽可能简单。因此，为 TodayPoetry 与 TodayImage 分别设计各自的 IService：ITodayPoetryService 和 ITodayImageService。

首先关心 ITodayPoetryService。这个接口的任务非常简单，只需要能够返回 TodayPoetry 类的实例即可：

```
//今日诗词服务。
public interface ITodayPoetryService {
  //获得今日诗词。
  Task<TodayPoetry> GetTodayPoetryAsync();
}
```

接下来考虑 ITodayImageService。表面上来看，ITodayImageService 也只需要返回 TodayImage 类的实例即可：

```
//获得今日诗词。
Task<TodayImage> GetTodayImageAsync();
```

然而，今日推荐页 ViewModel 调用 ITodayImageService 的方法与调用 ITodayPoetryService 的方法并不相同。如 14.1 节中图 14-1 所示，每次 Dpx 应用启动后，会首先在今日推荐页显示"正在载入"，如图 14-1(a)所示。此时，今日推荐页需要在后台访问今日诗词 Web 服务获取推荐的诗词。在得到推荐的诗词之后，还需要将推荐的诗词显示出来，如 14-1(b)所示。

由于每次访问今日诗词 Web 服务都会得到不同的推荐结果，因此在 Dpx 应用每次启动时都执行上述操作，从而让用户每次都有新的发现。对于执行上述过程的今日推荐页 ViewModel，它只要求 ITodayPoetryService 提供一个 GetTodayPoetryAsync 函数。在 Dpx 应用每次启动后，当今日推荐页 ViewModel 的 PageAppearingCommand 被首次调用时，只需要调用 GetTodayPoetryAsync 函数，并将函数返回的 TodayPoetry 实例显示出来就可以了。

然而，与显示诗词推荐之前可以显示"正在载入"不同，今日推荐页的背景图片需要在页面显示的同时显示出来，如 14-1(a)所示。今日推荐页的背景图片是从必应每日图片 Web 服务获取的。由于图片的传输需要时间，想在页面显示的瞬间从必应每日图片 Web 服务传输背景图片是不可能的。同时，与每次访问都会得到不同结果的今日诗词 Web 服务不同，必应每日图片 Web 服务每天只更新一张图片。这也意味着每次都从必应每日图片 Web 服务传输背景图片是不必要的。

因此，为了实现在今日推荐页显示的同时显示背景图片，一般选择首先显示本地缓存的背景图片，并同时检查图片是否有更新。如果图片有更新，再下载新的图片，并更新今日推荐页的背景图片。为此，ITodayImageService 需要提供两个函数：GetTodayImageAsync 和 CheckUpdateAsync。

```
//今日图片服务。
public interface ITodayImageService {
  //获得今日图片。
  Task<TodayImage> GetTodayImageAsync();
  //检查更新。
  Task<TodayImageServiceCheckUpdateResult>
    CheckUpdateAsync();
}
```

其中，GetTodayImageAsync 函数用于在今日推荐页显示时获取背景图片，而 CheckUpdateAsync 函数则用于检查图片是否有更新，其返回结果为：

```
//今日图片服务检查更新结果。
public class TodayImageServiceCheckUpdateResult {
  //是否有更新。
```

```
    public bool HasUpdate { get; set; }
    //今日图片。
    public TodayImage TodayImage { get; set; }
}
```

其中,HasUpdate 属性用于判断图片是否有更新。当图片有更新时,TodayImage 属性则保存有更新后的图片。

需要注意的是,还有很多种方法也能实现这种"先返回结果,再检查更新"的效果。其中一种方法是让 TodayImage 类继承 MVVMLight 提供的 ObservableObject 类,并将 TodayImage 类中的所有属性变为可绑定属性。如此,就可以直接在 ITodayImageService 中更新图片的二进制数据等信息,并借由可绑定属性来更新 View 的显示。

至此,今日推荐页 ViewModel 与 IService 的设计就完成了,如图 14-6 所示。

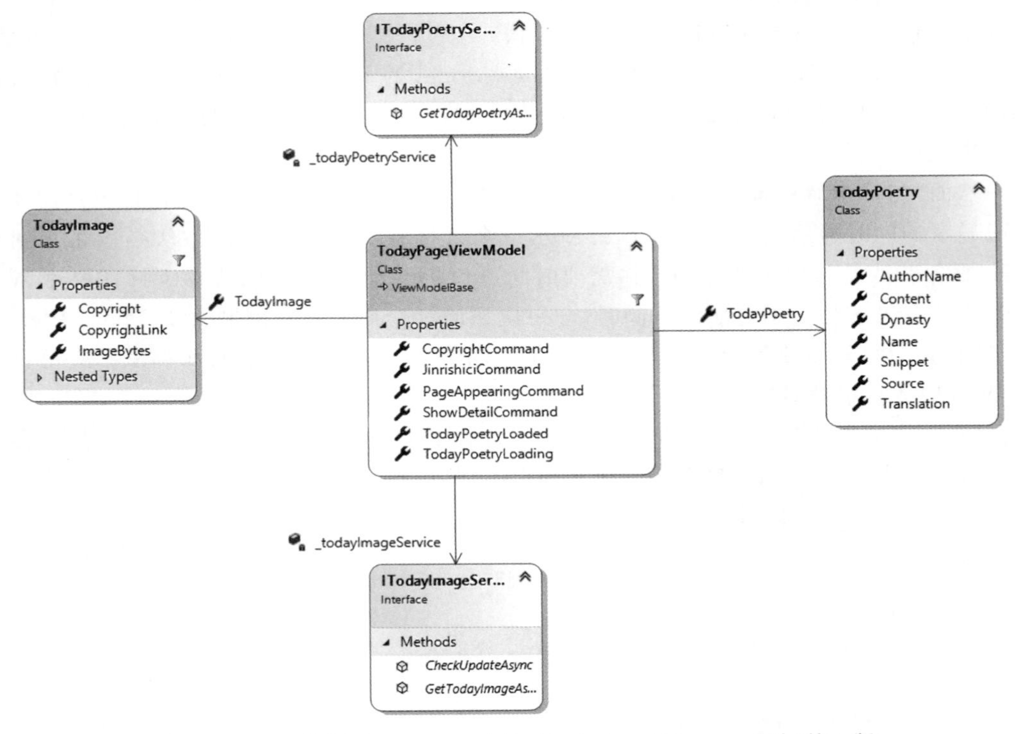

图 14-6 今日推荐页 ViewModel 及相关 Model 与 IService 设计(第 3 版)

接下来就可以分别实现今日推荐页 View 与 ViewModel,以及 ITodayPoetryService 与 ITodayImageService 了。

将设计转为代码

14.4 反思设计

我们在教材中呈现的设计看似一蹴而就,但在实际开发过程中,却是经历了很多次调整逐渐形成的。然而,通过教材这种手段很难将这种反复多次的调整表现出来,因此本书不得不采用了这种方式呈现。

设计的调整一方面是由于用户的需求并不总是明确的，另一方面是由于开发者有时也需要进行尝试和摸索：用户界面呈现的效果如何，是否需要添加或去掉一些信息和元素；代码的编写与测试是否顺畅，是否需要调整接口与类的设计。

这些现实问题让软件开发的“设计”与“实现”阶段并不总是泾渭分明，而是紧密地融合在一起。因此，很多时候没有必要在开始就追求一个完美的设计，而是可以先做出一些设计，实现一些代码，再反思设计是否需要调整。这也不意味着开发者可以放弃设计而直接开始写代码。事实上，设计也是对问题的一种理解。如果什么设计都做不出来，只能说明开发者还没有理解问题。

很多人习惯用写代码的方式来设计。他们可能会直接编写出接口、类以及函数的声明，甚至会实现一部分功能。但这些代码的目的与撰写文档、绘制类图并没有什么区别，都是为了更好地理解与转化需求。此时，他们依然是在做设计，只不过是在以代码为工具进行设计。

14.5　动手做

基于你的项目的某个原型设计，提出一组 Model、ViewModel，以及 IService 设计。这个设计不必十全十美，但一定要充分地反映出你对需求的理解。提供一篇文档解释为什么要这样设计，与你的团队成员交流一下设计的结果，根据其他人的意见酌情修改设计。最后，组织一次汇报，向其他团队介绍们的设计。

14.6　给 PBL 教师的建议

有些学生不愿意写文档。这首先是由于写文档给学生“没有用”的印象：在很多时候，只有写文档的学生和给成绩的教师会看文档。然而，文档的核心价值并不在于记录，而在于交流。一篇文档，只有在被他人阅读的时候才能发挥其价值。因此，应该考虑如何让学生沟通起来，从而让文档发挥应有的价值。其中一种手段可以是禁止学生实现自己写出的文档，而只能实现别人写出的文档。如此一来，沟通就成为必须进行的工作，而文档的价值也能获得充分的发挥。

学生不喜欢写文档的另一个原因是文档通常太“格式化”。很多文档模板中充斥着几乎无用的条目，同时又缺少能够更好描述问题的条目。因此，教师不妨不要规定使用某种标准化的文档模板，而是让学生根据实际需要自行设计模板。此时，教师可以经常性地参与到学生撰写与讨论文档的过程中，提出一些自己的建议，帮助学生完善文档的内容。传统教学中已经有太多“形式胜于内容”的经历，而这正是让内容重新回归核心的好机会。

第15章

实战分支开发

第14章中完成了今日推荐页View与ViewModel，以及ITodayPoetryService与ITodayImageService的设计。本章会研究如何实现它们，以及了解这些采用了MVVM + IService架构的设计如何帮助我们实现分支开发。为此，我们会为今日推荐页View与ViewModel分别建立开发分支，在独立的分支中完成它们的开发，再合并回master分支。

15.1 今日推荐页View分支

首先将Dpx项目添加到Git，为今日推荐页View建立分支，并完成页面框架。

添加到Git并完成页面框架

接下来使用一些值得注意的技术。下面逐个地了解这些技术。

15.1.1 实践VisualStateManager

如果在预览器中使用横屏模式预览一下今日推荐页，就会发现背景图片被严重地遮挡了。这是由于今日推荐页的用户界面是针对竖屏设备优化的，而这显然对Windows用户不太友好。下面调整设计，优化今日推荐页的横屏使用体验。

优化横屏使用体验

本书4.1节中曾介绍过VisualStateManager的用法。使用VisualStateManager定义两个视觉状态：Portrait(垂直视图)和Landscape(水平视图)。

```
<StackLayout x:Name="DetailStackLayout">
  <VisualStateManager.VisualStateGroups>
    <VisualStateGroup>
      <VisualState Name="Portrait">
        <VisualState.Setters>
          <Setter Property="Orientation"
              Value="Vertical" />
        </VisualState.Setters>
      </VisualState>
```

```
        <VisualState Name="Landscape">
          <VisualState.Setters>
            <Setter Property="Orientation"
                Value="Horizontal" />
          ...
```

垂直视图与水平视图的唯一区别是 StackLayout 的 Orientation 属性的值为 Vertical 还是 Horizontal。在垂直视图下，作者、标题、"查看详细"按钮按照垂直方向排列；在水平视图下则按照水平方向排列。垂直视图与水平视图的显示效果如图 15-1 所示。

(a) 垂直视图

(b) 水平视图

图 15-1　垂直视图与水平视图

决定采用垂直视图还是水平视图的依据是窗口的宽度是否小于 600：

```
//TodayPage.xaml.cs
public TodayPage() {
  ...
  SizeChanged += (sender, args) =>
    VisualStateManager.GoToState(DetailStackLayout,
      Width > 600 ?"Landscape" : "Portrait");
}
```

如此，应用就能根据窗口的大小自动调整用户界面了。

> 关于 VisualStateManager 的更多内容，请访问 https://docs.microsoft.com/zh-cn/xamarin/xamarin-forms/user-interface/visual-state-manager。

15.1.2　显示背景图片：使用绑定值转换器 IValueConverter

接下来设法将背景图片显示出来。

显示背景图片时使用的技术称为"绑定值转换器 IValueConverter"。从字面上来理解，绑定值转换器的功能是将数据绑定的值转换为需要的类型。在上面的例子中，为了显示背景图片，需要将 Image 控件的 Source 属性绑定到 TodayImage 类的 ImageBytes 属性上。然而，Image 控件的

显示背景图片

Source 属性只接受 ImageSource 类型的值,但 TodayImage 类的 ImageBytes 属性却是一个字节数组(byte[])。此时就需要使用绑定值转换器,将字节数组转换为 ImageSource 类的实例。

定义一个绑定值转换器并不复杂。首先需要继承 IValueConverter 接口:

```
//BytesToImageSourceConverter.cs
//比特数组到图片源转换器。
public class BytesToImageSourceConverter : IValueConverter
```

接下来只需要实现 Convert 函数就可以了:

```
public object Convert(object value,
            Type targetType,
            object parameter,
            CultureInfo culture) =>
  !(value is byte[] bytes)
    ? null
    : ImageSource.FromStream(
        () => new MemoryStream(bytes));
```

尽管 Convert 函数有 4 个参数,但通常只需要关心 value 参数。value 参数的值就是数据绑定的值。这里首先使用 is 关键字判断 value 参数是否是一个字节数组。如果不是,就直接返回空。如果是,就将 value 参数的值保存在字节数组类型的本地变量 bytes 中[①]:

```
!(value is byte[] bytes)
  ? null
  : ...
```

> 关于 is 关键字的更多内容,请访问 https://docs.microsoft.com/zh-cn/dotnet/csharp/language-reference/keywords/is。

接下来,就可以从本地变量 bytes 创建 ImageSource 类的实例了:

```
ImageSource.FromStream(() => new MemoryStream(bytes))
```

除了 Convert 函数,还需要实现 ConvertBack 函数。正常情况下,我们只会将字节数组转换为 ImageSource 类的实例,而不会将 ImageSource 类的实例转换为字节数组。因此,直接在 ConvertBack 函数中抛出一个 DoNotCallThisException 异常,表明这种调用是不应该发生的:

```
public object ConvertBack(...) =>
  throw new DoNotCallThisExcpetion();
```

① 这也是一大把"语法糖"。

那么，为什么不直接将 ImageBytes 属性设计为 ImageSource 类型，而是要设计为字节数组？这样做的原因有很多。

首先，ImageSource 类是专门与 Image 等控件搭配使用的。换句话说，ImageSource 类是专属于 View 的。既然如此，我们就希望只有 View 才知道 ImageSource 类的存在，而不希望 MVVM + IService 架构中的其他成员：Model、ViewModel、以及 IService 知道 ImageSource 类的存在。

其次，ImageSource 类具有着具体而明确的功能——加载图片[①]。而 TodayImage 类的 ImageBytes 属性的作用却是携带数据。使用为加载图片而设计的 ImageSource 类来携带数据，有误用类型的嫌疑。相比之下，使用字节数组来携带数据则显得顺理成章。

第三，字节数组是一个非常基本又通用的类型。在 View 中，字节数组可以很容易地转换为 ImageSource。而在 IService 中，字节数组又可以很容易地以文件的形式缓存起来。MVVM + IService 架构中的所有成员都可以很容易地使用字节数组完成自己的工作。这让人们完全没有理由不使用字节数组。

最后，从面向对象设计的角度来讲，ImageSource 类型是复杂的，而字节数组则是简单的。在实现同样功能的情况下，人们总是希望使用尽可能简单的类型。这也是面向对象设计原则的“依赖倒置原则”的一种体现：相比于 ImageSource 类，字节数组更加简单抽象，也因此更容易形成稳定的设计。

除了 BytesToImageSourceConverter 之外，还有一处需要使用绑定值转换器。当今日推荐页 ViewModel 的 Source 属性值为 JINRISHICI 时，需要在 View 中显示“推荐自今日诗词”，否则就不显示任何内容。为此，需要使用一个绑定值转换器，将字符串类型转换为布尔类型，从而控制控件的显示。

为 Source 属性构建绑定值转换器

上面的例子中构建了 TodayPoetrySourceToBoolConverter，并且还向它传递了参数：

```
<!-- TodayPage.xaml -->
<StackLayout Orientation="Horizontal"
  IsVisible="{Binding TodayPoetry.Source,
    Converter={StaticResource SourceToBoolConverter},
    ConverterParameter={x:Static
      ls:TodayPoetrySources.JINRISHICI}}">
```

参数的值来自于一个静态常量：

```
//ITodayPoetryService.cs
public static class TodayPoetrySources {
    public const string JINRISHICI = nameof(JINRISHICI);
    ...
```

这个值则会被传递给 Convert 函数的 parameter 参数：

---

① https://docs.microsoft.com/zh-cn/dotnet/api/xamarin.forms.imagesource。

```
//TodayPoetrySourceToBoolConverter.cs
public object Convert(object value,
            Type targetType,
            object parameter,
            CultureInfo culture) {
  return
    value is string source &&
    parameter is string expectedSource &&
    source == expectedSource;
}
```

上面这段代码就是在判断数据绑定的值是否等于绑定值转换器的参数的值。只有在它们都是字符串并且内容相同时，才返回 true，并因此会将包含"推荐自今日诗词"的 StackLayout 控件显示出来。

> 关于 x：Static 标记扩展的更多内容，请访问 https://docs.microsoft.com/zh-cn/xamarin/xamarin-forms/xaml/markup-extensions/consuming # xstatic-markup-extension。
>
> 关于 IValueConverter 的更多内容，请访问 https://docs.microsoft.com/zh-cn/xamarin/xamarin-forms/app-fundamentals/data-binding/converters。

在开发完绑定值转换器之后还需要进行单元测试。上例中分别测试了转换成功、转换失败、调用 ConvertBack 并抛出异常三种情况。

15.1.3 用户界面的平台差异：使用 OnPlatform

在进行跨平台开发时，经常会遇到这样的情况：应用的界面在一个平台下能够正常显示，在另一个平台下却存在问题。Dpx 应用就遇到了这个问题。下面学习如何解决这个问题。

用户界面的平台差异

在布局用户界面时使用了"平台差异 OnPlatform"技术。在使用 Xamarin.Forms 框架开发跨平台应用时，各种控件会以最为合适的外观在不同的平台下呈现。然而，一些平台的独有特性依然会影响控件的显示效果。例如，带有全面屏的 iPhone 底端有一个操作指示条，并且屏幕还带有不小的 R 角。向屏幕的底端添加控件时，如果不考虑它们的存在，就会导致内容被遮挡，如图 15-2 所示。

图 15-2 全面屏 iPhone 底端的操作指示条与屏幕 R 角遮挡了内容[①]

① 请仔细看单词"Photolibrary"的下画线。由于操作指示条的存在，"Photolibrary"的下画线被遮挡了。

在这种情况下，开发者希望控件在 iOS 平台下能够给操作指示条和 R 角让出一些位置来，而在 Android 和 Windows 10 UWP 平台下则不必做出这些让步。为此，可以使用下面的代码：

```
<!-- TodayPage.xaml -->
<StackLayout BackgroundColor="#66000000">
  <StackLayout.Padding>
    <OnPlatform x:TypeArguments="Thickness">
      <On Platform="iOS"
        Value="8,8,8,20" />
      <On Platform="Android, UWP"
        Value="8,8,8,8" />
    </OnPlatform>
  </StackLayout.Padding>
```

这段代码非常直观。在 iOS 平台下，StackLayout 控件的下衬距为 20，在其他平台下则为 8。这样就可以避免屏幕底端的文字被遮挡。

除了 iOS 平台，Dpx 在 UWP 平台下也遇到了问题。

使用 OnPlatform 让“查看详细”按钮在 UWP 平台下呈现出白色的背景色：

Dpx 在 UWP 平台遇到的问题

```
<Button Text="查看详细">
  <Button.BackgroundColor>
    <OnPlatform x:TypeArguments="Color">
      <On Platform="UWP"
        Value="#CCFFFFFF" />
    </OnPlatform>
  </Button.BackgroundColor>
</Button>
```

上面的代码没有为 iOS 和 Android 平台指定 BackgroundColor 属性。此时，BackgroundColor 属性将取默认值。

> 关于 OnPlatform 的更多内容，请访问 https://docs.microsoft.com/zh-cn/xamarin/xamarin-forms/xaml/xaml-basics/essential-xaml-syntax#platform-differences-with-onplatform。

15.2　今日推荐页 ViewModel 分支

接下来为今日推荐页 ViewModel 建立独立的分支，并完成相应的开发。

15.2.1　初始化 ViewModel：使用 PageAppearingCommand

12.2.2 节中曾经用 PageAppearingCommand 在页面每次显示时执行一些操作。“在页面每次显示时”的含义是用户每次导航到页面时都会执行一次操作。在页面每次显示时都需要刷新数据的场合,这种方法会特别适用。

然而有些时候,用户并不需要反复刷新数据,而只需要在页面首次显示时初始化一次数据。例如,依据今日推荐页原型设计,在用户每次打开Dpx应用之后,只需要在今日推荐页首次显示时载入一次诗词推荐和背景图片。此后,只要用户没有关闭Dpx应用,那么再次导航到今日推荐页时,并不会显示新的诗词推荐和背景图片。那么,应该如何改造PageAppearingCommand,才能实现这种效果呢?

使用PageAppearingCommand初始化ViewModel

改造的关键在于如何实现“只在页面首次显示时执行一次”。首先,使用一个成员变量pageLoaded来存储初始化操作是否已经执行过:

```
//TodayPageViewModel.cs
//页面已加载。
private bool pageLoaded;
```

如果没有给定初始值,布尔型成员变量会被自动初始化为false。因此,上面的代码等价于:

```
private bool pageLoaded = false;
```

对成员变量pageLoaded的约定是,在执行PageAppearingCommand时,如果pageLoaded为false,代表初始化操作还没有执行过。否则,就代表初始化操作已经执行过。如果初始化操作还没有执行过,就需要执行初始化操作,并将pageLoaded设置为true。这段逻辑可以表述为如下的代码:

```
if (!pageLoaded) {
  //Do the initialization here.
  pageLoaded = true;
}
```

然而,一个潜在的风险因素可能会导致初始化代码被反复执行——PageAppearingCommand是异步执行的。这意味着当用户在首次导航到今日推荐页时,PageAppearingCommand中的初始化操作虽然会开始执行,但在执行完成之前,用户就已经能够看到今日推荐页了。此时,如果用户导航到了其他页面,并再次返回到今日推荐页,同时如果前一次的初始化操作还没有执行完,就会导致pageLoaded依然为false,并导致初始化代码被再次执行。

读者可能会问,如果提前执行pageLoaded = true不就好了吗?

```
if (!pageLoaded) {
  pageLoaded = true;
  //Do the initialization here.
}
```

答案是，这样做的确可以在很大程度上避免上述问题。但这样做是投机取巧的，因为风险并没有解除，只是被尽可能地避免了。换言之，问题并没有解决，只是难以发生了。

要想彻底避免上述问题，就需要使用锁。PageAppearingCommand 是异步执行的，而异步执行是通过多线程实现的。每次异步执行 PageAppearingCommand，都会自动创建一个线程。而正是由于第一个执行 PageAppearingCommand 的线程还没有完成，pageLoaded 没有被设置为 true，才会导致第二个执行 PageAppearingCommand 的线程再次执行初始化操作。因此，只需要确保第一个执行 PageAppearingCommand 的线程执行完初始化操作并设置好成员变量 pageLoaded 的值之后，第二个 PageAppearingCommand 的线程才能读取成员变量 pageLoaded 的值。为此，需要引入一个锁：

```
//页面已加载锁。
private readonly object pageLoadedLock = new object();
```

并使用 volatile 关键字修饰成员变量 pageLoaded：

```
//页面已加载。
private volatile bool pageLoaded;
```

使用 volatile 关键字是为了确保不同的线程能够读取到相同的值。

> 关于 volatile 关键字的更多内容，请访问 https://docs.microsoft.com/zh-cn/dotnet/csharp/language-reference/keywords/volatile。

接下来使用二次检查法(Double Check Locking)，判断 pageLoaded 是否为 false，并执行初始化操作：

```
if (!pageLoaded) {
  lock (pageLoadedLock) {
    if (!pageLoaded) {
      pageLoaded = true;
      //Do the initialization here.
    }
  }
}
```

二次检查法的好处是，如果 pageLoaded 已经为 true，则说明初始化操作已经完成，因此也不需要获取锁了。如果有两个以上的线程发现 pageLoaded 为 false，则只有一个线程会获得锁，另一个线程则只能等待前一个线程释放锁，才能获得锁。当首先获得锁的线程执行完毕并释放锁时，pageLoaded 已经被设置为 true。此时，后获得锁的线程会再次判断 pageLoaded 的值，并且会发现值为 true，因此不会再执行初始化操作。通过二次检查法，可以确保只有一个线程有机会执行初始化操作。

> 关于二次检查法的更多内容，请访问 https://help.semmle.com/wiki/display/CSHARP/Double-checked+lock+is+not+thread-safe。

二次检查法还有一个小问题：如果初始化操作需要比较长的时间，那么后获取锁的线程就需要一直等待锁释放。为此，可以稍微优化一下执行流程，避免让线程在二次检查法中执行初始化操作，而是竞争初始化操作的执行权。在竞争到执行权后，再去执行初始化操作：

```
//PageAppearingCommand
var run = false;

if (!pageLoaded) {
  lock (pageLoadedLock) {
    if (!pageLoaded) {
      pageLoaded = true;
      run = true;
    }
  }
}

if (!run) return;

//Do the initialization here.
```

在上面的代码中，本地变量 run 就代表着初始化操作的执行权。只有与 run 为 true 时，才会执行初始化操作。而二次检查法能够确保只有一个线程能够让 run 为 true。通过这种方法，就能严密而高效地确保初始化操作会执行，并且只执行一次了。

15.2.2 背景图片与诗词推荐的同步初始化：并行执行代码

我们之前使用的代码，无论同步或异步执行，都是串行执行的。串行执行意味着只有前一个操作执行完毕之后，后一个操作才会执行。表现在今日推荐页 ViewModel 的初始化操作中，就是只有在显示出背景图片并且背景图片的更新检查完成之后，才会显示诗词推荐：

```
//Displaying the background image. Kind of slow.
TodayImage = await _todayImageService.GetTodayImageAsync();

//Updating the background image. Very slow.
var updateResult =
  await _todayImageService.CheckUpdateAsync();
...

//Displaying the poetry recommendation. Also very slow.
...
TodayPoetry =
  await _todayPoetryService.GetTodayPoetryAsync();
```

```
...
```

这样做的效果体验不佳：用户每次都需要等待背景图片显示出来，并且要在检查完背景图片有没有更新之后，才能看到诗词推荐。而开发者期望的结果则是同时进行上述工作：在显示背景图片并检查更新的同时也显示诗词推荐。此时，就需要并行执行上述代码。

并行执行代码

并行执行代码并不复杂，只要将需要并行执行的代码放在 Task.Run 函数中执行就可以了：

```
//The first set of codes to parallel.
//Displaying and updating the background image.
Task.Run(async () => {
  TodayImage =
    await _todayImageService.GetTodayImageAsync();
  var updateResult =
    await _todayImageService.CheckUpdateAsync();
  ...
});

//The second set of codes to parallel.
//Displaying the poetry recommendation.
Task.Run(async () => {
  ...
  TodayPoetry =
    await _todayPoetryService.GetTodayPoetryAsync();
  ...
});
```

此时，“显示并更新背景图片”与“显示诗词推荐”两段代码就会同时开始执行了。每次调用 Task.Run 函数，都会自动创建一个新的线程。Task.Run 函数中的代码则会在这个新的线程里执行。需要注意的是，在启动这两个线程之后，PageAppearingCommand 的工作就结束了。换言之，PageAppearingCommand 并不会等待这两个线程执行结束，而是在启动它们之后就结束了自己。

> 关于 Task.Run 函数的更多内容，请访问 https://docs.microsoft.com/zh-cn/dotnet/api/system.threading.tasks.task.run。

除了 PageAppearingCommand，还需要完成用于打开超链接的 JinrishiciCommand 以及 CopyrightCommand。打开超链接需要使用 Xamarin.Essentials 的 Browser，但这又会让 TodayPageViewModel 变得无法测试。为此，还需要新建一个 IService。

实现 JinrishiciCommand 与 CopyrightCommand

添加 IBrowserService 之后的类设计如图 15-3 所示。

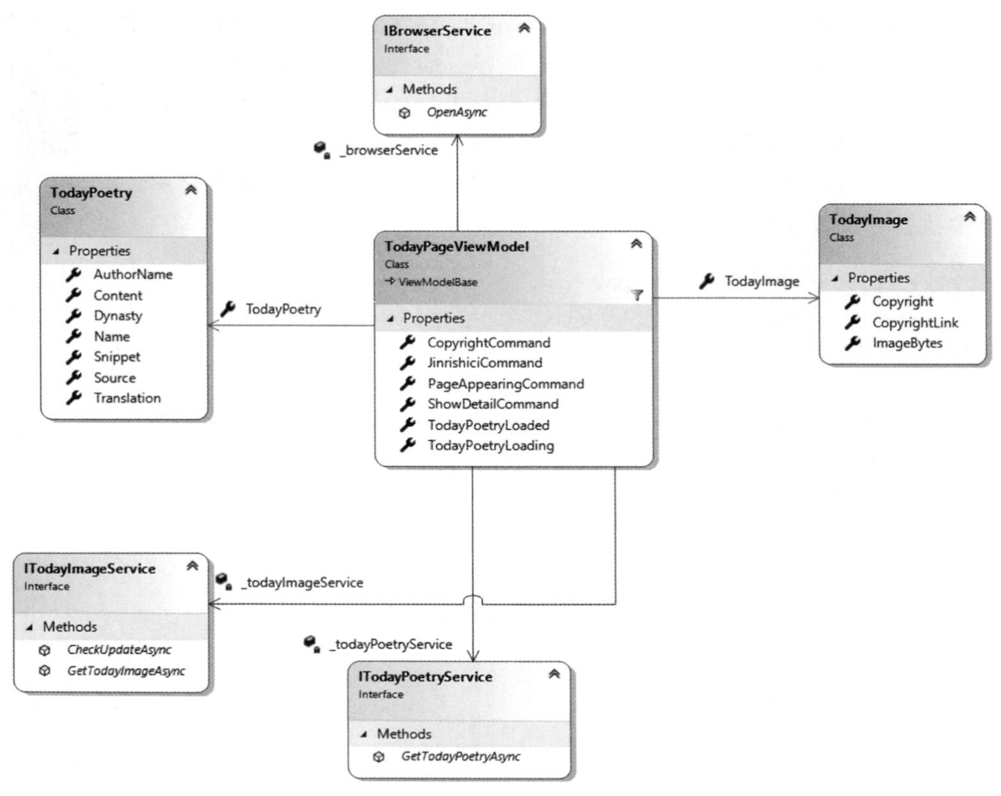

图 15-3　今日推荐页 ViewModel 及相关 Model 与 IService 设计(第 4 版)

15.3　单元测试今日推荐页 ViewModel：测试并行执行的代码

在开发今日推荐页 ViewModel 之后，还需要对它进行单元测试。跟随下面的视频，看看如何对今日推荐页 ViewModel 进行单元测试。

单元测试今日推荐页 ViewModel

在测试今日推荐页 ViewModel 的过程中面临的主要挑战是如何测试并行执行的代码。在 PageAppearingCommand 中，“显示并更新背景图片”与“显示诗词推荐”两段代码是并行执行的。并且，由于 PageAppearingCommand 不会等待这两段代码执行结束，而是在启动它们各自的线程之后就立刻结束自己，因此开发者也无从得知这两段代码何时执行完成，也就不能测试执行的效果。

这里采用了一种间接的方法处理这一问题。既然不知道代码何时执行完毕，就转而监控代码的执行结果。由于“显示并更新背景图片”的代码会更新 TodayImage 可绑定属性，而“显示诗词推荐”的代码会更新 TodayPoetryLoaded 与 TodayPoetryLoading 属性，因此每当这些属性发生变化时，都将新的值保存起来：

```
//TodayPageViewModelTest.cs
todayPageViewModel.PropertyChanged += (sender, args) => {
  switch (args.PropertyName) {
    case nameof(TodayPageViewModel.TodayImage):
      todayImageList.Add(
        todayPageViewModel.TodayImage);
      break;
    case nameof(TodayPageViewModel.TodayPoetryLoaded):
      todayPoetryLoadedList.Add(todayPageViewModel
        .TodayPoetryLoaded);
      break;
    case nameof(TodayPageViewModel.TodayPoetryLoading):
      todayPoetryLoadingList.Add(todayPageViewModel
        .TodayPoetryLoading);
      break;
  }
};
```

接下来只要判断这些值的数量，就知道“显示并更新背景图片”与“显示诗词推荐”两段代码有没有执行完毕了：

```
todayPageViewModel.PageAppearingCommandFunction();
while (todayImageList.Count != 2 ||
  todayPoetryLoadedList.Count != 1 ||
  todayPoetryLoadingList.Count != 2) {
  await Task.Delay(100);
}
```

如此便能够测试 PageAppearingCommand 及其中的并行代码了。

现在，View 分支与 ViewModel 分支的开发就完成了。接下来，将两个分支合并回 master 分支。

合并分支

15.4　反思分支开发

读者可能会说，“这一章好像没讲什么关于分支开发的内容”。

是的，也不是。

在反思分支开发之前，首先反思一下第 11 章介绍的测试技术。通过第 11 章的学习以及到目前为止的实践能够注意到，“架构”与“测试”实际上是密不可分的两个概念。如果没有 MVVM + IService 这样一套模块之间高度隔离、职责分明的软件架构，测试就不容易开展。而如果没有单元测试、Mocking 工具等测试技术，开发者也无法保证软件架构的各个模块被正确地实现。这正是知识在现实生活中的状态：它们总是紧密地结合在一起，而不是像在书本上那样分散在不同的章节或教材中。

而分支开发与 MVVM + IService 架构同样也是紧密地结合在一起的。MVVM +

IService 架构让开发者可以将软件的各个部分充分地分离,从而可以在不同的分支里完成各个部分的开发。同样,分支开发极大地提升了 MVVM + IService 架构的开发效率。分支开发与 MVVM + IService 架构是相辅相成的。在选择使用 MVVM + IService 架构进行多人开发时,分支开发已经成为必选项了。而开发者需要的,只是将分支开发与 MVVM + IService 架构结合起来的经验。

在多人开发时,还有一个必须注意的问题,就是每次提交更改时,一定要填写清楚的更改信息。更改信息也是一种文档。其他人可以根据更改信息追踪代码的变化过程。这对其他人理解一段代码非常重要。

15.5 动手做

从你的团队在前一章"动手做"部分中作出的设计中选出几套来,用分支开发方法实现。有 4 个要求:①不要选择太简单的设计,要确保每个人都有足够多的事情可做;②每个人都不可以实现自己做出的设计,而只能实现其他人做出的设计;③一套设计中的各个部分:View、ViewModel、IService,必须由不同的人实现;④在设计发生变更时,及时更新设计文档。

15.6 给 PBL 教师的建议

就像前一章中讨论过的,设计与实现很多时候是融合在一起的。当学生缺乏设计与开发经验时,这种情况会更加明显。而开发者经验的积累,则需要反复地进行设计与开发。在这一过程中,教师不仅可以针对学生做出的设计给出自己的意见,还可以推动学生反思自己遇到了什么问题,为何给出这种设计,以及如何给出更好的设计。通过这种方法,学生不仅可以学习解决问题的技术,还能学习解决问题的策略,从而更好地面对新的问题。

第16章

实战级Web服务客户端

上一章中实现了今日推荐页View与ViewModel。本章将会实现ITodayPoetryService，开发实战级的Web服务客户端，并学习如何单元测试Web服务客户端。

16.1 今日诗词Web服务客户端

首先研究如何实现ITodayPoetryService。回顾ITodayPoetryService的定义如下：

```
//今日诗词服务。
public interface ITodayPoetryService {
  //获得今日诗词。
  Task<TodayPoetry> GetTodayPoetryAsync();
}
```

ITodayPoetryService的功能非常明确：获得诗词推荐。下面实现其功能。

16.1.1 构建稳定的Web服务客户端：使用using与异常处理

在Dpx项目中实现ITodayPoetryService的方法，是调用今日诗词Web服务获得诗词推荐。因此，需要实现的是一个Web服务的客户端。

在第8章的“动手做”部分中，我们曾经构建过一个简单的Web服务客户端[①]。客户端虽然简单，但存在两个严重的问题：

(1) HttpClient类的实例非常占用资源。在使用结束后，必须调用Dispose函数来释放资源。

(2) 由于网络不稳定等原因，调用Web服务经常会出错并引发异常。如果处理异常不妥善，会导致应用“闪退”。

这里的目标是实现一个稳定的Web服务客户端，使它妥善地处理上述两个问题。

实现稳定客户端

① 可以在本书的配套代码中找到完整的源代码。记得先读一遍代码，再继续阅读本章。

在实现 JinrishiciService 时，分别使用 using 语句(using statement)以及异常处理来解决这两个问题。using 语句使用起来非常简单。对于需要 Dispose 的对象，只需要在 using 语句中声明它：

```
//JinrishiciService.cs
//GetTokenAsync()
using (var httpClient = new HttpClient()) {
  //Do something with httpClient.
}
```

接下来，在大括号结束时，using 语句就会自动调用 httpClient 变量的 Dispose 函数了：

```
//The Dispose function is called
//by the using statement automatically.
//You do not need to call this manually.
httpClient.Dispose();
```

关于 using 语句的更多内容，请访问 https://docs.microsoft.com/zh-cn/dotnet/csharp/language-reference/keywords/using-statement

异常处理也不麻烦。对于可能发生异常的代码，只需要将其放在 try 块中，再在 catch 块中处理异常就可以了：

```
HttpResponseMessage response;
try {
  response =
    await httpClient.GetAsync(
      "https://v2.jinrishici.com/token");
  response.EnsureSuccessStatusCode();
} catch (Exception e) {
      //Show alter message here.

  return _token;
}
```

在上面的代码中，一旦 httpClient 在访问今日诗词 Web 服务时发生异常，就会触发 catch 块。在 catch 块中，开发者会在用户界面上显示警告信息，并返回默认的访问 Token。

事实上，由于使用 try/catch 处理异常如此简单有效，以至于开发者会刻意地引发一些异常。在访问 Web 服务时，有些时候会返回一些错误码，例如 404(请求的网页不存在)、503(服务不可用)等。与网络不稳定导致的异常不同，错误码并不是异常。但当服务器返回错误码时，确实也得不到任何数据。为了方便地处理这些错误码，可以要求 HttpClient 的响应结果 HttpResponseMessage 在遇到错误码时强行抛出异常：

```
response.EnsureSuccessStatusCode();
```

此时，所有的异常和错误码都会被 catch 块处理。而开发者只需要处理没有异常和错误码的情况就可以了。

> 关于异常处理的更多内容，请访问 https://docs.microsoft.com/zh-cn/dotnet/csharp/programming-guide/exceptions/how-to-handle-an-exception-using-try-catch。
>
> 关于 EnsureSuccessStatusCode 函数的更多内容，请访问 https://docs.microsoft.com/zh-cn/uwp/api/windows.web.http.httpresponsemessage.ensuresuccessstatuscode。
>
> 关于服务器错误码的更多内容，请访问 https://docs.microsoft.com/zh-cn/uwp/api/windows.web.http.httpstatuscode。

16.1.2 警告服务 IAlertService：为 IService 服务的 IService

依据今日推荐页的原型设计，当 Web 服务客户端遇到网络连接错误等异常时，需要弹出错误信息，如图 16-1 所示。

在实现 JinrishiciService 时，使用 catch 块处理异常：

```
try {
  ...
} catch (Exception e) {
    //Show alert message here.
  ...
}
```

那么，应该如何在 catch 块中弹出错误信息呢？

事实上，在回答这个问题之前，需要回答另一个问题：是否应该由 JinrishiciService 弹出错误信息？

在 8.6 节中曾经讨论过，在 MVVM + IService 架构中，ViewModel 并不完成具体的功能，而是委托 IService 来完成。这样做的一个很重要的原因是单一职责原则：ViewModel 只负责为 View 提供功能与数据，并不实现从 Web 服务读取数据等具体的功能；具体的功能应该由 IService 实现。从单一职责原则的角度来看，JinrishiciService 应该只负责访问今日诗词 Web 服务，并不应该负责弹出错误信息。

图 16-1 今日推荐页原型设计 TodayPage/c

事实上，由于很多个类都需要弹出错误信息，显然不应该让这些类都了解如何弹出错误信息——这会造成大量的重复代码，同时也违背了最为基本的复用原则。因此，“弹出错误信息”这一功能应该被抽象出来，并让所有有需要的类都能够调用。当 ViewModel 需要某种功能时，可以委托 IService 来实现。而当 IService 需要某种功能时，又该委托谁来实现呢？

下面回答这个问题。

解决错误信息弹出问题

答案是,委托另一个 IService。开发者只需要定义一个“弹出错误信息”IService:

```
//IAlertService.cs
//警告服务。
public interface IAlertService {
  ///<summary>
  ///显示警告。
  ///</summary>
  ///<param name="title">标题。</param>
  ///<param name="message">信息。</param>
  ///<param name="button">按钮文字。</param>
  void ShowAlert(
    string title, string message, string button);
}
```

再让 JinrishiciService 调用 IAlertService 来弹出错误信息就可以了:

```
//JinrishiciService.cs
//GetTokenAsync()
try {
  ...
} catch (Exception e) {
  _alertService.ShowAlert(
    ErrorMessages.HTTP_CLIENT_ERROR_TITLE,
    ErrorMessages.HttpClientErrorMessage(
      Server, e.Message),
    ErrorMessages.HTTP_CLIENT_ERROR_BUTTON);
  return _token;
}
```

在上面的代码中,ErrorMessages 类用于生成错误信息。现在,只需要实现一下 IAlertService 即可。

16.1.3 实现警告服务 IAlertService: MVVM + IService 架构的分层视图

2.5 节中曾经介绍了如何弹出信息。当时在 MainPage.xaml.cs 中调用了 DisplayAlert 函数:

```
//MainPage.xaml.cs
private void MyPopupButton_OnClicked
  (object sender, EventArgs e) {
  DisplayAlert("Greetings!", "You have clicked me!", "OK");
}
```

DisplayAlert 函数实际上是 ContentPage 类的成员函数。MainPage 类则通过继承

ContentPage 类获得了 DisplayAlert 函数：

```
public partial class MainPage : ContentPage {
  ...
```

现在需要实现 IAlertService，并实现弹出信息功能。这意味着 IAlertService 的实现类 AlertService 需要能够调用 DisplayAlert 函数。然而，只有 ContentPage 类及其子类才拥有 DisplayAlert 函数。因此，人们面临着两个问题：

（1）如何在 AlertService 中获得 ContentPage 类或其子类的实例，从而调用 DisplayAlert 函数？

（2）就像 15.1.2 节中讨论过的，DisplayAlert 函数是专属于 View 的，因此不应该被 MVVM + IService 架构的其他成员使用。既然如此，在 IService 的实现类中调用 DisplayAlert 函数是否“优雅”？

本着“先解决有无，再解决好坏”的思想，先来回答第一个问题。Xamarin.Forms 提供了一个属性，使用户能够方便地获取当前应用的主页面[①]：

```
Application.Current.MainPage
```

这个属性很容易理解：“当前应用的主页面”。需要注意的是，这个属性虽然叫 MainPage，但并不代表它是 MainPage 类的实例。MainPage 属性和 MainPage 类只是恰好重名而已。

下一个问题是，Application.Current.MainPage 到底是什么类的实例呢？在开发者使用 Master-Detail 模板创建项目时，会自动生成一个 App.xaml.cs 文件。这个文件已经自动设置好了 MainPage 属性：

```
//App.xaml.cs
MainPage = new MainPage();
```

而 Application.Current.MainPage 属性恰好就是 MainPage 类的实例。但这一切真的只是巧合：Application.Current.MainPage 属性只是恰好和 MainPage 类重名，并且又恰好被设置为了 MainPage 类的实例。导致这种巧合的原因只有一个：方便命名和理解。

既然如此，就可以利用 Application.Current.MainPage 来实现 IAlertService 从而弹出信息了。

实现 IAlertService

在 AlertService 中将 Application.Current.MainPage 属性转换为 MainPage 类的实例：

```
//AlertService.cs
//用于显示警告的 MainPage。
private MainPage MainPage => _mainPage ??
  (_mainPage = Application.Current.MainPage as MainPage);
```

① 这里的“主页面”并不是应用启动时看到的“主页”，而是其他所有页面的容器。所有其他的页面都显示在主页面里。后面的章节将深入地探讨相关内容。

再调用它的 DisplayAlert 函数:

```
///<summary>
///显示警告。
///</summary>
///<param name="title">标题。</param>
///<param name="message">信息。</param>
///<param name="button">按钮文字。</param>
public void ShowAlert
  (string title, string message, string button) =>
  Device.BeginInvokeOnMainThread(async () =>
    await MainPage.DisplayAlert(title, message, button));
```

这里使用了 Device.BeginInvokeOnMainThread 函数来调用 DisplayAlert 函数。这样做的原因,是 DisplayAlert 必须在主线程中调用,而 AlertService 很可能不在主线程中运行。例如,今日推荐页 ViewModel 会使用 Task.Run 函数在后台线程调用 ITodayPoetryService,进而调用 IAlertService。此时,就必须使用 BeginInvokeOnMainThread 函数来调用 DisplayAlert 函数。否则,应用就会发生异常,造成"闪退"。

解决了 DisplayAlert 函数的调用问题,再来探讨在 IService 的实现类中调用 View 层的函数是否"优雅"。

MVVM + IService 本质上是一种分层的架构。距离用户越近的成员(如 View)的层级越低,距离用户越远的成员(如 IService)层级越高,如图 16-2 所示。

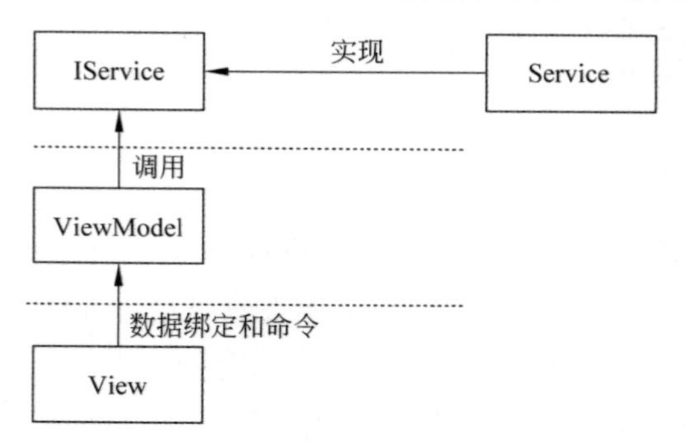

图 16-2 MVVM + IService 架构的分层视图

15.1.2 节主要讨论过的内容,表现在 MVVM + IService 架构的分层视图上,就是如下三条原则。

(1) 低层成员可以调用高层成员。例如,View 可以通过数据绑定调用 ViewModel。

(2) 低层成员只能调用紧邻的高层成员。因此,View 不可以调用 IService。

(3) 高层成员不能调用低层成员。因此,ViewModel 不可以使用 View 层级的类型,例如 ImageSource 类。

基于这三条原则来看,在 IAlertService 的实现类中调用 DisplayAlert 函数是非常不"优雅"的。然而,事实却并非如此。

上面三条原则只适用于 MVVM + IService 架构的成员：View、ViewModel 以及 IService，并不适用于 IService 的实现类。从 IService 的角度来看，IAlertService 本身并没有依赖任何 View 层的类型。再来看 IAlertService 的定义：

```
//IAlertService.cs
//警告服务。
public interface IAlertService {
  ///<summary>
  ///显示警告。
  ///</summary>
  ///<param name="title">标题。</param>
  ///<param name="message">信息。</param>
  ///<param name="button">按钮文字。</param>
  void ShowAlert
    (string title, string message, string button);
}
```

IAlertService 只是使用了 string 类型而已，根本没有使用 ContentPage 类型，也没有使用 DisplayAlert 函数。因此，IAlertService 的设计并没有违反 MVVM + IService 架构的设计原则。对于使用 IAlertService 的任何 IService 来讲，没有人知道什么是 DisplayAlert 函数。

而真正依赖 DisplayAlert 函数的，是 IAlertService 的实现类 AlertService。然而，AlertService 的实现细节丝毫不会影响整个 MVVM + IService 架构。对于使用 IAlertService 的任何 IService，它们只知道自身使用的是 IAlertService，而不知道 AlertService 实现类的存在，因此也就不可能知道什么是 DisplayAlert 函数。

这正是面向对象设计原则的依赖原则的体现。当所有的依赖都是接口依赖时，除了实现类自身之外，具体的实现细节并不清楚。当所有的细节都被屏蔽时，每一个接口和类就只需要集中自己的业务。这种设计方法和思考问题的方式能够极大程度地降低每一个接口和类的复杂度，从而让人们更好地实现它们。

16.1.4　缓存访问 Token：内存-存储两级缓存策略

在调用今日诗词 Web 服务之前，需要获取一个访问 Token。如果反复地获取访问 Token，会发现 Token 并不会改变，因此没有必要每次都获取新的 Token。并且，如果每次都获取新的 Token，也会给 Web 服务提供商造成额外的负担。

既然如此，开发者就应该将获取的 Token 缓存起来，以便重复地使用访问 Token。那么，应该在哪里缓存访问 Token 呢？访问 Token 只是一个字符串，将它放到数据库中显然是不合适的。依据 6.1 节的内容，可以考虑将访问 Token 缓存到偏好存储中。然而，每次都从偏好存储中读取访问 Token 依然有些麻烦，因此，这里采用了一种内存-存储两级缓存策略。

缓存访问 Token

将获取访问 Token 的功能封装在了 GetTokenAsync 函数中。首先，使用一个成员变量_token 在 JinrishiciService 的实例中缓存一份

Token：

```
//JinrishiciService.cs
//今日诗词 Token。
private string _token;
```

string 类型的成员变量的默认初始值为 null。因此，如果成员变量_token 的值不为 null，那么它的值一定是访问 Token[①]：

```
//获得今日诗词 token。
private async Task<string> GetTokenAsync() {
  if (!string.IsNullOrEmpty(_token)) {
    return _token;
  }
  ...
```

然而，如果 token 为 null，就代表 JinrishiciService 的实例还没有缓存 Token。此时，查询偏好存储中有没有缓存 Token：

```
_token =
  _preferenceStorage.Get(JinrishiciTokenKey, String.Empty);
```

将空字符串 String.Empty 作为默认返回值传递给 Get 函数。因此，如果从偏好存储中读取的 Token 不为空字符串，那么它的值一定是访问 Token：

```
if (!string.IsNullOrEmpty(_token)) {
  return _token;
}
```

如果从偏好存储中读取的 Token 为空字符串，就代表偏好存储中也没有缓存 Token。此时，就需要向今日诗词 Web 服务请求访问 Token。在请求到访问 Token 之后，还需要将它缓存到成员变量_token 以及偏好存储中：

```
_token = jinrishiciToken.Data;
_preferenceStorage.Set(JinrishiciTokenKey, _token);
```

如此，就在 JinrishiciService 的实例以及偏好存储中分别缓存了一份访问 Token。缓存在 JinrishiciService 的成员变量_token 中的访问 Token 存在于内存中。它的访问速度非常快，但一旦应用退出，缓存也随之消失。缓存在偏好存储中的 Token 存在于存储(如硬盘、闪存等)中。访问存储没有访问内存速度快，但比访问 Web 服务快得多。同时，存储中的数据不会随着应用退出而消失。这样就形成了内存-存储两级缓存策略：第一级是快但不持久的内存缓存，第二级则是稍慢但持久的存储缓存。只有当两级缓存全部失效时，才会向 Web 服务请求访问 Token，并将它缓存在内存-存储两级缓存中。这样不仅减少了开发者向 Web 服务请求 Token 的次数，也极大地提升了应用的响应速度。

---

① 这里没有使用 token != null，而是使用了!string.IsNullOrEmpty(_token)作为判断条件。

16.1.5 设置访问 Token：使用 HttpRequestHeaders

依据调用文档，在调用今日诗词 Web 服务时，需要附带 Token[①]：

```
//需要在 HTTP 的 Headers 头中指定 Token。
X-User-Token:
RgU1rBKtLym/MhhYIXs42WNoqLyZeXY3EkAcDNrcfKkzj8ILIsAP1Hx0NGhdOO1I
```

下面就来设置访问 Token。

设置访问 Token

要设置访问 Token，开发者需要完成两项任务：

(1) 获取 HTTP 请求的 Headers(头)。

(2) 指定 X-User-Token。

在 JinrishiciService 中，首先调用 GetTokenAsync 函数获得访问 Token：

```
//GetTokenAsync()
var token = await GetTokenAsync();
```

接下来通过 HttpClient 类的实例获取 HTTP Headers：

```
var headers = httpClient.DefaultRequestHeaders;
```

本地变量 headers 的类型就是 HttpRequestHeaders。在获取 Headers 后，就可以向其中添加 Token 了：

```
headers.Add("X-User-Token", token);
```

设置好访问 Token 之后，就能从今日诗词 Web 服务获得诗词推荐了。

16.1.6 准备备份方案

当无法获取访问 Token，或者访问今日诗词 Web 服务出错时，就无法从今日诗词 Web 服务获得诗词推荐。此时需要准备一套备用方案：从诗词数据库中随机地选择一首诗词作为诗词推荐。

准备备份的诗词推荐方案

下面使用 GetRandomPoetryAsync 函数来获取一首随机的诗词：

```
//获得随机诗词。
public async Task<TodayPoetry> GetTodayPoetryAsync() {
  var token = await GetTokenAsync();
  if (string.IsNullOrEmpty(token)) {
    return await GetRandomPoetryAsync();
  }

  JinrishiciSentence jinrishiciSentence;
  using (var httpClient = new HttpClient()) {
```

① https://www.jinrishici.com/doc/#send-token。

```
...
try {
  ...
} catch (Exception e) {
  ...
  return await GetRandomPoetryAsync();
}
```

GetRandomPoetryAsync 函数的实现非常简单。它使用了 11.6.4 节中测试 GetPoetriesAsync 函数时使用过的 where 参数。JinrishiciService 及其相关 IService 如图 16-3 所示。

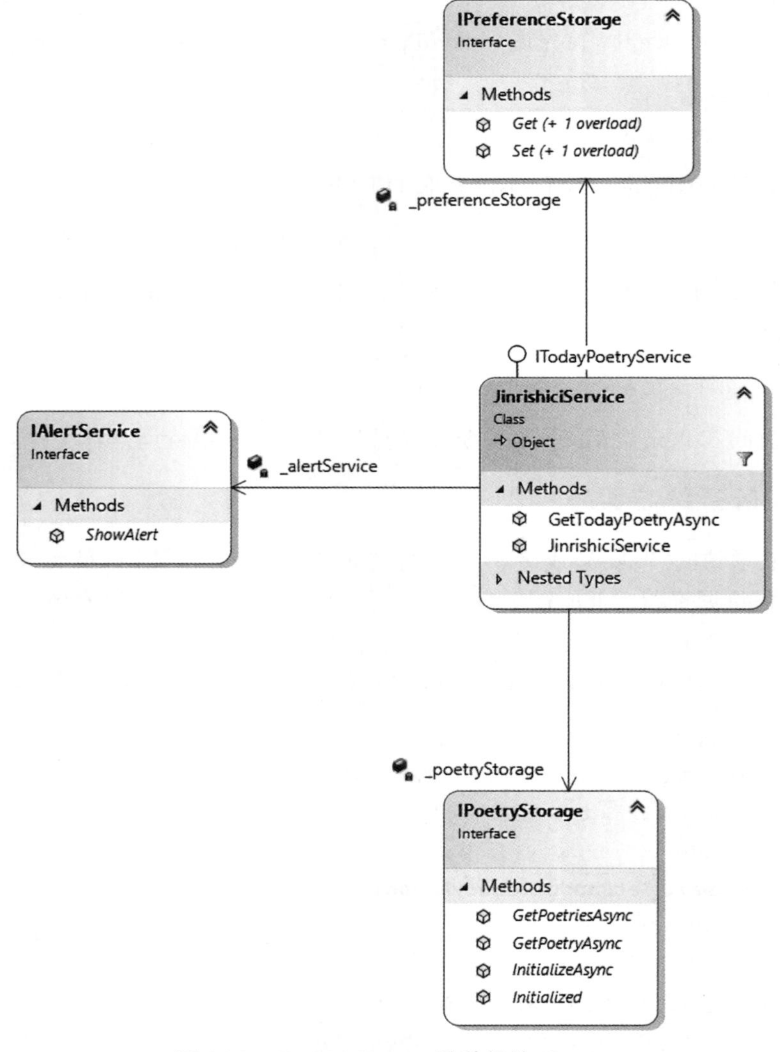

图 16-3 JinrishiciService 及其相关 IService

16.2　模仿Web服务

完成了JinrishiciService之后，下一步研究如何测试它。JinrishiciService的运行依赖今日诗词Web服务。这让它的测试变得有些困难：开发者无法预期今日诗词Web服务的结果，也就不能判断JinrishiciService是否运行正常。这样看来，JinrishiciService似乎是没有办法被测试的。

然而，我们却再次找到了一种间接的方法。虽然不能预期今日诗词Web服务的结果，但可以劫持JinrishiciService对今日诗词Web服务的访问，并将访问重定向到模仿的Web服务。接下来，就可以通过模仿的Web服务来返回可以预期的结果，进而进行单元测试了。

不过，劫持并模仿Web服务有些复杂。首先需要先安装如下6种工具。

(1) keytool：用于生成HTTPS证书及密钥。随JDK一同安装，安装网址：http://java.sun.com。

(2) KeyStore Explorer：用于导出HTTPS证书，本质上是keytool的图形界面版本。安装网址：http://keystore-explorer.org/。

(3) SwitchHosts：用于快速切换hosts配置。安装网址：https://oldj.github.io/SwitchHosts/。

(4) Node.js：node-http-proxy的运行环境。安装网址：https://nodejs.org/。

(5) node-http-proxy：用于搭建HTTPS反向代理服务器。安装网址：https://github.com/http-party/node-http-proxy。

(6) SoapUI：Web服务Mocking工具。安装网址：https://www.soapui.org/。

接下来，我们就可以劫持并模仿Web服务了。

安装工具

劫持并模仿Web服务

在劫持并模仿Web服务时使用到的一系列工具之间关系如图16-4所示。

先从模仿Web服务的SoapUI开始。SoapUI可以模仿Web服务，但它只能模仿HTTP Web服务。然而，今日诗词Web服务是通过HTTPS访问的。因此，需要在SoapUI前添加一个支持HTTPS的反向代理服务器。

所谓“反向代理服务器”，是相对于代理服务器来讲的。代理服务器用来帮助内网用户访问互联网。一些企业出于保护网络安全或管理上网行为等目的，并不会将企业内网直接连接互联网，而是提供一个代理服务器，并要求所有的员工只能通过代理服务器访问互联网。反向代理服务器则正好相反。一些网站出于性能或安全等原因，并不会将服务器直接连接互联网，而是连接一个反向代理服务器，并将网站的域名解析到反向代理服务器。用户在访问网站的域名时，连接的其实是反向代理服务器，并由

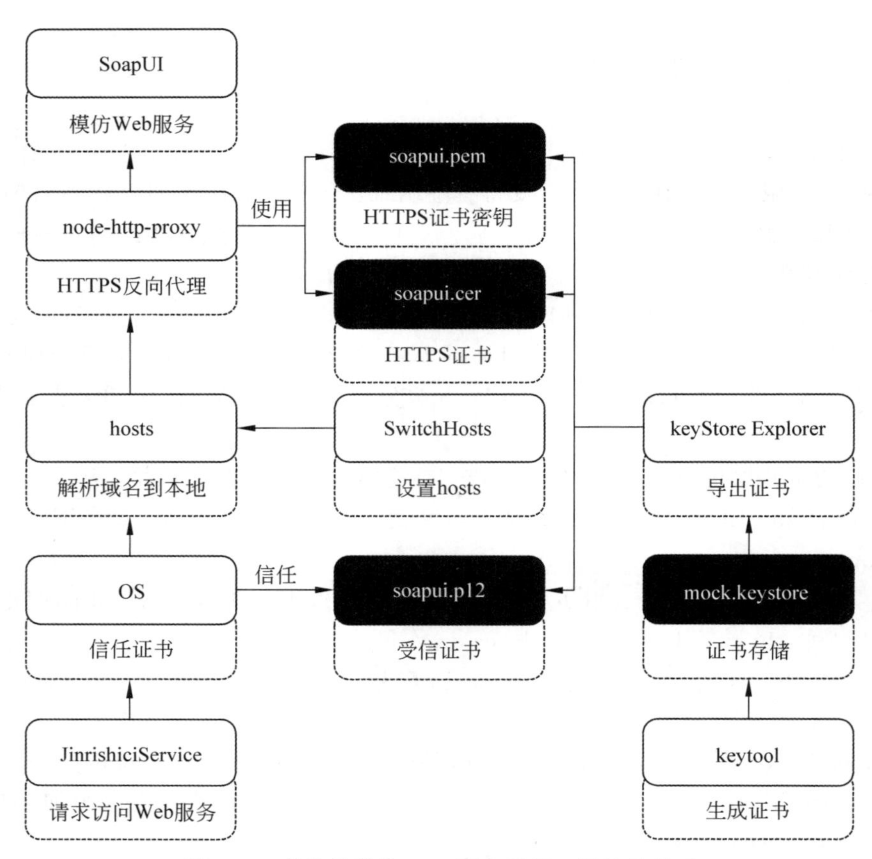

图 16-4　劫持并模仿 Web 服务所需工具及其关系

反向代理服务器代替用户访问真正的服务器。代理服务器帮助内网用户访问互联网,反向代理服务器则帮助互联网用户访问内网服务器。这里的"反向"指的是代理方向上的相反。

node-http-proxy 就是一个反向代理服务器。并且,它支持 HTTPS 到 HTTP。也就是说,它可以将用户的 HTTPS 访问请求代理到一台 HTTP 服务器。运行 node-http-proxy 需要 Node.js,同时还需要一对 HTTPS 证书与密钥。

为了生成 HTTPS 证书与密钥,需要使用 keytool。生成一个支持多个域名的 keystore:v2.jinrishici.com,以及 www.bing.com——这是由于之后还需要模仿必应每日图片 Web 服务。

接下来使用 KeyStore Explorer 将 keystore 导出为 cer 证书与 pem 密钥,供 node-http-proxy 使用。在 Node.js 中调用 node-http-proxy 创建反向代理服务器的代码如下:

```
var httpProxy = require('http-proxy');
httpProxy.createServer({
target: {
  host: 'localhost',
  port: 8080
```

```
},
ssl: {
  key: fs.readFileSync('soapui.pem', 'utf8'),
  cert: fs.readFileSync('soapui.cer', 'utf8')
}
}).listen(443);
```

这段代码并不复杂。首先创建一个 http 代理，它的目标是本地的 8080 端口，即 SoapUI 模仿的 Web 服务的服务端口。接下来，它使用导出的 cer 证书与 pem 密钥创建 HTTPS 服务，并监听 443 端口。443 端口正是 HTTPS 协议的默认端口。

接下来解决如何访问 HTTPS 反向代理服务器的问题。在 JinrishiciService 中，使用 httpClient 访问 v2.jinrishici.com Web 服务：

```
//JinrishiciService.cs
//GetTokenAsync()
response =
  await httpClient.GetAsync(
    "https://v2.jinrishici.com/token");
```

通常情况下，v2.jinrishici.com 会被 DNS 服务器解析到今日诗词 Web 服务的服务器地址，例如 134.175.175.180。但是，为了测试 JinrishiciService，我们希望 v2.jinrishici.com 被解析到本机的地址，即 127.0.0.1，从而访问我们模仿的 Web 服务。为此，需要修改 hosts 文件，以便将 v2.jinrishici.com 强制解析到 127.0.0.1。此时，便需要使用 SwitchHosts 来设置 hosts 文件。

最后一步，需要操作系统信任我们自己签发的 HTTPS 证书。在默认情况下，操作系统只信任少数“受信任的根证书颁发机构”颁发的证书，而开发者自己显然不在其中。为此，需要手动要求操作系统信任开发者自己颁发的证书。从 keytool 生成的 keystore 导出一份 p12 证书，并将 p12 证书导入到“受信任的根证书颁发机构”中。至此，劫持并模仿 Web 服务的全部工作就全部完成了。

16.3 单元测试 Web 服务客户端

有了模仿的 Web 服务之后，JinrishiciService 的测试就变得非常简单了。跟随下面的视频，了解需要测试哪些内容：

测试 JinrishiciService

模仿的 Web 服务极大地简化了 JinrishiciService 的测试。在 JinrishiciServiceTest 测试类中，我们分别测试了 JinrishiciService 能否正常地从存储以及模仿的 Web 服务获取访问 Token。我们还测试了从 Web 服务获取诗词推荐，以及从 IPoetryStorage 获取随机诗词的功能是否正常。

16.4 反思 Web 服务客户端

本章完成的 Web 服务客户端再次凸显了理论与实践的巨大差异。理论上来讲，只需要按照第 8 章“动手做”部分提到的方法，使用 httpClient.GetAsync 函数访问 Web 服务就可以了。但在实际操作中要处理访问异常，要给出错误提示，要缓存结果，还要单元测试。这种差异并不意味着理论是错误的，而是强调了实际应用对完备性的要求：理论往往只关心某一种情况，而实际应用要考虑所有方面。

我们在模仿 Web 服务时进行的复杂操作则凸显了实际应用对知识整合应用的强烈需求：SoapUI 是一种 Web 服务测试工具，要求开发者具备 Web 服务与软件测试的相关知识；node-http-proxy 是一种 Node.js 平台下的反向代理服务器，要求开发者具备 JavaScript 编程、计算机网络、网络架构等相关知识；搭建 HTTPS 反向代理服务器需要 HTTPS 证书与密钥，这涉及到密码学的相关知识；SwitchHosts 通过修改 hosts 文件来干预域名解析，需要计算机网络的相关知识；操作系统对证书的信任机制则再次涉及到密码学的相关知识。仅仅是模仿 Web 服务这一项操作就涉及到了 Web 服务、软件测试、JavaScript 编程、计算机网络、网络架构、密码学 6 门课程的知识。实际应用对知识整合应用能力的要求可见一斑。

在学习的时候，学生经常逐个课程地学习。但很多时候，这些课程的内容不能彼此打通，导致学生的知识总是存在于一个个孤岛之中。然而，实际问题的解决却总是要求学生具备整合运用知识的能力。这要求学生能够将孤岛上的知识连接成网络，这也正是这本书存在的价值。

16.5 动手做

你的项目中存在哪些“理论上很简单，实际上很复杂”的部分？请撰写一份技术报告，介绍一下理论与实践的巨大差异，详细地阐述实际问题的解决都需要注意哪些细节问题。组织一次技术交流，向其他团队介绍你们的技术方案。

16.6 给 PBL 教师的建议

实际问题的魅力就在于它的复杂性。然而，在接受了多年高度理论化的学习之后，学生们可能会倾向于过度地简化问题，例如“假设网络不会发生异常”或“假设用户不会输入错误”。此时，教师需要提醒学生将对理论的关注转移到对现实的关注上，帮助学生认真地分析现实状况，再提出技术方案。

有些时候学生可能会选择只向前迈出有限的一步，例如将“假设网络不会发生异常”变为“假设网络只会发生这种异常”。这样做的原因可能是功利性的：学生通过只找到并解决极少数的异常情况，来节省时间并覆盖“得分点”，既满足教师的要求，又不必投入过多精力。教师有必要让学生知道这样做是错的。一种可能的方法是组织一次头脑风暴，让学生列出所有可能的异常情况，并反思如何能够分门别类地处理这些异常情况。另外，也可以改变考核的规则，将考核“具体做了什么”，变为考核“如何做出来的”。毕竟很多时候，过程比结果更加重要。

第17章 依赖注入

本章主要探讨依赖注入。前文的第7章、第8章、第12章中多次使用了依赖注入容器。现在，我们会重新审视依赖注入，以便在后面的章节更好地使用它。

17.1 新建对象的迷思

在学习任何一门面向对象语言时，几乎都要学习如何新建对象，例如：

```
Student s = new Student();
```

这段代码看起来和声明一个整型变量并没有什么区别：

```
int i = 5;
```

确实，当对象新建起来比较简单时，创建一个对象和声明一个整型变量并没有什么区别。然而，在有些时候，对象新建起来可能会比较复杂。这时，新建对象就会变成一件棘手的事情。

新建复杂的对象

上面的例子演示了新建对象时遇到的两种比较极端的情况。由于很多笔记本电脑是不能自行修改配置的，因此购买笔记本电脑是相对简单的：只要你选好一款机型，付款，就能得到一台完整的计算机。从编程的角度描述，新建一个笔记本计算机对象很容易：

```
var laptop = new Laptop();
```

这看起来和前面章节中做的没有什么不同。例如，JinrishiciService 中也是这么新建 HttpClient 的：

```
//JinrishiciService.cs
//GetTokenAsync()
using (var httpClient = new HttpClient()) {
  ...
```

然而，如果打算组装一台计算机，事情就要麻烦多了。首先，需要准备好CPU、散热器、显卡、内存、硬盘等：

```
var cpu = new Cpu();
var cooler = new Cooler();
var graphicCard = new GraphicCard();
var ram = new Ram();
var hardDrive = new HardDrive();
```

接下来将它们安装到主板上：

```
var motherboard = new Motherboard(
  cpu, cooler, graphicCard, ram, hardDrive);
```

然后，需要准备好电源：

```
var powerSupply = new PowerSupply();
```

并把电源和主板安装到机箱里：

```
var aCase = new Case(motherboard, powerSupply);
```

接下来，需要准备显示器、键盘、鼠标：

```
var monitor = new Monitor();
var keyboard = new Keyboard();
var mouse = new Mouse();
```

最后连接它们，得到一台组装计算机：

```
var customPC = new CustomPC(aCase, monitor, keyboard, mouse);
```

如果对比一下新建笔记本电脑和新建组装电脑的过程，可以很容易地看到新建复杂对象时遇到的问题：我们必须为复杂对象的创建做出大量的准备，并且这种准备涉及大量的实现细节。正如在组装计算机时，必须知道每一个组件的具体型号；在新建复杂对象时，则必须知道如何新建复杂对象所依赖的每一个对象。

值得庆幸的是，由于有了依赖注入，我们目前为止还没有陷入过这种窘境。但如果没有依赖注入，就会遇到同样的问题。在 Dpx 项目中，ResultPageViewModel 的实例化依赖 IPoetryStorage。而 IPoetyStorage 的实现类 PoetryStorage 的实例化又依赖 IPreferenceStorage。如果没有依赖注入，ViewModelLocator 就只能写成下面的形式：

```
//ViewModelLocator.cs
public ResultPageViewModel ResultPageViewModel {
  get {
    IPreferenceStorage preferenceStorage =
      new PreferenceStorage();
    IPoetryStorage poetryStorage =
      new PoetryStorage(preferenceStorage);
    return new ResultPageViewModel(poetryStorage);
  }
}
```

这样做会带来一系列问题。

首先,与新建组装计算机时一样,ViewModelLocator 必须知道如何新建整个项目中的每一个类,而这是非常可怕的。仅仅是功能如此简单的 Dpx 项目,也涉及了 16 个 IService 接口,15 个 Service 实现类,10 个 ViewModel,以及更多的其他类型。在稍微复杂一些的项目中,这些数字很容易就可以达到几百甚至几千。如果要求 ViewModelLocator 了解如何新建项目中的每一个类,就等于要求编写 ViewModelLocator 的开发人员了解项目中所有类型的继承与依赖关系。这几乎是不可能的。

其次,新建对象的过程一旦发生变化,就可能会引发大量的修改。11.5 节中曾为了让 PoetryStorage 类变得可测试而创造了 IPreferenceStorage。在此之前,new PoetryStorage 是这样的:

```
IPoetryStorage poetryStorage = new PoetryStorage();
```

在此之后,new PoetryStorage 则变成了:

```
IPreferenceStorage preferenceStorage =
  new PreferenceStorage();
IPoetryStorage poetryStorage =
  new PoetryStorage(preferenceStorage);
```

我们之前很少遇到这类问题。这是由于我们通常都是在新建系统或第三方库提供的类。经过多年的开发,这些类的设计已经变得非常稳定。因此,新建它们的过程也不太可能发生变化。然而,在软件开发的过程中,我们自己开发的类却经常发生变化。而一旦这种变化影响到了新建过程,就会导致 ViewModelLocator 中所有涉及这个类的部分都需要修改。这种大范围的修改很容易引发 bug。尤其当整个软件几乎所有的关键对象都在 ViewModelLocator 中新建时,这种修改可能会导致灾难性的后果。

第三,直接新建对象让对象的复用变得混乱与困难。软件中经常存在只需要创建一个实例的类,所有依赖这个类的对象都可以共享这一个实例。例如,PreferenceStorage 类就只需要创建一个实例,而所有依赖 IPreferenceStorage 的类都可以共享这个实例。然而,如果由 ViewModelLocator 来新建所有的实例,就需要 ViewModelLocator 的开发人员记住哪些类的实例是可以共享的,哪些是不能共享的。如果有几十上百个类需要新建,那么开发人员几乎不可避免地。即便软件已经表现出了不正常的行为,也很难确定到底哪里出了错误。

总体来讲,系统或第三方库提供的类通常都比较简单且稳定。新建这些类多数时候都是相对安全的。而开发者自己开发的类有很多都比较复杂且容易变化。新建这些类的时候就非常容易发生问题。既然如此,如何才能优雅地将其实例化呢?

17.2 使用工厂函数创建对象

既然集中地创建复杂对象会导致很多问题,可以考虑分散地创建它们。工厂函数

(Factory Method)就是一种常用的分散创建复杂对象的方法[①]。跟随下面的视频，了解如何使用工厂函数来实例化组装电脑对象。

使用工厂函数实例化组装计算机

上面的例子中一共改造了三种复杂对象的创建过程：主板 Motherboard、机箱 Case、组装计算机 CustomPC。下面以机箱为例，解释工厂函数带来的改进。

将机箱的创建过程封装在一个工厂函数中：

```
public static Case GetInstance() {
  var powerSupply = new PowerSupply();
  var motherboard = Motherboard.GetInstance();
  return new Case(motherboard, powerSupply);
}
```

机箱的创建依赖一个复杂对象“主板”，以及一个简单对象“电源”。在机箱的工厂函数中，首先新建一个简单对象“电源”，再调用主板的工厂函数 Motherboard.GetInstance()，从而获得一个复杂对象“主板”。接下来就能够新建一个复杂对象“机箱”了。

类似地，复杂对象“组装计算机”的工厂函数也依赖机箱的工厂函数：

```
public static CustomPC GetInstance() {
  var aCase = Case.GetInstance();
  var monitor = new Monitor();
  var keyboard = new Keyboard();
  var mouse = new Mouse();

  return new CustomPC(aCase, monitor, keyboard, mouse);
}
```

工厂函数极大地缓解了 17.1 节中提到的三个问题。首先，工厂函数只需要知道如何得到它所依赖类型的实例就可以了。以机箱的工厂函数为例，它只需要知道如何实例化一个简单对象电源，并知道从何处能够得到一个复杂对象主板就可以了。相比于必须知道如何新建整个项目中每一个类，工厂函数的复杂度极大程度地降低了。

其次，一旦新建对象的过程发生了变化，只需要修改工厂函数就可以了。那些调用工厂函数获得类实例的代码则完全不会受到影响。一种稍微复杂的情况是，原本可以直接新建的对象：

```
Student s = new Student();
```

可能会变得必须通过工厂函数才能得到：

```
Student s = Stuent.GetInstance();
```

但如果一开始就为每一个类都提供一个工厂函数，就能够解决这个问题。

① 这里的“工厂函数”其实就是“工厂方法模式(Factory Method Pattern)”。将 Factory Method 翻译成“工厂函数”是为了避免歧义。

第三,工厂函数可以较好地管理对象的复用。由于工厂函数接管了对象的实例化工作,因此一个工厂函数可以很容易地控制一个类可以实例化对象的个数。同时,由于对象的复用策略被分散到各个工厂函数中,同时一个工厂函数只负责实例化一种类型的对象,因此每个工厂函数的对象复用代码都变得更加简单。这降低了出错的可能性。

现在看来,工厂函数几乎是解决新建对象问题的一个完美答案,除了使用起来有点复杂[①]:如果想充分发挥工厂函数的优势,就需要为每一个类都提供一个工厂函数。

更方便的方法是使用依赖注入容器。

17.3 使用依赖注入容器创建对象

依赖注入容器是一个自动化的超级工厂。"超级"是因为一个依赖注入容器就能完成所有类型对象的创建。而如果使用工厂函数,则需要为每一个类型都单独开发一个工厂函数。"自动化"是因为依赖注入容器能够自动判断一个类型的实例化需要依赖哪些对象,并自动地将其实例化。相比之下,工厂函数却要求开发者自行判断并调用依赖类型的工厂函数。下面来看如何使用依赖注入容器来实例化组装计算机对象。

依赖注入容器实例化组装计算机

7.4节中曾经提到,SimpleIoc就是一个依赖注入容器。并且和之前一样,只需要将类型注册到SimpleIoc:

```
...
SimpleIoc.Default.Register<Motherboard>();
SimpleIoc.Default.Register<PowerSupply>();
SimpleIoc.Default.Register<Case>();
...
SimpleIoc.Default.Register<CustomPC>();
```

再使用SimpleIoc获得类型的实例就可以了:

```
public CustomPC GetCustomPC() =>
  SimpleIoc.Default.GetInstance<CustomPC>();
```

上文提到,依赖注入容器可以自动判断一个类型的实例化需要依赖哪些对象,将其实例化。那么,SimpleIoc是如何做到这一点的呢?下面来看SimpleIoc的源代码[②]。

在下面的代码中,serviceType变量就是需要实例化的类型。首先,SimpleIoc会获取serviceType的构造函数的信息:

```
var constructor = ... GetConstructorInfo(serviceType);
```

接下来,SimpleIoc会读取构造函数的所有参数:

---

① 当然,工厂方法模式的缺点不只有这一个。这里指出的只是一个比较明显的缺点。

② https://github.com/lbugnion/mvvmlight/blob/master/GalaSoft.MvvmLight/GalaSoft.MvvmLight.Extras%20(PCL)/Ioc/SimpleIoc.cs。

```
var parameterInfos = constructor.GetParameters();
...
var parameters = new object[parameterInfos.Length];
```

然后，SimpleIoc 会利用 GetService 函数获得每一个参数所对应类型的实例：

```
foreach (var parameterInfo in parameterInfos)
{
  parameters[parameterInfo.Position] =
    GetService(parameterInfo.ParameterType);
}
```

最后，SimpleIoc 会将所有的参数传递给构造函数，从而获得指定类型的实例。

```
return (TClass)constructor.Invoke(parameters);
```

上面这行代码就相当于：

```
return new TClass(parameters[0], parameters[1], ...);
```

总体来讲，SimpleIoc 使用了一种被称为反射的技术来读取构造函数的参数信息，获取每个参数的实例，再调用构造函数并获得对象。反射技术有些抽象，此处不做深入讨论。如果读者有兴趣，可以阅读下面的文档：

> 关于反射的更多信息，请访问 https://docs.microsoft.com/zh-cn/dotnet/csharp/programming-guide/concepts/reflection。

在了解依赖注入容器 SimpleIoc 的实现原理之后，下面再来讨论"依赖注入"本身。从字面上理解，依赖注入就是将实例化对象所需要的依赖识别出来，并注入构造函数中。依赖注入容器则是实现依赖注入的工具。之所以被称为容器，主要原因就是依赖注入容器里面装满了各种各样的类型以及实例。

需要注意的是，在默认情况下，SimpleIoc 会复用每个类型的对象。换句话说，对于注册到 SimpleIoc 的每一个类型，SimpleIoc 只会生成一个对象。这意味着每次获得组装计算机实例时：

```
SimpleIoc.Default.GetInstance<CustomPC>();
```

获得的都是同一个对象。这种行为在 MVVM + IService 架构中是非常合理的：通常情况下，无论是 ViewModel 还是 IService，开发者希望每一个对象都是被共享的。例如，无论在哪个 ViewModel 中，只要需要 IPoetryStorage 接口的实例，开发者都会希望复用同一个实例，而不是为每个 ViewModel 单独生成一个 IPoetryStorage 实例。这样既能节省内存资源，又方便在出错时定位错误。当然，也可以要求 SimpleIoc 生成新的实例，而不是共享已有的实例。

17.4 反思依赖注入

依赖注入容器是一种典型的只有在足够复杂的问题中才能派上用场的工具。在很多课后习题和课程设计中,由于问题过于简单,往往直接新建对象更容易。

事实上,在简单的问题中使用依赖注入反而有过度使用工具的嫌疑。就像7.1节中使用MVVM模式实现HelloWorld一样,如果单纯以显示HelloWorld的需求来看,使用如此复杂的模式实现如此简单的功能是非常不妥当的。

然而,现实生活中很少存在像课后习题和课程设计这样简单的问题。这时,就需要使用类似依赖注入容器的更加专业的工具。这也解释了为什么我们一定要尝试解决复杂的问题——只有足够复杂的问题才能让专业工具的价值充分体现。

第三部分　深入客户端

这一部分的目的是帮助读者进一步深入客户端开发,学习一些“花式”技术。各章的主要内容如下:

第 18 章

- 文件的下载与保存方法
- 图片的缓存与缓存更新机制

第 19 章

- Master-Detail(主从)导航机制
- 设计面向 MVVM + IService 架构的导航服务

第 20 章

- 实现带参数的导航
- 自定义属性的实现与使用。

第 21 章

- “套娃”技术“ViewModel in ViewModel”
- 批量显示按钮

第 22 章

- LINQ 简介
- 动态生成 LINQ 的方法

第 23 章

- 导航相关内容
- 实现导航菜单
- 应用程序的初始化

第 24 章

- 在对象之间传递信息的三种方法:返回值、事件、消息机制

第 25 章

- 使用事件实现跨页面的控件数据同步

第 26 章

- 面向跨设备数据同步设计类与服务

第 27 章

- 访问 OneDrive
- 利用 OneDrive 实现跨设备数据同步

第18章

文件的下载与缓存

下面重回 Dpx 项目的开发。

14.3 节中设计了 ITodayImageService，并要求它提供两种功能——获得本地缓存的背景图片，以及检查图片是否有更新。这些功能的实现涉及文件的下载与缓存。

与第 16 章学习的 Web 服务客户端类似，文件的下载与缓存文件也是理论上很简单，实际上很复杂的。为了能够优雅地操作文件，开发者需要使用一些技术与技巧。下面逐步地研究这些技术和技巧。

18.1 下载文件

本着“先解决有无，再解决好坏”的思想，首先研究如何从必应每日图片 Web 服务下载图片文件。

从必应每日图片 Web 服务下载图片文件

从必应每日图片 Web 服务的响应结果中，可以发现一个 url 属性：

```
{
  "images": [
  {
    ...
    "url": "/th? id=OHR.IchetuckneeRiver_EN-CN6729629089_1920x1080.
jpg&rf=LaDigue_1920x1080.jpg&pid=hp",
    ...
```

将这个 url 属性拼接上必应每日图片 Web 服务网址的域名 www.bing.com，并输入浏览器中访问，就能打开当天的每日图片，如图 18-1 所示。

因此，只需要访问上述拼接的网址：

```
//BingImageService.cs
//CheckUpdateAsync()
response =
  await httpClient.GetAsync("https://www.bing.com" +
    bingImage.Url);
```

再使用 ReadAsByteArrayAsync 函数将文件读取为字节数组就可以了：

```
await response.Content.ReadAsByteArrayAsync();
```

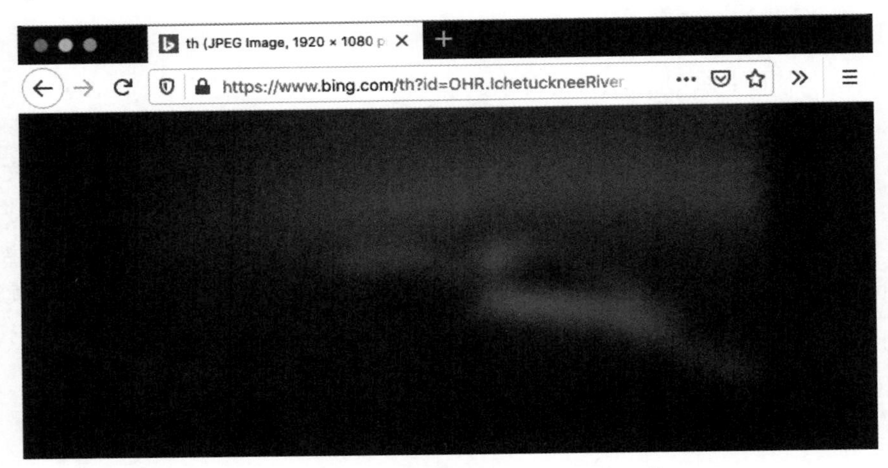

图 18-1 使用浏览器打开必应每日图片[①]

18.2 检查文件更新

14.3 节中为 ITodayPoetryService 设计了一个 CheckUpdateAsync 函数，用于检查必应每日图片是否有更新。由于必应每日图片每天只更新一张图片，当用户每天多次打开 Dpx 应用时，开发者显然不必每次都访问 Web 服务并检查图片是否有更新。那么，应该依据什么样的策略来检查图片更新呢？

检查文件更新

如果查看必应每日图片 Web 服务的响应结果，可以注意到三个属性：

```
"startdate": "20191119",
"fullstartdate": "201911190800",
"enddate": "20191120",
```

即便没有文档对这些属性做出解释，也能从它们的名字猜测它们的功能。startdate 应该是图片的生效日期，即 2019 年 11 月 19 日；enddate 应该是图片的失效日期，即 2019 年 11 月 20 日；而 fullstartdate 应该是图片的生效时间，即 2019 年 11 月 19 日 8 时 0 分。

① 出于版权方面的原因，图片内容进行了模糊。

由于没有 fullenddate 属性，无法得知图片的失效时间。但可以做出一个推断：既然图片的生效时间是 8 时 0 分，那么它的失效时间就应该是第二天的 7 时 59 分 59 秒，因为下一张图片的生效时间估计会是第二天的 8 时 0 分。

基于上述推断，可以得到一个检查图片更新的策略。首先，将图片的失效时间推断为生效时间 ＋ 24 小时，并将失效时间（使用 ExpiresAt 属性存储）与图片的二进制数据、版权信息等数据一并封装在 TodayImage 类中。每次检查图片更新时，如果当前时间没有超过失效时间，就不必访问必应每日图片 Web 服务，而可以直接返回没有更新：

```
if (todayImage.ExpiresAt > DateTime.Now) {
  return new TodayImageServiceCheckUpdateResult {
    HasUpdate = false
  };
}
```

其次，即便当前时间超过了图片的失效时间，也不代表必应每日图片 Web 服务一定更新了图片。为此，需要访问 Web 服务并获取响应，进而检查响应的 fullstartdate 属性值是否大于当前图片的 FullStartDate 属性值。这意味着还需要将图片的生效时间（使用 FullStartDate 属性存储）也封装到 TodayImage 类中：

```
//The fullstartdate property returned by the Web service
var bingImageFullStartDate = DateTime.ParseExact(
  bingImage.Fullstartdate, "yyyyMMddHHmm",
  CultureInfo.InvariantCulture);

//The FullStartDate property of TodayImage
var todayImageFullStartDate = DateTime.ParseExact(
  todayImage.FullStartDate, "yyyyMMddHHmm",
  CultureInfo.InvariantCulture);
```

如果当前时间超过了图片的失效时间，同时 Web 服务返回的 fullstartdate 属性并不比当前图片的 FullStartDate 属性更大，就意味着必应每日图片 Web 服务还没有更新新的图片。此时，将当前图片的失效时间延长 2 个小时，从而避免重复地访问 Web 服务：

```
if (bingImageFullStartDate <= todayImageFullStartDate) {
  todayImage.ExpiresAt = DateTime.Now.AddHours(2);
  todayImage.Scope =
    TodayImage.ModificationScope.ExpiresAt;

  //Saving the modified todayImage object.
  ...

  return new TodayImageServiceCheckUpdateResult {
    HasUpdate = false
  };
}
```

这里,向 TodayImage 类添加了一个用于标识修改范围的属性:

```
//TodayImage.cs
//修改范围。
public ModificationScope Scope { get; set; }

public enum ModificationScope {
  All,
  ExpiresAt
}
```

当 Scope 属性的值为 ModificationScope.ExpiresAt 时,则只有 ExpiresAt 属性发生了修改。

只有在当前时间超过了图片的失效时间,并且 Web 服务返回的 fullstartdate 属性值大于当前图片的 FullStartDate 属性值时,才代表必应每日图片 Web 服务更新了图片。此时,才更新 todayImage 对象的数据,下载新图片的二进制数据,并将更新后的 todayImage 对象缓存。

```
todayImage = new TodayImage {
  FullStartDate = bingImage.Fullstartdate,
  ExpiresAt = bingImageFullStartDate.AddDays(1),
  Copyright = bingImage.Copyright,
  CopyrightLink = bingImage.Copyrightlink,
  ...
};

//Downloading the binary data of the new image
...
todayImage.ImageBytes =
  await response.Content.ReadAsByteArrayAsync();
...

//Saving the updated todayImage object
...

return new TodayImageServiceCheckUpdateResult {
  HasUpdate = true, TodayImage = todayImage
};
```

18.3 设计文件缓存

在确定了检查图片更新的策略之后,就可以研究如何缓存文件了。这里所谓的缓存文件,其实指缓存 TodayImage 类的实例。TodayImage 类封装了与背景图片有关的所有信息，包括图片的二进制数据、版权信息、过期时间等。这些信息都是 Dpx 应用运行所必须的，因此全部都需要缓存。

由于 ITodayImageService 的实现类 BingImageService 已经负责了检查更新与下载图片的工作，为了降低类的复杂度，可以将缓存文件的操作独立出来，形成一个 ITodayImageStorage。这个接口提供两种功能：缓存 TodayImage 类的实例，以及从缓存中读取 TodayImage 类的实例：

设计文件缓存

```
//ITodayImageStorage.cs
//今日图片存储。
public interface ITodayImageStorage {
  //获得今日图片。
  Task<TodayImage> GetTodayImageAsync();
  ///<summary>
  ///保存今日图片。
  ///</summary>
  ///<param name="todayImage">待更新的今日图片。</param>
  Task SaveTodayImageAsync(TodayImage todayImage);
}
```

既然 ITodayImageStorage 负责缓存 TodayImage 类的实例，先了解 TodayImage 类中有哪些数据需要缓存。通过简单的分析就能发现，TodayImage 类封装的数据主要包括两种类型：①轻量级的数据，例如过期时间、版权信息等。这些数据的数据量非常小，直接使用偏好存储就能保存。②重量级的数据，指的是图片的二进制数据。这些数据的数据量比较大，可能达到几百 KB 甚至几 MB，适合直接保存为文件。显然，轻量级数据的读写会比较快，而重量级数据的读写会更慢。那么，一个很自然的问题就是，是否可以在某些时候避免读写重量级数据，从而提升性能呢？

答案是肯定的。如果注意一下 18.2 节中制定的更新检查策略，就会发现一些不需要读写重量级数据的场合。首先，在检查图片更新时，首先判断图片的失效时间。此时，只需要读取轻量级的数据即可，而不需要读取重量级的数据。这是由于图片的二进制数据对于检查图片的失效时间没有任何作用。其次，当图片失效但 Web 服务没有更新图片时，需要将失效时间延长 2 小时，并保存修改后的 todayImage 对象。此时，只有轻量级的数据发生了改变，重量级的数据并没有发生改变。因此，只需要保存轻量级的数据就可以了。

基于上述分析，针对从缓存中读取 TodayImage 类实例的情况，调整 ITodayImageStorage 的 GetTodayImageAsync 函数定义：

```
///<summary>
///获得今日图片。
///</summary>
///<param name="includingImageStream">是否包含图片流。</param>
Task<TodayImage> GetTodayImageAsync
  (bool includingImageStream);
```

如此，就可以传递一个布尔型的参数，用于说明返回的 TodayImage 类实例是否需要包含图片的二进制数据。同时，当 18.2 节添加的 Scope 属性的值为 ExipresAt 时，ITodayImageStorage 的实现类只需要缓存 ExpiresAt 属性的值就可以了。

ITodayImageStorage 的最终设计为：

```
//ITodayImageStorage.cs
//今日图片存储。
public interface ITodayImageStorage {
  ///<summary>
  ///获得今日图片。
  ///</summary>
  ///<param name="includingImageStream">是否包含图片流。...
  Task<TodayImage> GetTodayImageAsync
    (bool includingImageStream);
  ///<summary>
  ///保存今日图片。
  ///</summary>
  ///<param name="todayImage">待更新的今日图片。</param>
  Task SaveTodayImageAsync(TodayImage todayImage);
}
```

18.4 实现文件缓存

实现 ITodayImage-Storage

最后实现 ITodayImageStorage。

用于缓存 TodayImage 的 SaveTodayImageAsync 函数的实现比较简单。对于轻量级数据，直接使用偏好存储保存它们：

```
//TodayImageStorage.cs
//SaveTodayImageAsync()
_preferenceStorage.Set(ExpiresAtKey, todayImage.ExpiresAt);
if (todayImage.Scope ==
  TodayImage.ModificationScope.ExpiresAt)
  return;

_preferenceStorage.Set(FullStartDateKey,
            todayImage.FullStartDate);
_preferenceStorage.Set(CopyrightKey, todayImage.Copyright);
_preferenceStorage.Set(CopyrightLinkKey,
            todayImage.CopyrightLink);
```

对于重量级的图片二进制数据，将其保存到文件中：

```
using (var imageFileStream =
  new FileStream(TodayImagePath, FileMode.Create)) {
```

```
    await imageFileStream.WriteAsync(
      todayImage.ImageBytes, 0,
      todayImage.ImageBytes.Length);
  }
```

在上面的代码中，首先打开一个文件流 FileStream 对象，再调用 WriteAsync 函数将图片的二进制数据写入到文件流中。图片文件存储路径 TodayImagePath 的生成规则与 10.6.1 节中数据库文件的存储路径 PoetryDbPath 的生成规则基本相同：

```
//今日图片文件路径。
private static readonly string TodayImagePath =
  Path.Combine(
    Environment.GetFolderPath(Environment.SpecialFolder
      .LocalApplicationData), FileName);
```

用于从缓存中读取 TodayImage 的 GetTodayImageAsync 函数实现起来与 SaveTodayImageAsync 函数类似。只不过 SaveTodayImageAsync 函数是在写入数据，而 GetTodayImageAsync 函数是在读取数据。

实现 GetTodayImageAsync 函数

GetTodayImageAsync 函数还需要处理一种特殊情况：在 Dpx 应用首次启动时，还没有缓存任何背景图片。此时应该如何显示默认的背景图片？

我们的做法，是为每一项轻量级数据都准备一个默认值：

```
//GetTodayImageAsync()
var todayImage = new TodayImage {
  FullStartDate =
    _preferenceStorage.Get(FullStartDateKey,
      FullStartDateDefault),
  ExpiresAt =
    _preferenceStorage.Get(ExpiresAtKey,
                ExpiresAtDefault),
  Copyright =
    _preferenceStorage.Get(CopyrightKey,
                CopyrightDefault),
  CopyrightLink = _preferenceStorage.Get(CopyrightLinkKey,
    CopyrightLinkDefault)
};
```

同时，我们还为重量级的图片二进制数据准备了一张默认的图片。为此，采用与 10.6.4 节中准备诗词数据库文件类似的方法。首先，判断图片文件存储路径是否存在：

```
if (!File.Exists(TodayImagePath)) {
    ...
```

如果路径不存在，就代表这是首次运行 Dpx 应用。在这种情况下，将嵌入式资源中的默认图片复制到图片文件存储路径：

```
using (var imageFileStream =
  new FileStream(TodayImagePath, FileMode.Create))
using (var imageAssetStream = Assembly.GetExecutingAssembly()
  .GetManifestResourceStream(FileName)) {
  await imageAssetStream.CopyToAsync(imageFileStream);
}
```

接下来,将图片文件读取到 TodayImage 的 ImageBytes 属性中:

```
var imageMemoryStream = new MemoryStream();
using (var imageFileStream =
  new FileStream(TodayImagePath, FileMode.Open)) {
  await imageFileStream.CopyToAsync(imageMemoryStream);
}
todayImage.ImageBytes = imageMemoryStream.ToArray();
```

最后,BingImageService 及其相关 IService 如图 18-2 所示。

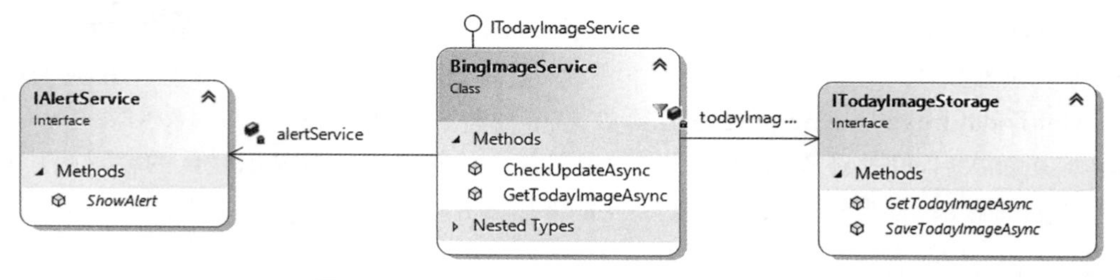

图 18-2 BingImageService 及其相关 IService

18.5 文件的单元测试

在完成了 BingImageService 与 TodayImageStorage 的开发之后,还需要对它们进行单元测试。首先,模仿必应每日图片 Web 服务。

模仿好 Web 服务之后,就可以测试 BingImageService 了。

这里使用了与第 16 章相同的技术来测试 BingImageService。下面测试 TodayImageStorage。

模仿必应每日图片 Web 服务

测试 BingImageService

测试 TodayImageStorage

在测试 TodayImageStorage 时会遇到一个问题:如何判断 GetTodayImageAsync 函数返回的图片二进制数据是否正确?

可以采用计算图片二进制数据的 MD5 值的做法:

```
//TodayImageStorageTest.cs
//TestGetTodayImageAsync()
var md5 = MD5.Create();
var todayImageHash =
  BitConverter.ToString(
    md5.ComputeHash(todayImage.ImageBytes));
```

MD5 是一种信息摘要算法。简单来讲，相同数据的 MD5 值应该是相同的，同时不同数据的 MD5 值应该是不同的。如此，可以预先计算默认图片的 MD5 值，并判断它是否等于 GetTodayImageAsync 函数返回的图片二进制数据的 MD5 值：

```
Assert.AreEqual(
  "1B-69-E9-D8-43-03-6F-9F-EB-C7-22-C4-7A-FF-2F-42",
  todayImageHash);
```

> 关于 MD5 的更多内容，请访问 https://docs.microsoft.com/zh-cn/dotnet/api/system.security.cryptography.md5。

完成测试之后，与今日推荐页相关的全部开发就全部完成了。跟随下面的视频，将相关的接口与实现类注册到 ViewModelLocator 中，再将今日推荐页显示出来吧！

显示今日推荐页

18.6 反思文件操作

很多同学都觉得文件操作不容易学习。这可能是因为很多书在介绍文件操作时，都将主要精力放在如何逐个字符地读写文本文件，或是逐个比特读写二进制文件。可在实际的应用开发中，开发者又是如何使用文件的呢[①]？

开发者总会优先考虑使用各种类型的数据库来存储数据，包括关系数据库、键-值数据库等。只有当数据库不适合解决开发者的问题时，才应该考虑使用文件。

一类典型的涉及读写文本文件的情况是读写日志文件。开发者可能经常需要读写如下形式的日志文件[②]：

```
[INFO] ------------------------------------------------------------------------
[INFO] BUILD SUCCESS
[INFO] ------------------------------------------------------------------------
[INFO] Total time:  1.355 s
[INFO] Finished at: 2019-12-24T20:51:25+08:00
[INFO] ------------------------------------------------------------------------
```

不过，这类日志文件通常都是以行为单位读写的，不太会出现逐个字符读写的情况。

① 这里针对的是应用(App)开发。这些结论可能不适用于 IoT 开发等其他场景。

② 这段日志来自 Apache Maven 的编译结果。

另一类需要读写文本文件的情况,是读写 JSON、XML 等格式化的文本文件。然而,通常可以借助专门的工具类来读写它们,直接读写这些文件的机会很少。

二进制文件则更多地采用 18.4 节的方法,将其作为整体读取和写入,再借助专门的工具类来处理流或字节数组。相比逐个字符地读写文本文件,逐个比特地读写二进制文件更加罕见。

总体来讲,在实际的应用开发中,开发者不太需要逐个字符或比特地读写数据,而会使用更加简单和直观的方式操作文件,如借助工具类或直接读写整个文件。并且,逐个字符或比特地读写文件并不比这更复杂,只是因为不够直观而相对不容易理解。如果能熟练地使用工具类或直接读写整个文件,那么当遇到必须逐个字符或比特读写文件的问题,通常可以非常快速地解决。

第19章 页 面 导 航

截至目前，我们已经完成了两个页面的开发：今日推荐页和搜索结果页。现在，该考虑如何在页面之间导航了。本章将深入探讨 Master-Detail 模板的页面导航机制，并针对这套页面导航机制设计一套导航 IService，并实现它。

19.1 Master-Detail 模板的页面导航

12.4.2 节中曾修改过 MainPage.xaml，从而让 Dpx 应用在启动时显示搜索结果页。18.5 节中又再次将启动页面修改为今日推荐页。这一次，我们会详细地了解 Master-Detail 模板的页面导航机制。跟随下面的视频，了解 Master-Detail 模板是如何在不同页面之间导航的。

页面导航机制

就像 10.1 节中讨论过的，Master-Detail 模板的主从有两层含义，即主从列表和主从菜单，分别如图 19-1 与图 19-2 所示。主从列表与主从菜单的导航都是通过 MainPage 实现的，但实现的机制完全不同。在探讨它们各自的实现机制前，首先了解 MainPage 的页面结构，如图 19-3 所示。

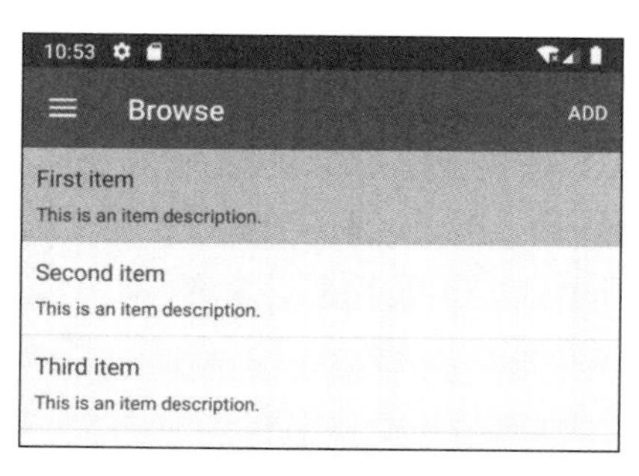

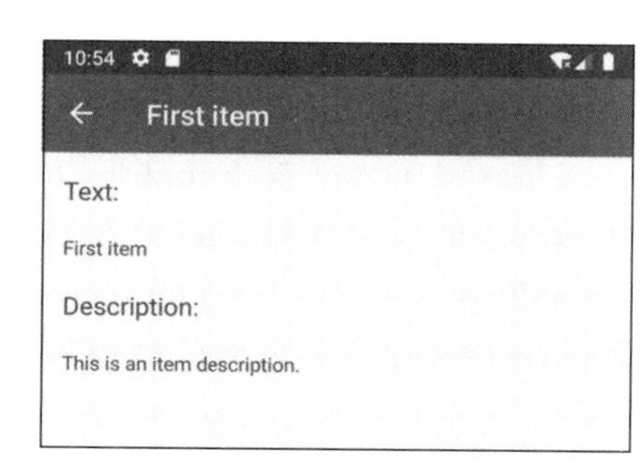

图 19-1　Master-Detail(主从)列表

MainPage 继承自 MasterDetailPage，并因此具有两个可用于显示其他页面的属性：Master 与 Detail。Master 属性用于显示主从菜单的菜单页。在 Master-Detail 模板中，Master 属性被赋值为 MenuPage 的实例。因此，当单击列表页面左上角的汉堡按钮时，就会显示出菜单页，如图 19-2 所示。

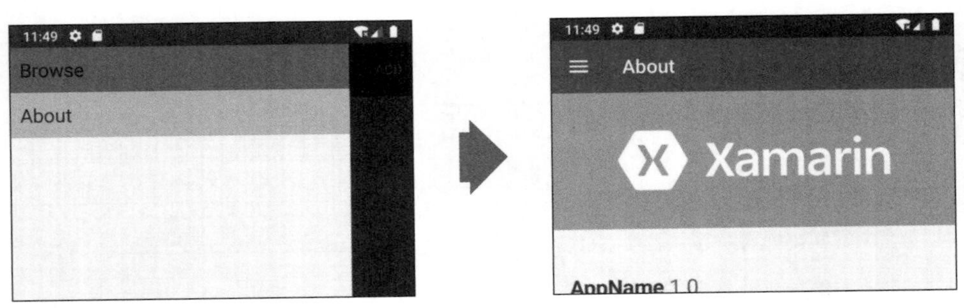

图 19-2 Master-Detail(主从)菜单

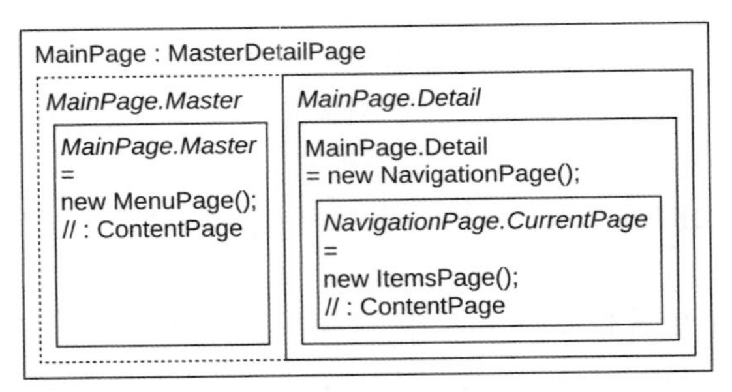

图 19-3 Master-Detail 模板的 MainPage 页面结构

Detail 属性用于显示主从菜单的从页面。然而,在 Master-Detail 模板中,Detail 属性并没有被直接赋值为 ItemsPage 的实例,而是被赋值为一个 NavigationPage 的实例。ItemsPage 的实例则显示在 NavigationPage 实例里面。从名字就能看出,NavigationPage 的实例具有导航功能。事实上,主从列表(注意,不是主从菜单)的导航就是通过 NavigationPage 实现的。

接下来看主从列表以及主从菜单的导航分别是如何实现的。

19.1.1 主从列表导航

Master-Detail 模板并没有严格地遵守 MVVM + IService 架构,因此主从列表的导航代码并没有写在 ItemsViewModel 里,而是直接写在了 ItemsPage.xaml.cs 中。当用户点击 ListView 的列表项时,会触发 ItemSelected 事件,进而执行导航代码:

主从列表导航的实现原理

```
//ItemsPage.xaml.cs
await Navigation.PushAsync(
  new ItemDetailPage(new ItemDetailViewModel(item)));
```

上面代码中的 Navigation 属性是由 ItemsPage 的基类 ContentPage 提供的。当 ContentPage 实例显示在 NavigationPage 实例中时,就可以通过 Navigation 属性控制 NavigationPage 实例进行导航。由于 ItemsPage 实例自身也显示在 NavigationPage 实例中,因此当 ItemsPage 实例通过 Navigation 属性导航到 ItemDetailPage 时,会导致自身被

ItemDetailPage 实例替换。

从上面的分析可以看出，主从列表导航本质上是“自己控制自己”导航：NavigationPage 中显示的页面控制 NavigationPage 进行导航。此时，导航请求在 NavigationPage 中显示的页面发起，通过页面的 Navigation 属性发送到 NavigationPage，并由 NavigationPage 执行。通过 Navigation 属性，NavigationPage 和 NavigationPage 中显示的页面连接在了一起，形成了一个整体。主从列表导航则是在这个整体中进行的。

NavigationPage 还会自动维护导航历史，同时在用户界面的左上角显示返回按钮。利用返回按钮，用户可以随时返回到前一个页面。而开发人员则不需要进行任何额外的操作，就能享受这一福利。

19.1.2 主从菜单导航

主从菜单导航要比主从列表导航复杂得多。它的复杂之处在于，导航请求是在 MenuPage 中发起的，但却是在 MainPage 中执行的：

主从菜单导航的实现原理

```
//MenuPage.xaml.cs
MainPage RootPage {
  get => Application.Current.MainPage as MainPage;
}

ListViewMenu.ItemSelected += async (sender, e) =>
{
  ...
  var id = (int)((HomeMenuItem)e.SelectedItem).Id;
  await RootPage.NavigateFromMenu(id);
};
```

这段代码的不优雅之处在于，MenuPage 需要显式地调用 MainPage 的 NavigateFromMenu 函数。这导致 MenuPage 直接依赖 MainPage。相比之下，在主从列表导航中，ItemsPage 只需要调用自身的 Navigation 属性就能实现导航：

```
//ItemsPage.xaml.cs
await Navigation.PushAsync(
  new ItemDetailPage(new ItemDetailViewModel(item)));
```

此时，ItemsPage 不依赖任何类型。当然，ItemsPage 的 Navigation 属性会自动关联到 NavigationPage。然而这种关联是自动完成的，ItemsPage 对此并不知情。因此，从类设计的角度来讲，ItemsPage 类并没有形成对 NavigationPage 类的依赖。

主从菜单导航还有一个麻烦的地方：与 Navigation 属性的 PushAsync 函数不同，MainPage 的 NaivgateFromMenu 函数并不是由 Xamarin.Forms 框架提供的，而是由开发者自己实现的。

在 MainPage.xaml.cs 文件中，存在一个名为 MenuPages 的成员变量。MenuPages

是一个“字典(Dictionary)”[①],它的作用是根据主从菜单导航的目标ID查找对应的NavigationPage实例。这些NavigationPage实例会被赋值给MainPage实例的Detail属性,如图19-3所示。

```
//MainPage.xaml.cs
Dictionary<int, NavigationPage> MenuPages
  = new Dictionary<int, NavigationPage>();
```

接下来,在MainPage的构造函数中,MenuPages字典被添加了一个字典项。这个字典项的键为MenuItemType枚举类型的Browse枚举[②],其值则是Detail属性的值。这里Detail属性的值就是XAML代码中定义的NavigationPage实例。

```
//MainPage.xaml.cs
public MainPage()
{
  MenuPages.Add(
    (int)MenuItemType.Browse, (NavigationPage)Detail);
}

//MainPage.xaml
<MasterDetailPage.Detail>
  <NavigationPage>
  ...
```

这段代码表明,在MainPage的构造函数执行之后,MenuPages字典中只有一个字典项,其值为Browse菜单项所对应的NavigationPage实例。然而,MenuPage中一共有Browse和About两个菜单项。那么,About菜单项所对应的NavigationPage实例在哪里初始化呢?

答案是,在NavigateFromMenu函数被调用时,按照需求进行初始化。在NavigateFromMenu函数的一开始,会首先判断MenuPages字典中是否包含参数id所对应的字典项:

```
//MainPage.xaml.cs
public async Task NavigateFromMenu(int id)
{
  if (!MenuPages.ContainsKey(id))
  ...
```

如果不包含参数id所对应的字典项,就按照参数id的值向MenuPages字典中添加字典项:

---

① Dictionary类是由.NET框架提供的,它相当于Java中的HashTable或HashMap类。

② 在.NET中,枚举可以直接转换为int型。一个枚举类型中的第一个枚举会被转换为0,第二个会被转换为1,以此类推。

```
switch (id)
{
  case (int)MenuItemType.Browse:
    MenuPages.Add(
      id, new NavigationPage(new ItemsPage()));
    break;
  case (int)MenuItemType.About:
    MenuPages.Add(
      id, new NavigationPage(new AboutPage()));
    break;
}
```

因此，当满足 id == (int)MenuItemType.About 时，这段代码就会向 MenuPages 字典中添加 About 菜单项所对应的 NavigationPage 实例。

这种做法是一种典型的懒式初始化(Lazy Initialization)方法：只有在菜单项被使用的时候，才初始化对应的 NavigationPage 实例，而不是一开始在构造函数中初始化所有的 NavigationPage 实例。这样做有两点好处：①应用不需要在启动时初始化所有的 NavigationPage，从而提升了应用的启动速度；②应用只会初始化用户需要访问的页面，从而节约了资源。

有趣的是，这段代码中与 Browse 枚举有关的代码并不会执行。这是由于在 MainPage 的构造函数中，MenuPages 字典中已经添加了与 Browse 枚举对应的字典项：

```
//MainPage()
MenuPages.Add(
  (int)MenuItemType.Browse, (NavigationPage)Detail);
```

因此，在 NavigateFromMenu 函数中，如果满足 id == (int)MenuItemType.Browse，则 MenuPages.ContainsKey(id)一定为 true，也就不会执行上述 switch 代码了。这段冗余代码存在的价值，可能仅仅是向 Master-Detail 模板的使用者展示如何向 MenuPages 字典添加字典项。

在完成了对 MenuPages 字典的初始化之后，就可以从字典中获取参数 id 所对应的 NavigationPage 实例了。将 NavigationPage 实例赋值到 Detail 属性，就实现了主从菜单导航：

```
//NavigateFromMenu()
var newPage = MenuPages[id];
if (newPage != null && Detail != newPage)
{
  Detail = newPage;
  ...
```

接下来，将 IsPresented 设置为 false，就可以将主从导航菜单隐藏起来：

```
IsPresented = false;
```

在此之前的代码则用于解决 Android 平台下卡顿的问题：

```
if (Device.RuntimePlatform == Device.Android)
  await Task.Delay(100);
```

可以试试将这两行代码删掉，再在 Android 下运行主从导航菜单，看看会遇到什么问题[①]。

总体来讲，主从菜单导航虽然名为导航，但它的实现原理却与主从列表导航完全不同。主从菜单导航是通过替换 Detail 属性来实现的。这种替换如此简单直接，甚至不会显示任何过渡动画。因此，与其称为导航，不如称之为"页面替换"。相比之下，主从列表导航则更接近导航的概念：当导航发生时，会显示优美的过渡动画，同时还会自动生成返回按钮，以便用户返回前一个页面。

19.2 设计导航服务

将主从列表导航与主从菜单导航的区别可以概括为导航是发生在 NavigationPage 实例内，还是发生在 NavigationPage 实例外。主从列表导航发生在 NavigationPage 实例内。在进行主从列表导航时，NavigationPage 实例中显示的页面会被替换，但 NavigationPage 实例本身不会被替换。主从菜单导航发生在 NavigationPage 实例外。在进行主从菜单导航时，NavigationPage 实例会被替换为其他的 NavigationPage 实例。

添加两种导航

如此一来，能够提炼出两种不同的导航需求。一种是发生在 NavigationPage 实例内的导航，将其抽象为内容导航服务 IContentNavigationSerivce。第二种是发生在 NavigationPage 实例外的导航，将其抽象为根导航服务 IRootNavigationService。

内容导航服务的定义为：

```
//IContentNavigationService.cs
//内容导航服务
public interface IContentNavigationService {
  Task NavigateToAsync(string pageKey);
  Task NavigateToAsync(string pageKey, object parameter);
}
```

其中，NavigateToAsync 函数用于导航到目标页面，而目标页面则通过字符串类型的参数 pageKey 给出。这种设计决定了所有的页面都必须拥有一个唯一的 pageKey，否则就无法通过 NavigateToAsync 函数进行导航。parameter 参数则用于在页面之间传递导航参数，后面的章节将对其进行详细讨论。

根导航服务的定义为：

```
//IRootNavigationService.cs
```

① 这可能是一个 Bug，因此可能已经在未来的版本中修复了。

```
//根导航服务
public interface IRootNavigationService {
  Task NavigateToAsync(string pageKey);
  Task NavigateToAsync(string pageKey, object parameter);
}
```

可以发现,IRootNavigationService 的函数定义与 IContentNavigationService 完全相同。的确,如果仅看函数定义,两个接口的区别不大。这是由于它们都是在执行导航功能,而导航只需要提供目标页面和导航参数。它们的区别在于开发者为它们规定的工作模式:IContentNavigationService 只改变 NavigationPage 实例显示的内容,不会替换 NavigationPage 实例本身。这也是它被称为内容导航服务的原因。IRootNavigationService 则会替换 NavigationPage 实例。这也解释了为什么它是根导航服务,因为整个导航系统的根,即 NavigationPage 实例,都被替换了。

19.3　实现导航服务

在完成了导航服务的设计之后,下面研究如何实现它。导航的实现还是要依赖 View 层的类型,包括 NavigationPage 实例,以及 MasterDetailPage 的 Detail 属性。为了在 MVVM + IService 架构下实现对 View 层类型的调用,需要再次使用 16.1.3 节实现 IAlertService 时使用过的方法:使用 IService 抽象出功能,确保调用 IService 的 ViewModel 不需要依赖 View 层的类型,再在 IService 的实现类中调用 View 层类型并实现功能。不过,相比于 IAlertService,导航服务的实现要复杂得多。下面逐步地了解一下细节,

19.3.1　实现内容导航服务

从比较简单的内容导航服务实现类 ContentNavigationService 开始。

内容导航服务抽象自主从列表导航。首先回顾主从列表导航的代码:

```
//ItemsPage.xaml.cs
await Navigation.PushAsync(
  new ItemDetailPage(new ItemDetailViewModel(item)));
```

可以看到,内容导航服务主要涉及两方面的工作:

(1) 获得导航目标页面的实例。

(2) 调用 Navigation 的 PushAsync 函数进行导航。

下面探讨如何实现上述第(2)项工作。

根据 19.1.1 节的分析,可知主从列表导航实际上是通过 NavigationPage 进行导航的。因此,只要设法访问到 NavigationPage 就可以了。为此,需要经历两个步骤。首先定位到 MainPage 实例:

调用 PushAsync 函数

```
//ContentNavigationService.cs
```

```
//导航工具。
private MainPage MainPage => _mainPage ??
  (_mainPage = Application.Current.MainPage as MainPage);
```

接下来定位到 MainPage 实例的 Detail 属性。根据图 19-3，MainPage 实例的 Detail 属性就是一个 NavigationPage 实例。此时，就可以利用它的 Navigation 属性调用 PushAsync 函数了：

```
///<summary>
///导航到页面。
///</summary>
///<param name="pageKey">页面键。</param>
public async Task NavigateToAsync(string pageKey) {
  await MainPage.Detail.Navigation.PushAsync(
    ...
```

读者可能会问，为什么不直接在 ContentNavigationService 里声明一个指向 Navigation 属性的成员变量：

```
private INavigation Navigation =>
  _navigation ??(_navigation =
    (Application.Current.MainPage as MainPage)
      ?.Detail.Navigation);
```

而是先获得 MainPage 实例，再通过 Detail 属性访问 Navigation 属性呢？

答案是，由于有根导航服务的存在，MainPage 实例的 Detail 属性所指向的 NavigationPage 实例可能会发生改变，但 MainPage 实例则不会发生改变。通过获得 MainPage 实例，可以随时获得当前 Detail 属性所指向的 NavigationPage 实例，从而确保调用正确的 Navigation 属性。

获得导航目标页面实例

在完成了内容导航服务的第(2)项工作之后，我们开始考虑如何完成第(1)项工作：获得导航目标页面的实例。

简单来讲，这还是一个新建对象的问题。不过，这次没有使用依赖注入工具，而是自行设计了一个工厂函数接口“内容页面激活服务”：

```
//IContentPageActivationService.cs
//内容页面激活服务。
public interface IContentPageActivationService {
  ///<summary>
  ///激活页面。
  ///</summary>
  ///<param name="pageKey">页面键。</param>
  ContentPage Activate(string pageKey);
}
```

不使用依赖注入工具的原因与接口的实现方法有很大关系。后面的内容会讨论这个问题。

接下来就可以利用内容页面激活服务获得目标页面的实例，并进行导航了：

```
//ContentNavigationService.cs
///<summary>
///导航到页面。
///</summary>
///<param name="pageKey">页面键。</param>
public async Task NavigateToAsync(string pageKey) {
  await MainPage.Detail.Navigation.PushAsync(
    contentPageActivationService.Activate(pageKey));
}
```

类似地，还可以为 RootNavigationService 设计一个工厂函数接口“根页面激活服务”：

```
//IRootPageActivationService.cs
//根页面激活服务。
public interface IRootPageActivationService {
  ///<summary>
  ///激活页面。
  ///</summary>
  ///<param name="pageKey">页面键。</param>
  NavigationPage Activate(string pageKey);
}
```

那么，既然都是获取目标页面的实例，既然都是 ActivationService，既然函数定义都是 Activate(string pageKey)，为什么不合并为一个接口呢？

答案在于，IContentPageActivationService 获得的是 ContentPage 实例。这是由于 IContentPageActivationService 与 ContentNavigationService 配合使用，而 ContentNavigationService 需要获得 ContentPage 实例来 PushAsync 到 MainPage.Detail 所指向的 NavigationPage 实例中。相比之下，IRootPageActivationService 获得的是 NavigationPage 实例。这是由于 RootNavigationService 需要获得 NavigationPage 实例，从而替换 MainPage.Detail 属性。因此，两个接口并不相同，不能合并为一个。

19.3.2　实现内容页面激活服务：使用字典缓存对象

实现内容页面激活服务

内容页面激活服务的实现类是 CachedContentPageActivationService。之所以称为 Cached，是由于对于每一个 pageKey，CachedContentPageActivationService 都会缓存已经实例化的页面实例。在下次遇到相同的 pageKey 时，CachedContentPageActivationService 会直接返回缓存的页面实例，而不是每次都实例化新的页面实例。这种行为与 SimpleIoc 是一致的。而实现这种行为的关键在于一个字典：

```
//CachedContentPageActivationService.cs
```

```
//页面缓存。
private Dictionary<string, ContentPage> cache =
  new Dictionary<string, ContentPage>();
```

有了这个字典后，就可以判断是否已经为一个 pageKey 缓存了页面实例。如果是，就可以直接返回缓存的实例：

```
///<summary>
///激活页面。
///</summary>
///<param name="pageKey">页面键。</param>
public ContentPage Activate(string pageKey) =>
  cache.ContainsKey(pageKey)
    ? cache[pageKey]
    ...
```

如果没有，则需要实例化新的实例：

```
...
: cache[pageKey] =
  (ContentPage) Activator.CreateInstance(
    ContentNavigationServiceConstants
      .PageKeyTypeDictionary[pageKey]);
```

其中，ContentNavigationServiceConstants.PageKeyTypeDictionary 是一个字典，用于保存 pageKey 与页面类型之间的对应关系：

```
//IContentNavigationService.cs
//内容导航服务常量。
public static class ContentNavigationServiceConstants {
  //搜索结果页。
  public static readonly string ResultPage =
    nameof(Views.ResultPage);
  //页面键-页面类型字典。
  public static readonly ReadOnlyDictionary<string, Type>
    PageKeyTypeDictionary = new
      ReadOnlyDictionary<string, Type>(
        new Dictionary<string, Type> {
          [ResultPage] = typeof(ResultPage)
        });
}
```

通过 nameof 关键字，可以获得 ResultPage 类型的类型名 ResultPage，作为 ResultPage 的 pageKey。通过 typeof 关键字，能够获得 ResultPage 类型的 Type 实例，供反射来获得页面的实例[①]。如此一来，可以利用 pageKey 获取页面的类型，并将页面的类

① 请阅读后面提供的文档来了解反射。

型作为参数传递给 Activator.CreateInstance 函数，利用反射来获得页面的实例。

> 关于 nameof 关键字的更多内容，请访问 https://docs.microsoft.com/zh-cn/dotnet/csharp/language-reference/operators/nameof。
>
> 关于 typeof 关键字的更多内容，请访问 https://docs.microsoft.com/zh-cn/dotnet/csharp/language-reference/operators/type-testing-and-cast#typeof-operator。
>
> 关于反射的更多信息，请访问 https://docs.microsoft.com/zh-cn/dotnet/csharp/programming-guide/concepts/reflection。

19.3.3 实现根页面激活服务：工厂函数的优势

实现了内容页面激活服务之后，下一步实现根页面激活服务。根页面激活服务与内容页面激活服务的核心区别是：根页面激活服务要返回 NavigationPage 实例，而内容页面激活服务要返回 ContentPage 实例。这一点区别导致了实现上的两处变化。首先，作为缓存的字典的值类型需要修改为 NavigationPage 类型：

实现根页面激活服务

```
//CachedRootPageActivationService.cs
//页面缓存。
private Dictionary<string, NavigationPage> cache =
    new Dictionary<string, NavigationPage>();
```

其次，在实例化新的实例时，要首先获得 ContentPage 实例，再利用 ContentPage 实例来实例化 NavigationPage 实例：

```
....
: cache[pageKey] = new NavigationPage(
  (ContentPage) Activator.CreateInstance(
    RootNavigationServiceConstants
      .PageKeyTypeDictionary[pageKey]));
```

这段代码也解释了为什么不能使用 SimpleIoc，而需要使用工厂函数来实例化 NavigationPage 实例。每次实例化 NavigationPage 实例时，需要根据 pageKey 来决定使用哪个 ContentPage 实例作为参数。相比之下，SimpleIoc 只能根据 NavigationPage 构造函数参数的类型，使用某一个确定的 ContentPage 实例作为参数。SimpleIoc 缺乏依据 pageKey 动态选择 ContentPage 实例的能力，因此并不适用于我们的问题。

这个例子表明，依赖注入虽然方便，但并不是万能的。在有些时候，更传统的工厂函数可能是更好的解决方案。开发者需要做的，是为问题选择最合适的技术，而不是使用最复杂的技术。

19.3.4 实现根导航服务：重置导航历史

最实现根导航服务。

与内容导航服务一样,根导航服务也需定位到 MainPage 实例:

实现根导航服务

```
//RootNavigationService.cs
//导航工具。
private MainPage MainPage => _mainPage ??
  (_mainPage = Application.Current.MainPage as MainPage);
```

根导航服务的 NavigateToAsync 函数实现起来要更复杂一些。首先,获得 NavigationPage 实例:

```
//NavigateToAsync()
var page = rootPageActivationService.Activate(pageKey);
```

由于 page 变量是一个 NavigationPage 实例,因此它的 PushAsync 函数可能已经被调用过了。为了确保显示正确,需要撤销所有的 PushAsync 操作,从而重置导航历史:

```
await page.Navigation.PopToRootAsync();
```

再将 page 变量赋值给 MainPage 实例的 Detail 属性:

```
MainPage.Detail = page;
```

最后,还需要隐藏导航菜单:

```
if (MainPage.MasterBehavior == MasterBehavior.Popover) {
  if (Device.RuntimePlatform == Device.Android) {
    await Task.Delay(100);
  }

  MainPage.IsPresented = false;
}
```

至此,所有的导航服务就实现了。ContentNavigationService 及其相关 IService 如图 19-4 所示。

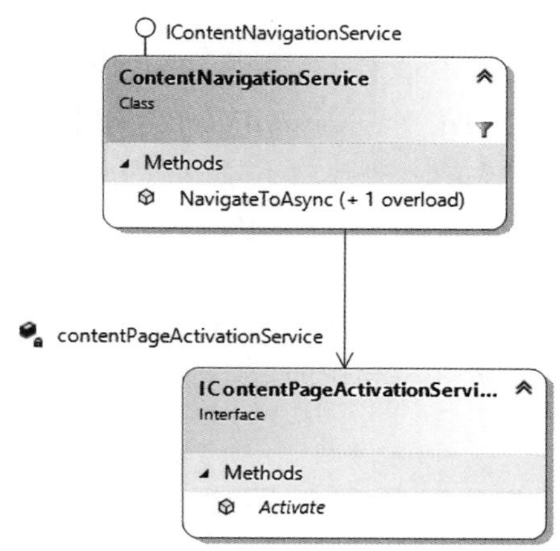

图 19-4 ContentNavigationService 及其相关 IService

不幸的是，由于导航服务涉及大量 View 层的类型，开发者无法方便地对它们进行单元测试。另外，带参数的导航实现比较复杂，后面的章节将对其进行讨论。

19.4　添加并导航到推荐详情页

根据如图 19-4 所示的今日推荐页的操作动线，接下来添加并导航到推荐详情页。

图 19-5　今日推荐页操作动线

19.4.1　推荐详情页 ViewModel：共用 ViewModel

下面为推荐详情页实现 ViewModel。

实现推荐详情页

推荐详情页与今日推荐页共用了同一个 ViewModel。这样做的理由很充分。

首先，推荐详情页与今日推荐页的核心功能是差不多的，都是显示推荐的诗词，只不过显示的方式不同。因此，推荐详情页与今日推荐页可以被视为同一个 ViewModel 的两个不同视图。

其次，让两个页面共享同一个 ViewModel 省去了再开发并测试一个新的 ViewModel 的麻烦。更重要的是，如果推荐详情页拥有自己的 ViewModel，就需要再次调用 ITodayPoetryService 获取诗词推荐。由于每次调用 ITodayPoetryService 都会获得新的诗词推荐，推荐详情页就会显示出与今日推荐页不同的诗词推荐。为了解决这一问题，我们要么修改 ITodayPoetryService 的实现，让它能够缓存推荐的结果，要么让今日推荐页将推荐的诗词通过参数传递给推荐详情页。无论怎样，实现起来都比较麻烦。因此，权衡利弊之后，还是让推荐详情页与今日推荐页共用同一个 ViewModel 最方便。

当然，推荐详情页相比今日推荐页还是多了一项功能的，即“在本地数据库中查找”按钮。为此，需要修改今日推荐页 ViewModel，为这一按钮提供 Command：

```
//TodayPageViewModel.cs
//搜索命令。
public RelayCommand QueryCommand =>
  _queryCommand ??(_queryCommand =
```

```
    new RelayCommand(
      () => throw new NotImplementedException()));
```

接下来,就可以向今日推荐页 ViewModel 中引入内容导航服务,并导航到推荐详情页了。首先引入内容导航服务:

```
//内容导航服务。
private IContentNavigationService _contentNavigationService;
```

接下来实现 ShowDetailCommand:

```
//查看详细命令。
internal async Task ShowDetailCommandFunction() =>
  await _contentNavigationService.NavigateToAsync(
    ContentNavigationServiceConstants.TodayDetailPage);
```

并对其进行单元测试。至此,对今日推荐页 ViewModel 的改造就完成了。与今日推荐页 ViewModle 相关的 Model 及 IService 如图 19-6 所示。

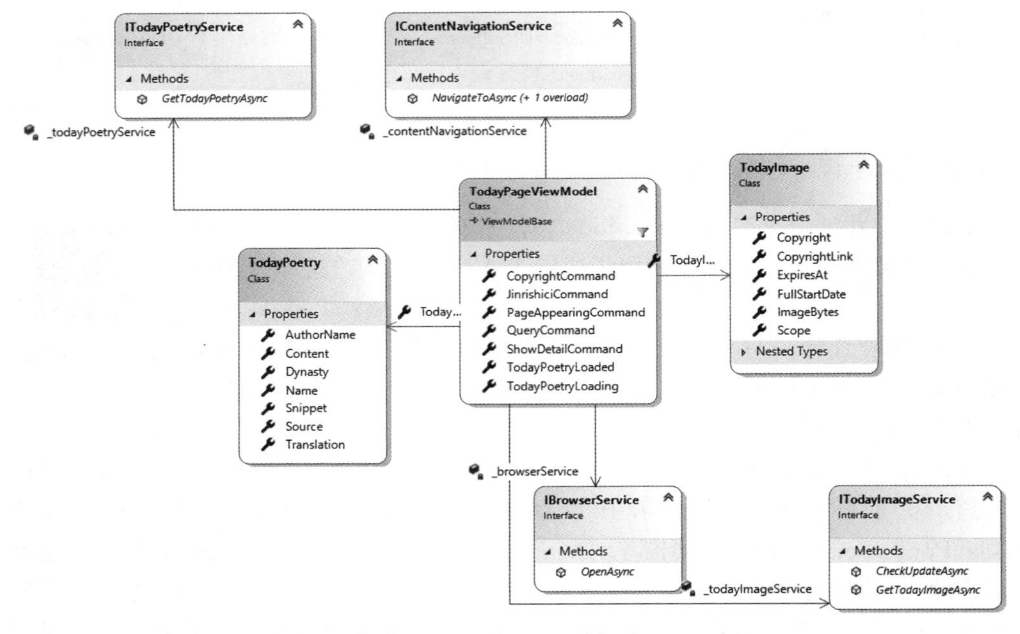

图 19-6　今日推荐页 ViewModle 及其相关 Model 与 IService

19.4.2　推荐详情页 View

推荐详情页并没有太多需要注意的内容,除了引入了两个新的 IValueConverter。StringToBoolSourceConverter 用于判断字符串是否为空或空白,从而决定是否显示对应的 Label:

实现推荐详情页 View

```
//StringToBoolSourceConverter.cs
```

```
//Convert()
!string.IsNullOrWhiteSpace(value as string);

//TodayDetailPage.xaml
<Label ...
    IsVisible="{Binding TodayPoetry.Translation,
                Converter={StaticResource
                    StringToBool}}" />
```

TextIndentConverter则用于在每行文本的行首自动添加两个全角空格"　　"：

```
//TextIndentConverter.cs
//Convert()
(value as string)?.Insert(0, "\u3000\u3000")
        .Replace("\n", "\n\u3000\u3000");
```

其中，\u3000为全角空格的Unicode编码。我们还对这些IValueConverter进行了单元测试。

完成之后，还需要向ContentNavigationServiceConstants注册推荐详情页：

```
//ContentNavigationServiceConstants
//今日推荐详情页。
public static readonly string TodayDetailPage =
  nameof(Views.TodayDetailPage);
//页面键-页面类型字典。
public static readonly ReadOnlyDictionary<string, Type>
  PageKeyTypeDictionary = new
    ReadOnlyDictionary<string, Type>(
      new Dictionary<string, Type> {
        [ResultPage] = typeof(ResultPage),
        [TodayDetailPage] = typeof(TodayDetailPage)
      });
```

并更新ViewModelLocator，将与内容导航相关的接口与实现类注册到SimpleIoc：

```
//ViewModelLocator.cs
//VIewModelLocator()
SimpleIoc.Default
  .Register<IContentPageActivationService,
    CachedContentPageActivationService>();
SimpleIoc.Default
  .Register<IContentNavigationService,
    ContentNavigationService>();
SimpleIoc.Default.Register<TodayPageViewModel>();
```

19.5 反思页面导航

我们实现的页面导航机制是对 MVVM + IService 架构的又一次实践。如图 19-7 所示,在发起导航请求时,ViewModel 调用 IContentNavigationSerivce 的 NavigateToAsync 函数,并传递字符串类型的 pageKey,即实现了到目标页面的导航,又避免了对目标页面类型的依赖。而真正依赖 View 层类型的,则是脱离在 MVVM + IService 架构之外的 ContentNavigationService。

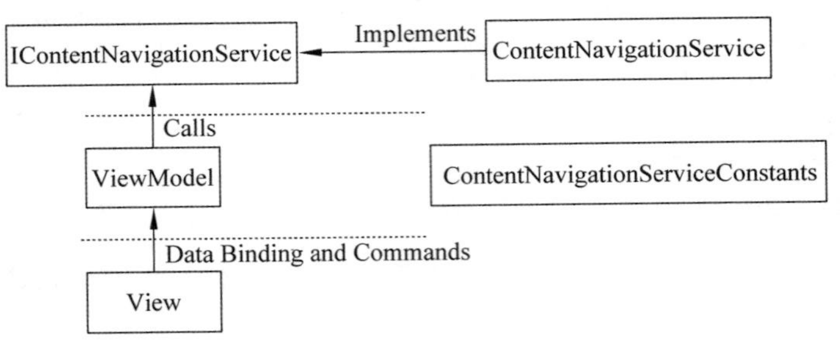

图 19-7 IContentNavigationService 的分层视图

读者可能会觉得,由于 ContentNavigationServiceConstants 类型直接依赖 TodayDetailPage,调用 ContentNavigationServiceConstants 的 ViewModel 相当于依赖了 View 层的类型。这种担心是不必要的。首先,ContentNavigationServiceConstants 是独立于 MVVM + IService 架构的,它本身并不受到 16.1.3 节讨论的 MVVM + IService 架构类型依赖三条原则的限制。其次,ViewModel 只会调用 ContentNavigationServiceConstants 的字符串常量,并不涉及其中的 View 层类型。从最终结果来看,调用 ContentNavigationServiceConstants 的 ViewModel 只是依赖一组 pageKey 字符串,并没有产生对 View 层类型的依赖。

19.6 动手做

在项目中引入一套页面导航机制。如果计划使用本章提供的页面导航机制,请详细论证这套导航机制能否满足项目的所有导航需求。如果存在不满足需求的情况,请设计一套属于自己的导航机制,并确保它满足 16.1.3 节讨论的 MVVM + IService 架构类型依赖三条原则。

19.7 给 PBL 教师的建议

有些学生在面对技术问题时,会表现得非常“不求甚解”:只要程序运行了,功能实现了,就万事大吉了。很多时候,他们只是在网上搜索问题,复制一段代码,再运行调试看看结果对不对。至于实现是否优雅,原理是否理解等,则根本不在考虑范围之内。最后,项目好像完成了，但学生却没有学到多少东西。

本章介绍的页面导航就是一个非常典型的例子。如果完全依赖 Master-Detail 模板自带的导航机制，我们几乎什么都不做就能完成开发。但要将这套导航机制彻底理解清楚并融入 MVVM + IService 架构中，却要付出更多的努力，同时实现的效果却与直接使用模板自带的导航机制完全一样。此时，如果只看程序的运行效果，那么两者就没有区别，但学生学到的东西完全不在一个层次上。

要想避免这种情况，教师就需要将对软件设计的考核纳入到最终考核中。一种可能的方法是组织团队之间互评设计，再由教师校验互评的结果。通过这种方法，学生将深入地思考问题，从而锻炼应用、分析、评价等高层次的技能。

第20章

带参数的页面导航

在页面之间导航时，有时需要传递一些参数。第19章中已经实现了不带参数的页面导航。本章中会遇到需要传递参数的页面导航，并研究如何实现它。

20.1 添加诗词详情页

依据搜索结果页的动线设计，在用户单击一条搜索结果后，会跳转到诗词详情页，如图20-1所示。

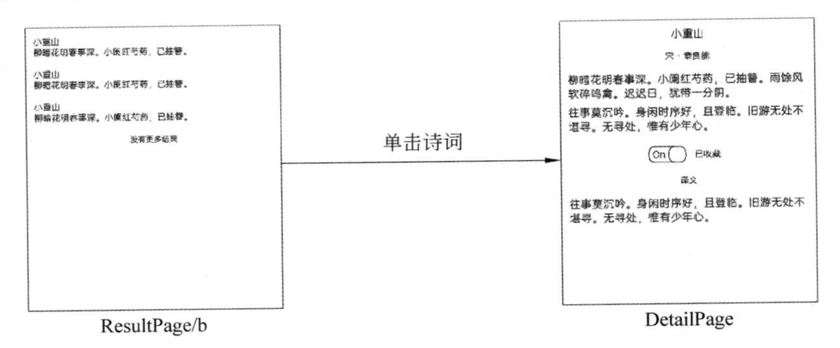

图 20-1 搜索结果页动线设计

诗词详情页的原型设计如图20-2所示。

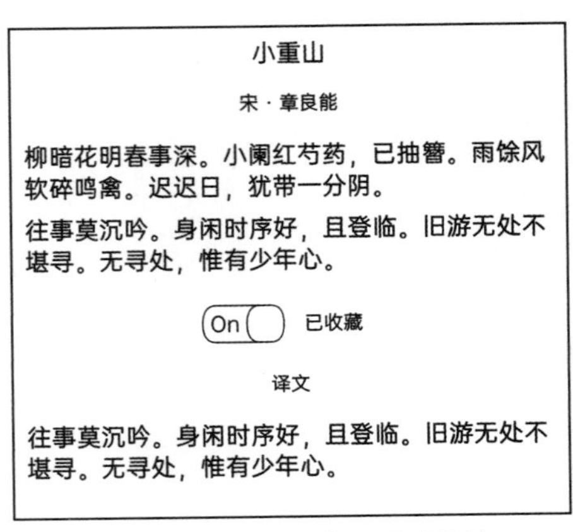

图 20-2 诗词详情页原型设计

诗词详情页实现

接下来实现诗词详情页。

在诗词详情页 View 中实现了两个 IValueConverter。一个是 LayoutToTextAlignmentConverter，负责将 Poetry 类的 Layout 属性转换为文本对齐枚举：

```
//LayoutToTextAlignmentConverter.cs
//Convert()
switch (value as string) {
  case Poetry.CenterLayout:
    return TextAlignment.Center;
  case Poetry.IndentLayout:
    return TextAlignment.Start;
  default:
    return null;
}
```

这段代码非常直接：如果是居中布局，则文本居中对齐；如果是缩进布局，则文本靠左对齐。

PoetryIndentConverter 的功能与 TextIndentConverter 的功能类似，都是为每行文本的行首自动添加两个全角空格。它们的区别在于，PoetryIndentConverter 只针对缩进布局的诗词添加空格：

```
//PoetryIndentConverter.cs
//Convert()
return poetry.Layout == Poetry.IndentLayout
  ? poetry.Content.Insert(0, "\u3000\u3000")
    .Replace("\n", "\n\u3000\u3000")
      : poetry.Content;
```

诗词详情页 ViewModel 中只提供了一个可绑定属性 Poetry，以便显示诗词信息。后面的章节会详细讨论如何显示收藏信息。

20.2　实现带参数导航

带参数的导航是一个很有趣的问题。它最有趣的地方在于，需要确认参数的传递究竟发生在 MVVM ＋ IService 架构的分层视图的哪一层。

以图 20-3 所示的参数传递过程为例，导航参数 Parameter 由 ViewModel1 产生，并传递给 ContentNavigationService。ContentNavigationService 的实现决定了它只能访问到 View 层的页面，而不能访问到 ViewModel。因此导航参数一定会被 ContentNavigationService 传递给 View2。从这个角度来看，导航参数的传递应该发生在 View 层。然而，由于 View2 所需的所有数据和功能都是由 ViewModel2 提供的，因此最终使用导航参数的一定是 ViewModel2，而非 View2。这时就产生了一个问题：既然高层成员不能调用低层成员，那么

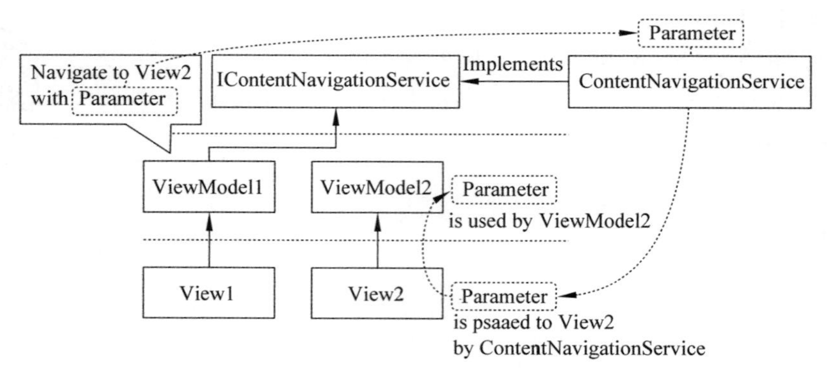

图 20-3 导航参数的传递过程

ViewModel2 又如何从 View2 那里获取导航参数呢?

事实上,第 7 章的"动手做"部分中就已经解决这个问题了。当时,我们在 MainPageViewModel 中定义了一个可绑定属性 Name:

```
public string Name {
  get => _name;
  set => Set(nameof(Name), ref _name, value);
}
```

并在 MainPage.xaml 中将 Name 属性绑定到了 Entry 的 Text 属性:

```
<Entry FontSize="48"
    Text="{Binding Name}" />
```

由于数据绑定是双向的,因此当用户在文本框中输入内容时,MainPageViewModel 的 Name 属性就会自动更新为用户输入的值。可以借鉴这种方法,在 ViewModel2 中定义一个可绑定属性 BP,并将它绑定到 View2 的某个属性 P 上,如图 20-4 所示。在 ContentNavigationService 导航到 View2 时,可以让 ContentNavigationService 将导航参数赋值给 View2 的属性 P。由于有双向数据绑定的存在,View2 的属性 P 的值会自动更新到 ViewModel2 的可绑定属性 BP 中,从而将导航参数传递给 ViewModel2。

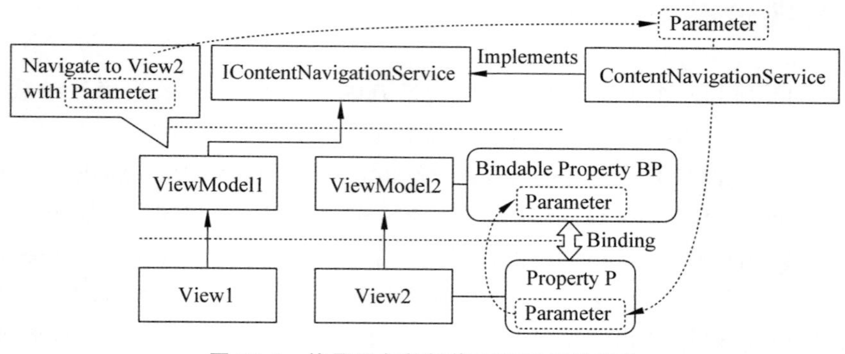

图 20-4 使用双向数据绑定传递导航参数

接下来，就让我们实现这种方法[①]。

20.2.1 自定义可绑定属性

图 20-2 的设想虽然美妙，但现实却是，View2 中并不存在可供 ContentNavigationService 赋值导航参数的属性。那么我们应该怎么办呢？

定义属性以供赋值

我们的做法，是在 View2 中自定义一个可绑定属性。为此，首先定义一个静态类 NavigationContext：

```
//NavigationContext.cs
//导航参数。
public static class NavigationContext {
  ...
```

在 NavigationContext 静态类中定义一个静态的可绑定属性（BindableProperty）NavigationParameterProperty：

```
//导航参数属性。
public static readonly BindableProperty
  NavigationParameterProperty =
    BindableProperty.CreateAttached(
      "NavigationParameter",
      typeof(object),
      typeof(NavigationContext),
      null,
      BindingMode.OneWayToSource);
```

NavigationParameterProperty 的属性名（Property Name）是 NavigationParameter。可绑定属性的属性名（Property Name）必须是可绑定属性的类型名去掉 Property。在这里，NavigationParameterProperty 的类型名是 NavigationParameterProperty，因此它的属性名必须是 NavigationParameter。

NavigationParameterProperty 的值类型是 object 类型。由于 object 类型是所有类型的基类，这意味着任何值都可以被赋值给 NavigationParameterProperty。这让 NavigationParameterProperty 能够接受任何类型的导航参数。

NavigationParameterProperty 的绑定模式是 OneWayToSource，即属性值只能从绑定目标更新到绑定源。由于绑定源是 ViewModel 的可绑定属性，这意味着赋值给 NavigationParameterProperty 的值能够更新到 ViewModel 的可绑定属性中，但对 ViewModel 的可绑定属性的赋值则不会更新 NavigationParameterProperty。

---

① 这个方法取材自 https://stackoverflow.com/questions/45765081/how-may-i-pass-a-parameter-when-navigating-in-xamarin-forms-using-a-static-navig。

关于可绑定属性的更多内容,请访问 https://docs.microsoft.com/zh-cn/xamarin/xamarin-forms/xaml/bindable-properties。

关于绑定模式的更多内容,请访问 https://docs.microsoft.com/zh-cn/dotnet/api/system.windows.data.bindingmode。

20.2.2 绑定到自定义属性

有了自定义属性之后,就可以绑定到自定义属性了。

绑定到自定义属性

自定义属性的绑定非常简单。可以直接将 NavigationParameterProperty 附加(Attatch)到 DetailPage 上:

```
//DetailPage.xaml
<ContentPage
  x:Class="Dpx.Views.DetailPage"
  xmlns:ls="clr-namespace:Dpx.Services;assembly=Dpx"
  ls:NavigationContext.NavigationParameter="{Binding
                      Poetry}"
```

之所以使用"附加"一词,是由于 ls:NavigationContext.NavigationParameter 并不是 DetailPage 自带的属性,而是开发者附加给它的。之所以能够做到这一点,是由于 ls:NavigationContext.NavigationParameter 是一个自定义的附加属性。还记得我们是如何创建 NavigationParameterProperty 的吗?

```
//NavigationContext.cs
//导航参数属性。
public static readonly BindableProperty
  NavigationParameterProperty =
    BindableProperty.CreateAttached(
      ...
```

正如函数名所说明的,CreateAttatched 函数创建的就是一个附加属性。附加属性也许让读者感到很困惑,但其实早在本书 2.1 节就已经使用过附加属性了:

```
<Label Grid.Row="1"
    Grid.Column="0"
    Text="Full Name: " />
```

这里的 Grid.Row 和 Grid.Column 就是附加属性。它们都不是 Label 自带的属性,而是 Gird 附加给 Label 的。

关于附加属性的更多内容,请访问 https://docs.microsoft.com/zh-cn/xamarin/xamarin-forms/xaml/attached-properties。

在将 ls:NavigationContext.NavigationParameter 附加给 DetailPage 之后,就可以将

DetailPageViewModel 的 Poetry 属性绑定到它上面了：

```
//DetailPage.xaml
ls:NavigationContext.NavigationParameter="{Binding Poetry}"
```

20.2.3　赋值到自定义属性

在完成了数据绑定之后，只需要将导航参数赋值给 DetailPage 的 ls：NavigationContext.NavigationParameter 属性，则导航参数就会自动更新到 DetailPageViewModel 的 Poetry 属性。为此，需要一个帮助函数：

赋值到自定义属性

```
//NavigationContext.cs
///<summary>
///设置导航参数。
///</summary>
///<param name="page">页面。</param>
///<param name="value">导航参数。</param>
public static void SetParameter(
  BindableObject page, object value) =>
    page.SetValue(NavigationParameterProperty, value);
```

这个函数的功能是将值 value 设置给可绑定对象（BindableObject）page 的 NavigationParameterProperty 属性。由于 DetailPage 继承自 BindableObject，因此这个函数可以用于设置 DetailPage 的 NavigationParameterProperty 属性。

接下来，只需要在 ContentNavigationService 中调用 SetParameter 函数就可以了：

```
//ContentNavigationService.cs
///<summary>
///导航到页面。
///</summary>
///<param name="pageKey">页面键。</param>
///<param name="parameter">参数。</param>
public async Task NavigateToAsync
  (string pageKey, object parameter) {
  var page =
    contentPageActivationService.Activate(pageKey);
  NavigationContext.SetParameter(page, parameter);
  await MainPage.Detail.Navigation.PushAsync(page);
}
```

这样一来，传递到 IContentNavigationService 的导航参数会被 ContentNavigationService 实现类赋值到目标页面的 NavigationParameterProperty，并经由数据绑定自动更新到 ViewModel 中对应的可绑定属性上，从而实现在 MVVM ＋ IService 架构下传递导航参数。

20.3 导航到诗词详情页

在实现了带参数的导航之后，就可以研究如何从搜索结果页导航到诗词详情页了。要想导航到诗词详情页，ViewModel 的 Command 必须知道用户点击了 ListVew 中显示的哪一条搜索结果。然而，这不是一件容易的事情。

20.3.1 确定 ListView 的点击项：使用事件参数转换器

与 12.4.2 节中调用 PageAppearingCommand 时遇到的问题类似，ListView 并没有提供 ItemTappedCommand，而是只提供了 ItemTapped 事件。我们已经学习了如何使用 EventHandlerBehavior 来调用 Command。现在的问题是，如何知道 ListView 中的哪一项被点击了？为此，需要深入讲解 ItemTapped 事件。

了解 ListView 事件

ListView 的 ItemTapped 事件处理函数如下：

```
private void ListView_OnItemTapped(
  object sender, ItemTappedEventArgs e) {
  //e.Item
}
```

ItemTapped 事件的处理函数会接收到一个 ItemTappedEventArgs 类型的事件参数 e。参数 e 具有一个 Item 属性。这个 Item 属性中保存的就是用户点击的 Poetry 实例：

```
e.Item is Poetry; //true
```

那么，既然能够使用 EventHandlerBehavior 来调用 Command，能否将 ItemTapped 事件的 ItemTappedEventArgs 参数传递给 Command 呢？

答案当然是可以，但开发者不应该这样做。这是由于 ItemTappedEventArgs 是一个 View 层类型。将 ItemTappedEventArgs 直接传递给 Command 会导致 ResultPageViewModel 依赖 View 层的类型。我们要做的，应该是将 ItemTappedEventArgs 的 Item 属性传递给 Command。

为了将 ItemTappedEventArgs 的 Item 属性传递给 Command，需要定义一个 IValueConverter：

```
//ItemTappedEventArgsToPoetryConverter.cs
//ItemTappedEventArgs 到诗词转换器。
public class ItemTappedEventArgsToPoetryConverter
  : IValueConverter {
  public object Convert(object value,
            Type targetType,
            object parameter,
            CultureInfo culture) =>
    (value as ItemTappedEventArgs)?.Item as Poetry;
```

这段代码非常地直接。它将参数 value 转换为 ItemTappedEventArgs 类型，从中读取 Item 属性的值，再次转换为 Poetry 类型并返回。利用这个转换器，就可以将 ItemTapped 事件的参数转换为 Poetry 类型的实例了：

```
//ResultPage.xaml
<ContentPage.Resources>
  <ResourceDictionary>
    <lc:ItemTappedEventArgsToPoetryConverter
      x:Key="ItemToPoetry" />
  ...

<ListView ...>
  <ListView.Behaviors>
    <scroll:InfiniteScrollBehavior />
    <b:EventHandlerBehavior EventName="ItemTapped">
      <b:ActionCollection>
        <b:InvokeCommandAction
          Command="{Binding PoetryTappedCommand}"
          Converter="{StaticResource
                ItemToPoetry}" />
      ...
```

20.3.2　传递点击项到 Command：使用带参数的 Command

之前使用的 Command 都是不带参数的，例如：

```
//ResultPageViewModel.cs
//页面显示命令。
public RelayCommand PageAppearingCommand =>
  _pageAppearingCommand ??(_pageAppearingCommand =
    new RelayCommand(async () => ...
```

然而这一次，必须将用户点击的诗词传递给 Command。为此，需要使用带参数的 Command。

使用带参数的 Command

带参数的 Command 使用起来并不复杂。与没有参数的 Command 相比，带参数的 Command 仅是多了一个参数：

```
//诗词点击命令。
public RelayCommand<Poetry> PoetryTappedCommand =>
  _poetryTappedCommand ??(_poetryTappedCommand =
    new RelayCommand<Poetry>(async poetry =>
      await PoetryTappedCommandFunction(poetry)));
```

主要发生了两处变化：①使用 RelayCommand<Poetry>替代了 RelayCommand，其中<Poetry>给出了参数的类型；②使用带参数的匿名函数“poetry =>”替代了无参数的匿名函数“() =>”。接下来,就可以在匿名函数中使用 poetry 参数了。

剩下的事情就简单了。可以直接调用 IContentNavigationService 进行导航,并传递 poetry 参数:

```
internal async Task
  PoetryTappedCommandFunction(Poetry poetry) =>
    await _contentNavigationService.NavigateToAsync(
      ContentNavigationServiceConstants.DetailPage,
      poetry);
```

最后,在单元测试方面,虽然 ContentNavigationService 实现类很难被测试,我们却能够模仿 IContentNavigationService 接口,从而方便地测试 PoetryTappedCommand。这部分内容比较简单,这里就不赘述了。

20.4 反思带参数导航

要想在不破坏 MVVM + IService 架构的前提下实现带参数导航,其实是一件不容易的事情。相比之下,只要破坏 MVVM + IService 架构,实现带参数导航就变得非常容易。只要破坏既定的规则,就可以很容易地达到目的。

然而,实际的问题往往不会这样简单。我们已经看到 MVVM + IService 架构为开发者带来的诸多便利。此时,如果我们出于“带参数导航是必须实现的核心功能,破坏 MVVM + IService 架构可以更容易地实现带参数导航”这种理由而破坏 MVVM + IService 架构,可能在眼前能够获得一些方便,但长远来看,架构的破坏对设计、编码、测试、维护、扩展等都会产生难以估量甚至毁灭性的负面影响。只为眼前的便利就破坏架构,无异于一种杀鸡取卵行为。在读者未来的开发工作甚至生活中,都会无数次地面对这种诱惑。读者要做的,则是以全面和长远的眼光看待问题,避免做出目光短浅的错误判断。

可以注意到,在坚持 MVVM + IService 架构的基础上实现带参数导航,是更考验设计与开发能力的。想要做到这一点,需要奇思妙想,更需要付出努力。但经历这一切之后,我们都会成长为更优秀的开发者,能做到更多过去做不到的事情。正所谓“会者不难,难者不会”。在 MVVM + IService 架构下实现带参数导航,虽然麻烦一些,但只要掌握了方法,就远称不上困难。相比之下,如果遇到一点麻烦就知难而退,十有八九是真的不会。而如果不会做却又不想着如何学会,而只是想着怎么才能破坏架构从而绕过眼前的这一点麻烦,就始终无法取得进步,开发之路乃至人生都是同样的道理。

现实的问题千变万化。坚持一套正确的架构需要我们抵御“饮鸩止渴”的诱惑,更需要我们不断地提升自己。这条道路可能是艰辛的,但换来的是更能抵抗风浪的架构,以及更加优秀的我们。

第21章 ViewModel in ViewModel

前文介绍了如何将页面上的控件绑定到 ViewModel 的属性和 Command。读者也应了解如何使用 ListView 显示多条数据。本章中将探讨一种更高级的情况：如何使用 ListView 显示一组控件，并将它们绑定到属性和 Command。

21.1 来自诗词搜索页的挑战："大小"ViewModel

诗词搜索页的原型设计如图 21-1 所示。当用户单击"添加"按钮时，需要添加一组搜索条件。同样，当用户单击"删除"按钮时，还需要删除一组搜索条件。

图 21-1 诗词搜索页原型设计

前文已经介绍如何将页面上的 Entry、Button 等控件绑定到 ViewModel 的属性和 Command 上。现在的问题是，当 Entry 和 Button 位于 ListView 中时，应该如何进行数据绑定呢？进一步地，当 ListView 中项目的数量不断变化时，又该如何进行数据绑定呢？

本书 4.2 节讨论过，ListView 会将 ItemsSource 中的每一项数据作为 DataTemplate 的数据绑定上下文。从这个角度来看，ListView 中的 Entry 和 Button 如果要进行数据绑定，就会绑定到 ItemsSource 的每一项数据的属性和 Command 上。这意味着 ItemsSource 的每一项都必须是一个 ViewModel。这样一来，就形成了诗词搜索页 ViewModel 中还存在一个 ViewModel 的集合——作为 ListView 的 ItemsSource 的局面。

如果将 ListView 的 ItemsSource 中的 ViewModel 称为“小”ViewModel，那么诗词搜索页 ViewModel 就可以称为“大”ViewModel。接下来就来分析如何实现这一对大小 ViewModel。

21.1.1 “小”ViewModel

实现“小”ViewModel

首先从“小”ViewModel 开始。

FilterViewModel 是 ListView 中每一组搜索条件的 ViewModel。如图 21-2 所示，ListView 中每一组搜索条件涉及条件类型下拉列表、条件内容文本框、“添加”按钮、“删除”按钮 4 个控件。

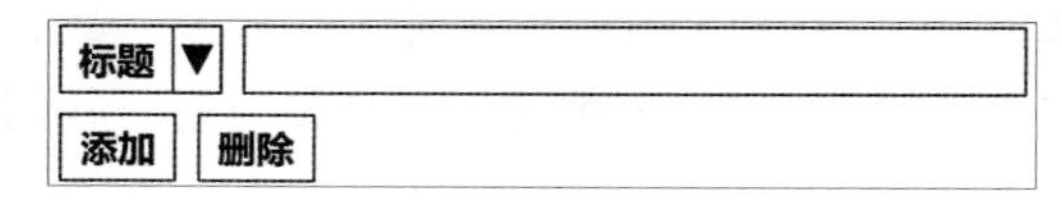

图 21-2 ListView 中的搜索条件

因此，FilterViewModel 也需要提供 Type、Content 两个可绑定属性，以及 AddCommand、RemoveCommand 两个 Command：

```
//FilterViewModel.cs
//搜索条件 ViewModel。
public class FilterViewModel : ViewModelBase {
  //条件类型。
  public FilterType Type ...
  //条件内容。
  public string Content ...
  //添加命令。
  public RelayCommand AddCommand => ...
  //删除命令。
  public RelayCommand RemoveCommand => ...
```

其中，FilterType 是一组预定义的条件类型。FilterType 的构造函数是私有的：

```
///<summary>
///条件类型。
///</summary>
///<param name="name">类型名。</param>
///<param name="propertyName">属性名。</param>
```

```
private FilterType(string name, string propertyName) { ...
```

这决定了只有 FilterType 类才能将其自身实例化。如此，就可以在 FilterType 类中预定义一组条件类型：标题、作者、内容，分别对应于 Poetry 类的 Name、AuthorName、Content 属性：

```
//FilterType.cs
public class FilterType {
  //标题条件。
  public static readonly FilterType NameFilter =
    new FilterType("标题", nameof(Poetry.Name));
  //作者条件。
  public static readonly FilterType AuthorNameFilter =
    new FilterType("作者", nameof(Poetry.AuthorName));
  //内容条件。
  public static readonly FilterType ContentFilter =
    new FilterType("内容", nameof(Poetry.Content));
```

这里使用 nameof 关键字生成 FilterType 的 PropertyName 属性值。

FilterViewModel 中 Command 的实现比较有趣：

```
//FilterViewModel.cs
internal void AddCommandFunction() =>
  queryPageViewModel.AddFilterViewModel(this);
```

可以发现，添加命令其实是交由 QueryPageViewModel 完成的。这是非常合理的：向 FilterViewModel 集合添加元素的工作显然不应该由 FilterViewModel 集合的某一个元素完成，而应该由持有 FilterViewModel 集合的对象，即 QueryPageViewModel 实例完成。而上面代码中的 queryPageViewModel 对象则是在 FilterViewModel 的构造函数中传递过去的：

```
///<summary>
///搜索条件 ViewModel。
///</summary>
///<param name="queryPageViewModel">诗词搜索页 ViewModel。...
public FilterViewModel(QueryPageViewModel queryPageViewModel) {
  this.queryPageViewModel = queryPageViewModel;
}
```

而将当前 FilterViewModel 实例 this 作为参数传递给 QueryPageViewModel 的 AddFilterViewModel 函数的目的，是为了确定新添加的 FilterViewModel 应该添加到哪一个已有的 FilterViewModel 之后，从而确保新元素插入到正确的位置上。类似地，删除命令也是交由 QueryPageViewModel 完成的：

```
internal void RemoveCommandFunction() =>
  queryPageViewModel.RemoveFilterViewModel(this);
```

这是由于集合中的一个元素不能将自身从集合中删除，只能依靠持有集合的QueryPageViewModel将自身从集合中删除。这里，this参数也是为了帮助QueryPageViewModel确定应该从FilterViewModel集合中删除哪个元素。

> 关于this关键字的更多内容，请访问https://docs.microsoft.com/zh-cn/dotnet/csharp/language-reference/keywords/this。

21.1.2 “大”ViewModel

下面来实现“大”ViewModel。

实现“大”ViewModel

依据图21-1所示的诗词搜索页原型设计，诗词搜索页ViewModel所需要提供的属性和Command并不多，只有一个FilterViewModel集合，以及一个搜索命令：

```
//QueryPageViewModel.cs
//诗词搜索页 ViewModel。
public class QueryPageViewModel : ViewModelBase {
  //搜索条件 ViewModel 集合。
  public ObservableCollection<FilterViewModel>
    FilterViewModelCollection { get; } =
      new ObservableCollection<FilterViewModel>();
  //搜索命令。
public RelayCommand QueryCommand => ...
```

开发者需要关注的，则是QueryPageViewModel如何实现21.1.1节中提到的AddFilterViewModel以及RemoveFilterViewModel函数。

AddFilterViewModel用于向FilterViewModel集合中添加新元素：

```
//添加搜索条件 ViewModel。
public void AddFilterViewModel(
  FilterViewModel filterViewModel) =>
    FilterViewModelCollection.Insert(
      FilterViewModelCollection
        .IndexOf(filterViewModel) + 1,
      new FilterViewModel(this));
```

这里首先使用IndexOf函数确定发起添加请求的FilterViewModel在集合中的位置，并在该位置之后添加一个新的FiltewViewModel。并且，在实例化新的FilterViewModel对象时，我们会将当前的QueryPageViewModel实例作为参数传递过去。这也解释了21.1.1节中FilterViewModel构造函数中的QueryPageViewModel从何而来。

RemoveFilterViewModel函数中也有一点小伎俩：

```
//删除搜索条件 ViewModel。
public void RemoveFilterViewModel(
```

```
    FilterViewModel filterViewModel) {
      FilterViewModelCollection.Remove(filterViewModel);
      if (FilterViewModelCollection.Count == 0) {
        FilterViewModelCollection.Add(
          new FilterViewModel(this));
      }
    }
```

在删除指定的 FilterViewModel 之后，如果 FilterViewModel 集合中已经没有任何元素了，就要添加一个新的 FilterViewModel 实例。否则，诗词搜索页上就不会显示任何搜索条件了。同样，当 QueryPageViewModel 实例化时，FilterViewModel 集合中也没有任何元素。因此，在 QueryPageViewModel 的构造函数中，也需要向 FilterViewModel 集合中添加一个新的 FilterViewModel 实例：

```
//QueryPageViewModel()
FilterViewModelCollection.Add(new FilterViewModel(this));
```

与诗词搜索页有关的 ViewModel 及 ISerivce 设计如图 21-3 所示。

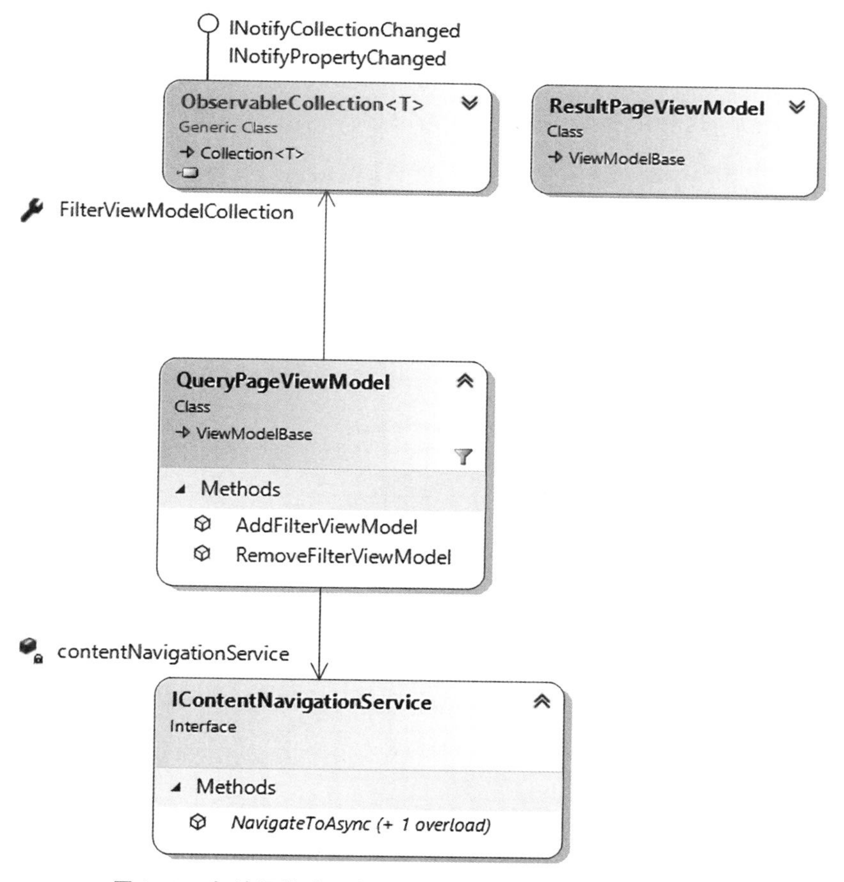

图 21-3　与诗词搜索页相关的 ViewModel 及 IService 设计

21.2 单元测试“大小 ViewModel”：使用虚函数

完成了 FilterViewModel 和 QueryPageViewModel 的开发之后，下一步就是测试它们。跟随下面的视频，了解如何测试它们。

测试 FilterViewModel 和 QueryPageViewModel

QueryPageViewModel 的单元测试并没有什么独特之处，反倒是 FilterViewModel 的单元测试有一些特别。由于 FilterViewModel 的 AddCommand 和 RemoveCommand 分别调用了 QueryPageViewModel 的 AddFilterViewModel 和 RemoveFilterViewModel 函数，因此需要模仿一个 QueryPageViewModel 实例，从而验证 FilterViewModel 有没有如期调用 AddFilterViewModel 和 RemoveFilterViewModel 函数。

然而，就像第 11 章“动手做”部分中验证过的那样，Mocking 工具不能模仿类[①]。事实上，Mocking 工具是通过继承被模仿的类型(如接口或类)，并重写(override)类型的成员函数来实现 Setup、Verify 等 Mocking 功能的。由于接口的所有成员函数都只有定义，没有实现，因此接口的所有成员函数都是可重写的。这意味着在模仿接口时，Mocking 工具可以在任意函数上实现 Setup、Verify 等功能。但在默认情况下，类的成员函数都是不可被重写的。因此，Mocking 工具不能在类的成员函数上实现 Setup、Verify 等功能[②]。

值得庆幸的是，这种限制是可以突破的。只需要将一个函数声明为虚(virtual)函数，子类就可以重写它了：

```
//QueryPageViewModel.cs
//添加搜索条件 ViewModel。
public virtual void AddFilterViewModel
  (FilterViewModel filterViewModel) =>
    ...
//删除搜索条件 ViewModel。
public virtual void RemoveFilterViewModel
  (FilterViewModel filterViewModel) {
    ...
```

如此一来，就可以使用 Mocking 工具 Mock QueryPageViewModel，并使用 Setup、Verify 等功能了：

```
//FilterViewModelTest.cs
//TestCommands()
var queryPageViewModelMock =
  new Mock<QueryPageViewModel>(null);
...
```

---

① 准确地说，是.NET 的 Mocking 工具不能模仿类。Java 的 Mocking 工具如 Mockito 就可以模仿类。

② 这也解释了为什么 Mockito 等 Java Mocking 工具可以模仿类：Java 下类的成员函数默认都是可以被重写的。

```
queryPageViewModelMock.Verify(
  p => p.AddFilterViewModel(filterViewModel), Times.Once);
...
```

关于 virtual 关键字的更多内容，请访问：https://docs.microsoft.com/zh-cn/dotnet/csharp/language-reference/keywords/virtual。

21.3　添加诗词搜索页

诗词搜索页 ViewModel 的 QueryCommand 实现起来比较复杂，我们将其留到后面的章节讲解①。本节主要实现诗词搜索页，并将它显示出来。

在诗词搜索页中，由于“查询”按钮被放在了页面的最底端，因此再次使用了 15.1.3 节介绍过的 OnPlatform 来调整底端的边距，从而为 iPhone 的操作指示条留出位置：

实现诗词搜索页

```
<!-- QueryPage.xaml -->
<Grid>
  <Grid.Padding>
    <OnPlatform x:TypeArguments="Thickness">
      <On Platform="iOS"
        Value="8,8,8,20" />
      ...
```

接下来，将 FilterViewModelCollection 绑定为 ListView 的 ItemsSource：

```
<ListView ...
    ItemsSource="{Binding FilterViewModelCollection}">
  ...
```

并将 ListView 中的控件绑定到 FilterViewModel 的属性与 Command 上：

```
<Button Text="添加"
    Command="{Binding AddCommand}" />
```

对于 ListView 的 ItemTemplate，此处没有使用 12.1 节中使用过的 TextCell，而是使用了能够自定义控件内容的 ViewCell：

```
<ListView.ItemTemplate>
  <DataTemplate>
    <ViewCell>
      <Grid>
```

① 这也正是 MVVM + IService 架构的好处：只需给出接口、类、函数、属性、Command 等的定义，而不必完成所有的代码，就可以开始其他部分的开发。

...

然而,ViewCell 的性能要低于 TextCell 等 Xamarin.Forms 内置的单元格。也就是说,ViewCell 要比 TextCell 速度更慢,更容易卡顿。因此,应该尽可能使用内置单元格,而不是使用 ViewCell。

> 要了解内置单元格的更多内容,请访问 https://docs.microsoft.com/zh-cn/xamarin/xamarin-forms/user-interface/listview/customizing-cell-appearance。

21.4 动手做

你的应用中几乎一定会有在 ListView 或类似的控件中动态显示文本框或按钮等控件的需求。试着实现一套属于自己的 ViewModel in ViewModel 机制,并搜索有没有不依赖 ViewModel in ViewModel 机制的实现方法。对比两种实现方法的优劣,并阐述哪种方法在哪些方面更适合你的问题。

21.5 给 PBL 教师的建议

有很多巧妙的方法能够实现与 ViewModel in ViewModel 机制类似的效果。单从最终实现的效果来看,这些取巧的方法可能是正确的,学生也可能更愿意使用。然而这些所谓的"巧妙方法"几乎都在误用某种技术。为了避免这种方法出现,教师可以考虑禁止滥用技术。这样做的前提是教师能够妥善地解释"巧妙方法"如何滥用了技术。这也是培养学生批判性思维的好机会。

第22章

LINQ与动态查询

第21章中实现了诗词搜索页。本章会深入探究LINQ,并研究如何基于LINQ构建动态查询,从而实现诗词搜索页ViewModel的QueryCommand。

22.1 深入LINQ

在10.6.2节中,我们曾经使用过LINQ。下面了解LINQ的更多用法。

LINQ看起来就像集成在C#语言中的SQL。

LINQ的更多用法

```
Poetry.Poetries.Count()
```

相当于:

```
select count(*) from Poetry
```

还可以在Count函数中添加查询条件:

```
Poetry.Poetries.Count(p => p.AuthorName == "苏轼")
```

此时,查询条件相当于SQL中的where语句:

```
select count(*) from Poetry where AuthorName = '苏轼'
```

还可以使用复杂的查询条件:

```
Poetry.Poetries.Count(p =>
  p.AuthorName == "苏轼" || p.AuthorName == "岳飞")
```

复杂查询条件与复杂where语句的作用也是相同的:

```
select count(*) from Poetry
  where AuthorName = '苏轼' or AuthorName = '岳飞'
```

在10.6.3节中,我们曾组合使用Where函数与ToListAsync函数来获得一组满足条件的诗词。上面的例子也完成了类似的功能[①]:

① 本节中,我们不会区分带Async和不带Async的函数。因此,ToList函数与ToListAsync函数在此不作区分。

```
var sushiPoetries = Poetry.Poetries
  .Where(p => p.AuthorName == "苏轼").ToList();
```

这里的 Where 函数就真的等价于 SQL 的 where 语句了。ToList 函数则负责将查询结果转换为 List。事实上,上面 Count 函数中的参数也可以写在 Where 函数中。也就是说:

```
Poetry.Poetries.Count(p => p.AuthorName == "苏轼")
```

等价于:

```
Poetry.Poetries.Where(p => p.AuthorName == "苏轼").Count()
```

然而,不能把查询语句写在 ToList 函数中,这是由于系统设定:

```
//This won't work
var sushiPoetries = Poetry.Poetries
  .ToList(p => p.AuthorName == "苏轼");
```

10.6.2 节中还使用过 FirstOrDefaultAsync 函数。FirstOrDefaultAsync 函数用于返回满足条件的第一条结果。当没有满足条件的结果时,FirstOrDefaultAsync 函数会返回 null。由于我们的数据中有苏轼的诗,因此:

```
Poetry.Poetries
  .FirstOrDefault(p => p.AuthorName == "苏轼")?.Name
```

会返回数据中第一首苏轼的诗,而:

```
Poetry.Poetries
  .FirstOrDefault(p => p.AuthorName == "王维")?.Name
```

只会返回 null。

LINQ 除了能做 SQL 能做的事情,还能做 SQL 做不到的事情。由于 LINQ 是 C# 的一部分[①],因此它可以利用 C# 能够利用的一切,例如调用.NET 或第三方 API:

```
Poetry.Poetries.FirstOrDefault(
  p => p.Content.Contains("江南"))?.Name
```

上面的代码会寻找正文中包含"江南"的第一首诗。由于使用了.NET API,这段代码已经不能直接翻译成 SQL 语句了。

最后,LINQ 的查询条件还可以级联。因此,

```
Poetry.Poetries.Where(p => p.AuthorName == "苏轼")
  .Where(p => p.Content.Contains("老夫"))
  .FirstOrDefault()?.Name
```

① 这么说只是为了方便理解。官方文档中提供的准确的说法是:"LINQ 是一系列直接将查询功能集成到 C# 语言的技术。"

就相当于：

```
Poetry.Poetries.FirstOrDefault(p =>
  p.AuthorName == "苏轼" && p.Content.Contains("老夫"))
    ?.Name
```

事实上，学习 LINQ 最有效的方法，可能就是在集合类型上输入“.”，然后观察有哪些 LINQ 函数可用，如图 22-1 所示。

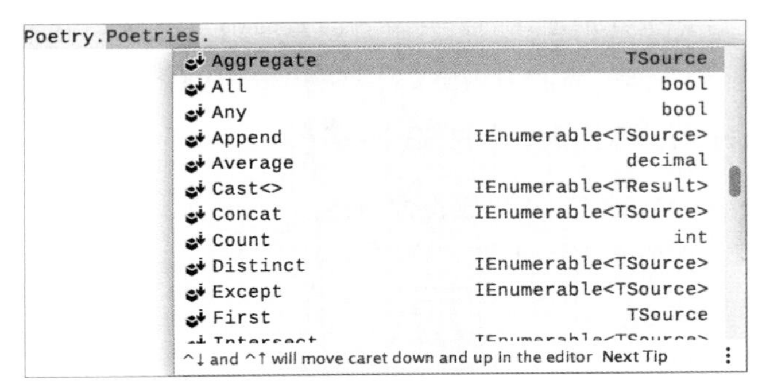

图 22-1 Rider 自动代码提示中的 LINQ 函数①

可以尝试从函数名推断函数的功能。遇到无法确定功能的函数，则可以从下面的文档找到答案。

> 关于 LINQ 的更多内容，请访问 https://docs.microsoft.com/zh-cn/dotnet/csharp/programming-guide/concepts/linq/。

22.2 再识动态 LINQ

本节中会利用 QueryPageViewModel 中 FilterViewModel 集合里的所有搜索条件来动态地生成 LINQ 查询条件。

在 11.6.4 节曾探讨过 Where 函数中的一个查询条件：

```
p => true
```

是如何等价于如下代码的：

```
//PoetryStorageTest.cs
//TestGetPoetriesAsync()
Expression.Lambda<Func<Poetry, bool>>(
  Expression.Constant(true),
  Expression.Parameter(typeof(Poetry), "p"))
```

① 图中的代码提示是 Rider 给出的。如果读者使用的是 Visual Studio，可能会看到不同的提示以及图标。

本节要做类似的事情,然而这次遇到的问题比 11.6.4 节的问题复杂得多。总体来讲,我们希望生成类似下面的 LINQ 查询条件:

```
p => p.Name.Contains("something")
    && p.AuthorName.Contains("something")
    && p.Content.Contains("something")
```

然而,由于 FilterViewModel 集合中搜索条件的种类与数量不确定,因此并不能确定最终生成的 LINQ 查询条件是怎样的。开发者能做的则是依据 FilterViewModel 集合中的每一个搜索条件来逐步地、动态地生成一个完整的 LINQ 查询条件。

22.2.1 从 FilterViewModel 生成查询条件

我们首先从 FilterViewModel 生成查询条件。

生成查询条件

从 LINQ 查询条件的参数 p 开始:

```
//QueryPageViewModel.cs
//QueryCommandFunction()
var parameter = Expression.Parameter(typeof(Poetry), "p");
```

这与 11.6.4 节做的事情其实是一样的:

```
//PoetryStorageTest.cs
//TestGetPoetriesAsync()
Expression.Lambda<Func<Poetry, bool>>(
  Expression.Constant(true),
  Expression.Parameter(typeof(Poetry), "p"))
```

接下来研究如何将一个 FilterViewModel 转换为 LINQ 查询条件。首先需要确定这个 FilterViewModel 搜索的是诗词的标题、作者,还是正文,从而决定使用 p.Name、p.AuthorName,还是 p.Content 属性进行搜索。FilterViewModel 的 Type 属性(即 FilterType 类的实例)的 PropertyName 属性的值刚好是 FilterViewModel 要搜索的属性。因此,可以直接利用 PropertyName 属性生成查询属性:

```
//QueryPageViewModel.cs
//GetExpression()
//p.Name or p.AuthorName or p.Content
var property = Expression.Property(parameter,
  filterViewModel.Type.PropertyName);
```

在上面的代码中,parameter 就是 LINQ 查询条件的参数 p,filterViewModel.Type.PropertyName 就是查询的属性,其值为 Name、AuthorName 或 Content,Expression.Property 函数则将参数 p 与属性连接起来,形成类似 p.Name、p.AuthorName、p.Content 的形式。

接下来调用 string 的 Contains 函数进行字符串匹配。为此,先使用反射来获得调用 string 类型的 Contains 函数的方法:

```
//.Contains()
var method =
  typeof(string).GetMethod("Contains",
               new[] {typeof(string)});
```

然后为 Contains 函数准备参数：

```
//"something"
var condition = Expression.Constant(
  filterViewModel.Content, typeof(string));
```

参数的值来自 FilterViewModel 的 Content 属性，即用户输入的搜索条件。最后，在查询的属性上调用 Contains 函数：

```
//p.Name.Contains("something")
//or p.AuthorName.Contains("something")
//or p.Content.Contains("something")
return Expression.Call(property, method, condition);
```

这里，property 就是形如 p.Name 的属性，method 就是 Contains 函数，condition 则是用户输入的搜索条件。如此，就将一个 FilterViewModel 转化成了一个 LINQ 查询条件。

22.2.2　组合多个查询条件

接下来研究如何将多个 LINQ 查询条件组合成一个完整的 LINQ 查询条件。

首先，将 FilterViewModel 集合中的所有 FilterViewModel 都转化为 LINQ 查询条件，前提是 Content 属性不为空或空白：

组合多个查询条件

```
//QueryCommandFunction()
FilterViewModelCollection
  .Where(p => !string.IsNullOrWhiteSpace(p.Content))
  .Select(p => GetExpression(parameter, p))
```

Select 函数与 SQL 中的 select 关键字类似。它的作用是将一组对象按照给定的 Lambda 表达式转换成另一组对象。在上面的代码中，所有的 FilterViewModel 都被 GetExpression 函数进行了处理，并转换成了 LINQ 查询条件。

在 Select 函数执行之后，就获得了一组 LINQ 查询条件。接下来，使用逻辑与来连接所有的 LINQ 查询条件，即对于如下两条 LINQ 查询条件：

```
p.Name.Contains("something")
p.AuthorName.Contains("something")
```

我们期望得到如下形式的连接结果：

```
p.Name.Contains("something")
  && p.AuthorName.Contains("something")
```

在动态生成 LINQ 查询条件时，逻辑与使用 Expression.AndAlso 函数来表示。使用

Aggregate 函数将 Expression.AndAlso 函数应用到所有的 LINQ 查询条件上：

```
FilterViewModelCollection
  .Where(p => !string.IsNullOrWhiteSpace(p.Content))
  .Select(p => GetExpression(parameter, p))
    .Aggregate(Expression.Constant(true) as Expression,
        Expression.AndAlso);
```

在 Aggregate 函数中，只需要提供要应用的函数的函数名就可以了。因此，这里写成了 Expression.AndAlso，而没有写成 Expression.AndAlso()或其他形式。

Aggregate 函数还需要一个初始值。这里的初始值是一个 true 常量。加上这个初始值，对于如下两条 LINQ 查询条件：

```
p.Name.Contains("something")
p.AuthorName.Contains("something")
```

可以得到如下形式的连接结果：

```
true && p.Name.Contains("something")
    && p.AuthorName.Contains("something")
```

最终，将 LINQ 查询条件转化为 Lambda 表达式，并作为导航参数传递给搜索结果页：

```
var where = Expression.Lambda<Func<Poetry, bool>>(
  aggregatedExpression, parameter);
await contentNavigationService.NavigateToAsync(
  ContentNavigationServiceConstants.ResultPage, where);
```

其中，转化为 Lambda 表达式的部分与 11.6.4 节中所做的事情相同：

```
//PoetryStorageTest.cs
//TestGetPoetriesAsync()
Expression.Lambda<Func<Poetry, bool>>(
  Expression.Constant(true),
  Expression.Parameter(typeof(Poetry), "p"))
```

22.3 单元测试动态 LINQ：截获模仿函数的参数

完成 LINQ 查询条件的动态生成之后，下一步是单元测试。跟随下面的视频，学习如何单元测试动态 LINQ。

想要直接判断动态生成的 LINQ 查询条件是否正确可能有些麻烦。因此，选择测试 LINQ 查询条件的执行结果是否符合预期。为此生成两个搜索条件。第一个搜索条件匹配作者，条件是“苏轼”：

单元测试动态 LINQ

```
//QueryPageViewModelQueryCommandTest.cs
//TestQueryCommand()
```

```
queryPageViewModel.FilterViewModelCollection[0].Type =
  FilterType.AuthorNameFilter;
queryPageViewModel.FilterViewModelCollection[0].Content =
  "苏轼";
```

第二个搜索条件匹配内容,条件是“山”:

```
queryPageViewModel.FilterViewModelCollection[1].Type =
  FilterType.ContentFilter;
queryPageViewModel.FilterViewModelCollection[1].Content =
  "山";
```

接下来执行 QueryCommand:

```
await queryPageViewModel.QueryCommandFunction();
```

QueryCommand 执行后,QueryPageViewModel 会将动态生成的 LINQ 查询条件作为导航参数传递给 IContentNavigationService。为了测试查询条件是否正确,需要截获 QueryPageViewModel 传递的导航参数。为此,在模仿的 IContentNavigationService 上动一点“手脚”:

```
//These codes are located
//at the beginning of TestQueryCommand()
object parameter = new object();
...
contentNavigationServiceMock
  .Setup(p =>
    p.NavigateToAsync(
      ContentNavigationServiceConstants.ResultPage,
      It.IsAny<object>()))
  .Callback<string, object>((s, o) => parameter = o);
```

上面的代码使用了 11.6.1 节曾经使用过的 Setup 函数,当时要求 Setup 函数在有人调用 Get(PoetryStorageConstants.VersionKey, -1)函数时返回 Version 常量:

```
//PoetryStorageTest.cs
//TestInitialized()
preferenceStorageMock
  .Setup(p => p.Get(PoetryStorageConstants.VersionKey, -1))
  .Returns(PoetryStorageConstants.Version);
```

而这一次则要求在有人调用 NavigateToAsync 函数,并且第一个参数为 ContentNavigationServiceConstants.ResultPage,第二个参数为任意的 object 型对象(即 It.IsAny<object>(),“It is any object.”)时,调用 Lambda 表达式(s, o) => parameter = o:

```
//QueryPageViewModelQueryCommandTest.cs
//TestQueryCommand()
contentNavigationServiceMock
```

```
    .Setup(p =>
      p.NavigateToAsync(
        ContentNavigationServiceConstants.ResultPage,
        It.IsAny<object>()))
    .Callback<string, object>((s, o) => parameter = o);
```

这里,Lambda 表达式(s, o) => parameter = o 的参数 s 就是 NavigateToAsync 函数的第一个参数,即 ContentNavigationServiceConstants. ResultPage。参数 o 是 NavigateToAsync 函数的第二个参数,即导航参数。将 o 赋值给本地变量 parameter,就截获了 QuerPageViewModel 传递的导航参数,也就是动态生成的 LINQ 查询条件。

接下来只需要执行查询条件就可以了。在我们的测试数据库中,满足条件的搜索结果只有两条。因此,可以判断 LINQ 查询条件的执行结果是否符合预期。

```
var poetryList = await _poetryStorage.GetPoetriesAsync(
  (Expression<Func<Poetry, bool>>) parameter,
  0, Int32.MaxValue);
Assert.AreEqual(2, poetryList.Count);
```

22.4 更新搜索结果页

现在,LINQ 查询条件已经通过导航参数传递到搜索结果页了。接下来更新搜索结果页,从而让它能够接收导航参数并显示搜索结果。

更新搜索结果页

更新搜索结果页所要做的事情,就是 20.2.2 节做过的事情。在搜索结果页 ViewModel 中,定义了一个可绑定属性 Where 用于接受 LINQ 查询条件:

```
public Expression<Func<Poetry, bool>> Where {
  ...
```

下面要做的,只是在搜索结果页中将 ls: NavigationContext.NavigationParameter 属性绑定到搜索结果页 ViewModel 的 Where 属性:

```
<ContentPage
  mlns:ls="clr-namespace:Dpx.Services;assembly=Dpx"
  x:Class="Dpx.Views.ResultPage"
  ls:NavigationContext.NavigationParameter="{Binding
                      Where}">
```

22.5 反思 LINQ

许多语言都提供了类似 LINQ 的功能。Java 从 8.0 版本开始提供了 Stream API,从而实现了类似于 LINQ 的功能。下面这段 Java 代码:

```
Poetry.poetries.stream()
  .filter(p -> p.getAuthorName().equals("苏轼"))
  .filter(p -> p.getContent().contains("老夫"))
  .findFirst()
  .ifPresent(p -> System.out.println(p.getName()));
```

就等价于这段 C# 代码：

```
Console.WriteLine(
  Poetry.Poetries
    .Where(p => p.AuthorName == "苏轼")
    .Where(p => p.Content.Contains("老夫"))
    .FirstOrDefault()
    ?.Name);
```

Kotlin 自然也支持类似于 LINQ 的功能：

```
println(
  Poetry.poetries
    .filter { p -> p.authorName == "苏轼" }
    .filter { p -> p.content.contains("老夫") }
    .firstOrNull()
    ?.name)
```

所以，你觉得 Kotlin 更像 Java 还是 C#？

22.6　动手做

从你的代码中找到最复杂的一段循环，看看能不能用 LINQ 代替它。分析使用循环和 LINQ 实现这段代码的优劣，反思哪些循环能使用 LINQ 代替，哪些不可以，并与团队成员交换意见。

第23章

页面导航的更多细节

本章会探讨与页面导航有关的更多细节技术。本章将讨论在页面间传递搜索条件的第二种方案;完成菜单页,从而让 Dpx 应用能够正常地导航;添加初始化页,从而集中地完成诗词数据库等的初始化操作。

23.1 传递搜索条件的第二种方案

在 22.2 节中,为了在诗词搜索页与搜索结果页之间传递用户提交的搜索条件,我们将搜索条件转换成了一个 LINQ 查询条件。这样做的优点在于简单直接: 搜索结果页可以直接利用 LINQ 查询条件查询满足条件的诗词。然而,这样做的缺点也很明显。

首先,这种方法生成的导航参数非常复杂。通过 22.2 节能够发现,动态生成的 LINQ 查询条件是非常复杂,并且晦涩难懂的。事实上,由于它过于复杂,22.3 节的单元测试中没有检查查询条件本身是否正确,而是选择检查查询条件的执行结果。在页面之间传递如此复杂的导航参数并不是一个好主意。因为一旦发生问题,由于不能很容易地判断导航参数是否正确,无法快速地判断究竟是诗词搜索页生成了错误的 LINQ 查询条件,还是搜索结果页没有正确地执行 LINQ 查询条件。

其次,这种方法造成了比较强的技术依赖。在诗词搜索页和搜索结果页之间传递 LINQ 查询条件,等于假设搜索结果页一定使用 LINQ 来查询满足条件的诗词。这种假设在绝大多数情况下都是成立的。绝大多数的数据库都支持 LINQ,因其十分方便。然而,例外总会发生。一旦开发者选用的数据库不再支持 LINQ,或者打算切换到一个不支持 LINQ 的数据库,就需要同时修改诗词搜索页和搜索结果页。这种情况在 Dpx 这种小型的、“一锤子买卖”式的项目中不太可能出现。但在更复杂的,或者需要长期开发维护的项目中则很容易遇到。

针对上述缺点,我们决定探索传递搜索条件的第二种方案。只不过,我们不会采用这种方案替代现有的方案,而是将它应用到从推荐详情页到诗词搜索页之间的参数传递上。

依据今日推荐页的操作动线,用户在推荐详情页中单击“在本地数据库中查找”按钮之后,会跳转到诗词搜索页,并自动将推荐诗词的标题和作者作为搜索条件，如图 23-1 所示。

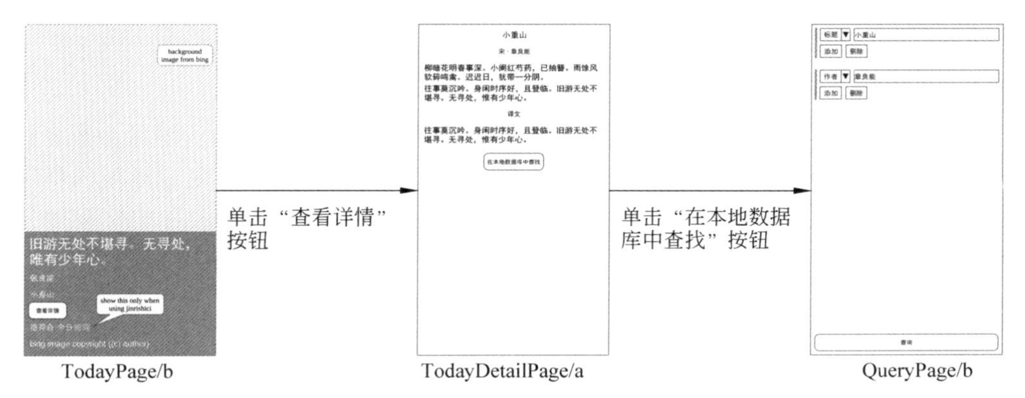

图 23-1　今日推荐页操作动线

在这一过程中，推荐详情页需要向诗词搜索页传递搜索条件参数。下面来看如何采用不同于 LINQ 的方法实现这一功能。

23.1.1　更新推荐详情页 ViewModel

首先更新发起导航的推荐详情页 ViewModel。跟随下面的视频，了解需要做些什么。

传递搜索条件参数

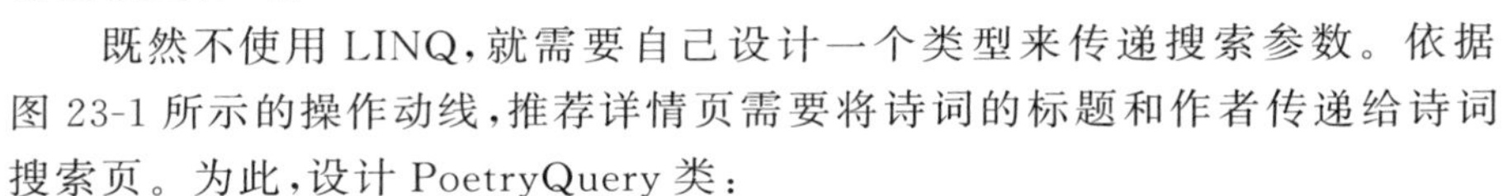

既然不使用 LINQ，就需要自己设计一个类型来传递搜索参数。依据图 23-1 所示的操作动线，推荐详情页需要将诗词的标题和作者传递给诗词搜索页。为此，设计 PoetryQuery 类：

```
//PoetryQuery.cs
//诗词查询。
public class PoetryQuery {
  //作者。
  public string AuthorName { get; set; }
  //标题。
  public string Name { get; set; }
}
```

接下来，在推荐详情页 ViewModel（也就是今日推荐页 ViewModel）的 QueryCommand 中实例化 PoetryQuery 类对象，并将其作为导航参数传递给诗词搜索页：

```
//TodayPageViewModel.cs
internal async Task QueryCommandFunction() {
  var poetryQuery = new PoetryQuery {
    Name = TodayPoetry.Name,
    AuthorName = TodayPoetry.AuthorName
  };
```

```
    await _rootNavigationService.NavigateToAsync(
      RootNavigationServiceConstants.QueryPage,
      poetryQuery);
}
```

将PoetryQuery类实例作为导航参数显然比将LINQ查询条件作为导航参数要简单和直观得多。可以很容易地判断导航参数是否正确,从而判断究竟是发起导航的推荐详情页ViewModel出了问题,还是作为导航目标的诗词搜索页ViewModel出了问题。这种方法降低了对技术的依赖,使开发者可以更从容地切换到其他技术实现上。

23.1.2 更新诗词搜索页

更新诗词搜索页

接下来更新诗词搜索页,从而接收推荐详情页传递的导航参数。

更新诗词搜索页时进行的都是一些常规操作。首先,在诗词搜索页ViewModel中提供一个可绑定属性,用于接收导航参数。这部分内容已经在20.2.2节学习过。

```
//QueryPageViewModel.cs
//诗词查询。
public PoetryQuery PoetryQuery {
  ...
```

并在诗词搜索页中绑定到这个属性:

```
<!—QueryPage.xaml -->
<ContentPage ...
  ls:NavigationContext.NavigationParameter="{Binding
                             PoetryQuery}">
```

接下来在PageAppearingCommand中读取导航参数,并依据导航参数设置FilterViewModel集合。这部分内容则是12.2.2节中学习的。

```
//QueryPageViewModel.cs
internal void PageAppearingCommandFunction() {
  if (PoetryQuery == null) return;

  FilterViewModelCollection.Clear();
  FilterViewModelCollection.Add(new FilterViewModel(this) {
    Type = FilterType.NameFilter,
    Content = PoetryQuery.Name
  });
  FilterViewModelCollection.Add(new FilterViewModel(this) {
    Type = FilterType.AuthorNameFilter,
    Content = PoetryQuery.AuthorName
  });
  PoetryQuery = null;
```

```
}
```

最后,更新 MainPage 从而在启动时显示今日推荐页。

23.2　更新菜单页

接下来更新菜单页。首先从 ViewModel 开始。

更新菜单页 ViewModel

下面对菜单页进行更新。首先,为导航菜单准备菜单项。由于使用了 pageKey 进行导航,因此此处没有使用 Master-Detail 模板自带的菜单项,而是新建了 MenuItem 类:

```
//MenuItem.cs
//菜单项。
public class MenuItem {
  //菜单项。
  private MenuItem() {}
    //标题。
    public string Title { get; private set; }
    //页面键。
    public string PageKey { get; private set; }
    //菜单项 List。
  public static IList<MenuItem> ItemList { get; } =
    new List<MenuItem> {
      new MenuItem {
        Title = "今日推荐",
        PageKey =
          RootNavigationServiceConstants.TodayPage
      },
      new MenuItem {
        Title = "诗词搜索",
        PageKey =
          RootNavigationServiceConstants.QueryPage
      }
    };
}
```

这里使用私有构造函数来确保只有 MenuItem 的静态成员 ItemList 能够实例化 MenuItem 对象。类似的技术在本书 21.1.1 节曾经使用过。菜单项的 PageKey 则来自根导航服务常量,其值在 19.3.2 节中已经定义。

接下来为菜单页建立 ViewModel。菜单页 ViewModel 的功能比较简单。它提供了一个 Command,用于处理菜单项点击事件:

```
//MenuPageViewModel.cs
//菜单项点击命令。
```

```
public RelayCommand<MenuItem> MenuItemTappedCommand =>
  ...
internal async Task MenuItemTappedCommandFunction(
  MenuItem menuItem) =>
    await rootNavigationService.NavigateToAsync(
      menuItem.PageKey);
```

这类带参数的 Command 曾在 20.3.2 节中学习过。在菜单页 ViewModel 中提供一个可绑定属性 SelectedMenuItem。它在后面的章节中有很大作用,这里先不对其进行讨论。

最后实现菜单页 View。菜单页 View 中 ListView 的 ItemsSource 并非来自菜单页 ViewModel,而是来自 MenuItem 的静态成员 ItemList:

```
<!-- MenuPage.xaml -->
<ListView ItemsSource="{x:Static lm:MenuItem.ItemList}"
  ...
```

这样做主要是为了方便,前提是没有破坏 MVVM + IService 架构。x:Static 则是 15.1.2 节曾经使用过的。

开发者还需要将 ListView 的 ItemTapped 事件使用 InvokeCommandAction 进行处理,从而调用菜单页 ViewModel 中的 MenuItemTappedCommand,同时还需要利用 ItemTappedEventArgsToMenuItemConverter 将点击事件参数转换为 MenuItem 实例。这些内容在 20.3.1 节中曾经学习过。

```
<ListView ...>
  <ListView.Behaviors>
    <b:EventHandlerBehavior EventName="ItemTapped">
      <b:ActionCollection>
        <b:InvokeCommandAction
          Command="{Binding MenuItemTappedCommand}"
          Converter="{StaticResource
               ItemToMenuItem}" />
```

更新菜单页 View

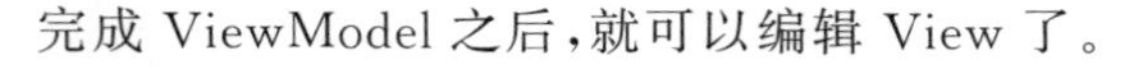

完成 ViewModel 之后,就可以编辑 View 了。

23.3 初始化页

接下来关注初始化页。初始化页在 Dpx 应用需要执行初始化操作时显示。下面研究如何将其实现。

23.3.1 添加初始化页

添加初始化页 ViewModel

首先,将初始化页添加到 Dpx 项目中。跟随下面的视频,了解都需要做些什么。

初始化页 ViewModel 提供了一个可绑定属性 Status,用于显示当前正在执行的操作：

```
//InitializationPageViewModel.cs
//状态。
public string Status {
  ...
```

其次，PageAppearingCommand 中再次使用了 15.2.1 节中使用过的二次检查法，确保初始化代码只会执行一次：

```
internal async Task PageAppearingCommandFunction() {
  var run = false;

  if (!pageLoaded) {
    lock (pageLoadedLock) {
      if (!pageLoaded) {
        pageLoaded = true;
        run = true;
      }
    }
  }

  if (!run) return;

  ...
```

接下来就可以检查是否需要执行初始化操作了。如果需要执行，首先更新 Status 属性，从而提示用户开发者正在做什么：

```
if (!_poetryStorage.Initialized()) {
  Status = "正在初始化诗词数据库";
  await _poetryStorage.InitializeAsync();
}
```

目前为止只需要初始化诗词数据库。在完成了所有的初始化操作之后，提示用户初始化操作已完成，并等待一秒确保提示信息不会一闪而过。之后，导航回今日推荐页：

```
Status = "所有初始化已完成";
await Task.Delay(1000);

await _rootNavigationService.NavigateToAsync(
  RootNavigationServiceConstants.TodayPage);
```

完成 ViewModel 之后就可以实现初始化页 View 了。另外，由于诗词数据库的初始化工作已经交给初始化页来完成，因此开发者还需要从搜索结果页 ViewModel 中删除用于初始化诗词数据库的代码。

添加初始化页 View

23.3.2 导航到初始化页

如何导航到初始化页

在添加好初始化页之后,就需要决定何时以及如何导航到初始化页了。

开发者将决定是否需要导航到初始化页的工作交给了 MainPage。这样做的原因有两点。首先,依据如图 23-2 所示 Master-Detail 模板的 MainPage 页面结构,MainPage 是所有页面的"容器",菜单页显示在 MainPage 的 Master 属性中,而所有的导航则发生在 MainPage 的 Detail 属性中。这种结构决定了 MainPage 的层级要高于所有其他页面,包括初始化页。因此,由层级更高的 MainPage 来决定是否需要导航到初始化页是合适的。

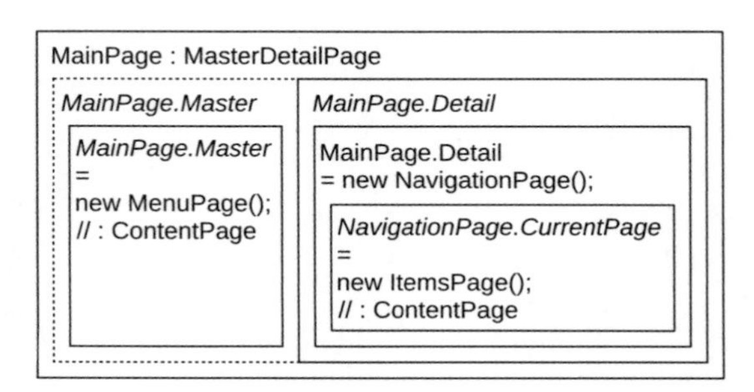

图 23-2 Master-Detail 模板的 MainPage 页面结构

其次,在不考虑 MainPage 的情况下,每个页面都有自己的职责,而判断是否需要执行初始化操作并导航到初始化页不属于任何页面的职责。因此,由任何一个页面来决定是否需要导航到初始化页都是不合适的,而只能交给 MainPage。

MainPage 的 ViewModel 内容则比较简单。与初始化页 ViewModel 类似,MainPageViewModel 也使用二次检查法确保初始化代码只会执行一次:

```
//MainPageViewModel.cs
internal async Task PageAppearingCommandFunction() {
  var run = false;

  if (!pageLoaded) {
    lock (pageLoadedLock) {
      if (!pageLoaded) {
        pageLoaded = true;
        run = true;
      }
    }
  }

  if (!run) return;

  ...
```

接下来，MainPageViewModel 检查是否需要执行初始化操作。如果需要，就导航到初始化页；如果不需要，就导航到今日推荐页：

```
if (!_poetryStorage.Initialized()) {
  await _rootNavigationService.NavigateToAsync(
    RootNavigationServiceConstants.InitializationPage);
  return;
}

await _rootNavigationService.NavigateToAsync(
  RootNavigationServiceConstants.TodayPage);
```

23.4　动手做

完成你项目的菜单页与初始化页，深入测试它们能不能正常工作，指出哪些部分存在问题，并讨论你打算怎么解决这些问题。

23.5　给 PBL 教师的建议

这一章的内容没有技术上的难点，却集成了之前多个章节的内容，是一组典型的知识整合应用问题。并且，这种整合并不单纯只是技术上的整合，还涉及很多问题解决与批判性思维的内容：现实的问题是怎么样的，现有的以及备选的方案都有哪些问题，应该如何组合不同的技术来解决问题。这是引导同学们从关注技术到关注问题这一思维转换的好机会。

第24章

消息机制

导航系统还剩下最后一个问题：当从推荐详情页跳转到诗词搜索页时，菜单页的导航菜单不会自动选中“诗词搜索”，而依然会停留在“今日推荐”菜单项。为了解决这个问题，我们使用了消息机制。本章会依次介绍在对象之间传递信息的3种常用方法：返回值、事件、消息机制。最后，我们会基于消息机制来更新菜单页。

24.1 使用返回值传递信息

在对象之间传递信息，最常用的方法就是使用函数的返回值。下面的视频设计了一个需要在对象之间传递信息的场景，并讲述了如何使用返回值传递信息。

使用返回值传递信息

上例场景涉及两个对象：CollegeStudent 和 ParentOfCollegeStudent。当 CollegeStudent 需要 Party 时，CollegeStudent 会向 ParentOfCollegeStudent 寻求许可：

```
//CollegeStudent.cs
public async Task Party() {
  ...
  await _parent.GetPermission();
```

在 ParentOfCollegeStudent 的 GetPermission 函数被调用之后，ParentOfCollegeStudent 开始思考：

```
//ParentOfCollegeStudent.cs
public async Task<Permission> GetPermission() {
  Logger.Instance.Log("Parent: Permission requested, thinking...");
```

思考会持续一段时间。而开发者所需要传递的，则是“Permission 已经被新建了”这一信息。

那么，当思考结束之后，ParentOfCollegeStudent 如何让 CollegeStudent 知道 Permission 已经被新建了呢？答案自然是将 Permission 作为 GetPermission 函数的返回值返回给 CollegeStudent：

```
//return new Permission();
```

对于 CollegeStudent，在从 ParentOfCollegeStudent 的 GetPermission 函数得到 Permission 返回值之后，就可以继续执行 Party 函数了。

现在的问题是，在 CollegeStudent 调用 ParentOfCollegeStudent 的 GetPermission 函数之后，直到 GetPermission 函数返回 Permission 之前，CollegeStudent 实际上是什么都做不了的。换言之，CollegeStudent 被 ParentOfCollegeStudent 的 GetPermission 函数阻塞住了。直到 GetPermission 函数完成之后，CollegeStudent 才能继续执行 Party 函数：

```
Logger.Instance.Log($"Student: Waited for {(endTime - startTime).Seconds}
days without any food or drink and got the permission. Heading for party...");
```

对于类似 GetPermission 函数这种需要比较长时间才能完成的函数，使用返回值这种阻塞式的方法来传递消息显然不是一个很优雅的方法。

24.2　使用事件传递信息

事件可以说是在对象之间传递信息时第二常用的方法。相比于等待函数返回值这种阻塞式方法，事件是一种非阻塞式的方法。

事件的使用包括 3 个部分：定义事件，关联事件处理函数，以及触发事件。接下来使用事件改造 24.1 节中的例子。

24.2.1　定义事件

首先定义事件。

定义事件

使用事件来传递信息前必须清楚两件事情：到底要传递什么信息，以及信息的参数有哪些。其中，要传递的信息对应事件，信息的参数则对应事件的参数。

在上面设计的场景中，要传递的信息是“Permission 已经被新建了”，信息的参数则是新建的 Permission。因此，ParentOfCollegeStudent 中定义了一个 PermissionProduced 事件：

```
//ParentOfCollegeStudent.cs
public event EventHandler<PermissionProducedEventArgs>
  PermissionProduced;
```

其中，event 是用于定义事件的关键字，EventHandler 则是.NET 提供的类型，它定义了事件的参数与返回值：

```
public delegate void EventHandler<T>(
    object sender, T e);
```

使用 EventHandler< PermissionProducedEventArgs >定义事件，意味着事件的处理函数必须接受两个参数：① object 类型的 sender，用于说明触发事件的对象；

②PermissionProducedEventArgs 类型的事件参数 e。这里 PermissionProducedEventArgs 是我们自行定义的:

```
public class PermissionProducedEventArgs : EventArgs {
  public Permission Permission { get; set; }
}
```

它给出了要传递信息的参数:新建的 Permission。经过这些步骤,就完成了对事件的定义。

> 关于 event 关键字的更多内容,请访问 https://docs.microsoft.com/zh-cn/dotnet/csharp/language-reference/keywords/event。
>
> 关于 EventHandler<T>类型的更多内容,请访问 https://docs.microsoft.com/zh-cn/dotnet/api/system.eventhandler-1。

24.2.2 关联事件处理函数

关联事件处理函数

接下来关联事件处理函数。

在 ParentOfCollegeStudent 定义了 PermissionProduced 事件之后,CollegeStudent 就可以监听它了。监听事件的方法是为事件关联处理函数:

```
//CollegeStudent.cs
//Party()
_parent.PermissionProduced += async (sender, args) => {
  ...
```

早在 4.1 节中就曾使用"+="符号来关联事件与事件的处理函数。这里将 ParentOfCollegeStudent 的 PermissionProduced 事件关联到匿名函数 async (sender, args) => ... 上。依据 EventHandler<PermissionProducedEventArgs>的定义,匿名函数的参数 sender 将被赋值为触发事件的对象,参数 args 将被赋值为 PermissionProducedEventArgs 类的实例。

当 PermissionProduced 事件触发时,就代表 Permission 已经被新建了。此时,就可以从事件参数 args 中获得被新建的 Permission:

```
//CollegeStudent.cs
//Party()
_parent.PermissionProduced += async (sender, args) => {
  _permission = args.Permission;
```

触发事件

24.2.3 触发事件

最后探讨如何触发事件。

事件一般由事件的定义者触发。在上面设计的场景中,

PermissionProduced 事件是 ParentOfCollegeStudent 定义的，其作用是通知监听该事件的实例"Permission 已经被新建了"。显然，只有生产 Permission 的 ParentOfCollegeStudent 才知道 Permission 什么时候被新建。因此，应该由 ParentOfCollegeStudent 触发 PermissionProduced 事件。触发的时机，则是 Permission 被新建之后：

```
//ParentOfCollegeStudent.cs
//GetPermission()
Logger.Instance.Log(
  "Parent: Permission produced, sending permission to child...");
await Task.Delay(200);

PermissionProduced?.Invoke(this,
  new PermissionProducedEventArgs
    {Permission = new Permission()});
```

由于先前将 PermissionProduced 事件定义为 EventHandler<PermissionProducedEventArgs> 类型的事件，因此必须向事件传递两个参数：触发事件的对象，即当前 ParentOfCollegeStudent 实例；以及 PermissionProducedEventArgs 类型的事件参数。

事件的触发与函数的调用非常像。如果 PermissionProduced 是一个函数，则采用如下的方法调用它：

```
PermissionProduced(this,
  new PermissionProducedEventArgs
    {Permission = new Permission()});
```

而作为一个事件，开发者触发 PermissionProduced 的方法则是：

```
PermissionProduced?.Invoke(this,
  new PermissionProducedEventArgs
    {Permission = new Permission()});
```

触发事件与调用函数的唯一区别就是多了一个"?.Invoke"。其中，Invoke 函数的作用就是调用事件的处理函数。使用?.触发事件则是由于事件可能根本没有关联处理函数。如果事件没有关联到处理函数，则使用.Invoke 触发事件就会引发空引用异常。此时，?.运算符则会自动取消对事件的触发。

或许读者已经注意到了，所谓事件的使用包括 3 个部分：定义事件、关联事件处理函数、触发事件，而不是 3 个"步骤"。事实上，事件使用的"步骤"应该是：①定义事件；②触发事件；③关联事件处理函数。然而，按照这个顺序去解释事件，容易陷入一个逻辑怪圈：既然还没有关联事件处理函数，又如何触发事件呢？通过上面的解释，可知即便没有关联事件处理函数，也能使用?.操作符触发事件。因此，读者以后就可以按照先定义、再触发、最后关联事件处理函数的顺序来使用事件了。

关于?.运算符的更多内容,请访问 https://docs.microsoft.com/zh-cn/dotnet/csharp/language-reference/operators/member-access-operators # null-conditional-operators--and-。

24.3 使用消息机制传递信息

事件是一种非阻塞式的在对象之间传递信息的方法。它唯一的问题是:开发者必须知道谁定义了事件,才能关联事件处理函数。这种要求自然就导致了类型依赖。

消息机制则是一种不会造成类型依赖的,同时依然是非阻塞式的在对象之间传递信息的方法。与事件类似,消息机制的使用也包括 3 个部分:定义消息、监听消息、发布消息。要想使用消息机制,开发者需要依赖一套消息系统。值得庆幸的是,MVVM Light 为开发者提供了一套名为 Messenger 的消息系统。下面继续改造 24.2 节中的例子,并使用消息机制来传递信息。

24.3.1 定义消息

定义消息

与定义事件类似,在定义消息之前,开发者也必须清楚需要传递什么信息,以及信息的参数都有哪些。只不过,不同于在定义事件时需要分别定义事件以及事件的参数,在定义消息时,只需要定义一个消息类就可以了:

```
//PermissionMessage.cs
public class PermissionMessage {
  public Permission Permission { get; set; }
}
```

当使用消息机制在设计的场景中传递信息时,要传递的信息“Permission 已经被新建了”就表现为 PermissionMessage 类的一个实例,而信息的参数“新建的 Permission”则是 PermissionMessage 类实例的 Permission 属性。与定义事件相比,定义消息显得简单很多。

24.3.2 监听消息

监听消息

要想监听 PermissionMessage 消息,只需要向 Messenger 注册:

```
//CollegeStudent.cs
//Party()
Messenger.Default.Register<PermissionMessage>(
  this, async monMessage => {
    _permission = monMessage.Permission;
    ...
```

Messenger 的 Register 函数接受两个参数:第一个参数是接收消息的对象,第二个参数则是收到消息时需要执行的 Lambda 表达式。总体来讲，监听消息与关联事件处理函数差不多。而且，因为不涉及 EventHandler 以及 EventArgs 这类比较晦涩难懂的类型，监听消息看起来还要更简单直观一点。

24.3.3　发布消息

发布消息比监听消息还要简单。只需要调用 Messenger 的 Send 函数，并将消息传递过去就可以了：

发布消息

```
//ParentOfCollegeStudent.cs
//GetPermission()
Messenger.Default.Send(
    new PermissionMessage {Permission = new Permission()});
```

如上文所述，只要简单几步，就可以使用消息机制在对象之间传递信息。

24.4　使用消息机制更新导航菜单

24.3 节中学习了消息机制，下面就用它来解决导航菜单的自动更新问题。与 24.3 节类似，我们还是按照定义消息、监听消息、发布消息的顺序介绍需要做些什么。

24.4.1　定义根导航消息

这样遇到的问题是，当从推荐详情页跳转到诗词搜索页时，菜单页的导航菜单不会自动选中“诗词搜索”，而依然会停留在“今日推荐”菜单项。导致这个问题的原因是菜单页 ViewModel 不知道 IRootNavigationService 已经将根页面导航了，因此也就不能更新导航菜单的选中项。为了解决这个问题，需要定义一个根页面导航消息：

定义根导航消息

```
//RootNavigationMessage.cs
//根导航消息。
public class RootNavigationMessage {
  public string PageKey { get; set; }
}
```

24.4.2　监听根导航消息

在定义了根导航消息之后，菜单页 ViewModel 只需要监听这个消息，并在收到消息时更新选中的菜单项就可以了：

监听根导航消息

```
//MenuPageViewModel.cs
//MenuPageViewModel()
Messenger.Default.Register<RootNavigationMessage>(this,
  message => SelectedMenuItem =
    MenuItem.GetMenuItem(message.PageKey));
```

这里,MenuItem 的 GetMenuItem 函数的功能,是根据 pageKey 查找对应的菜单项:

```
//MenuItem.cs
///<summary>
///根据页面键获得菜单项。
///</summary>
///<param name="pageKey">页面键。</param>
public static MenuItem GetMenuItem(string pageKey) =>
  PageKeyMenuItemDictionary.ContainsKey(pageKey)
    ? PageKeyMenuItemDictionary[pageKey]
    : null;
```

为了实现这一功能,还需要将 MenuItem 的 ItemList 属性转换为一个从 pageKey 到菜单项的字典:

```
//页面键-菜单项字典。
private static Dictionary<string, MenuItem>
  PageKeyMenuItemDictionary =
    ItemList.ToDictionary(p => p.PageKey, p => p);
```

24.4.3 发布根导航消息

发布根导航消息

根导航消息的发布也非常简单。只需要在根导航完成之后,向 Messenger 发布一个根导航消息就可以了:

```
//RootNavigationService.cs
//NavigateToAsync()
Messenger.Default.Send(
    new RootNavigationMessage {PageKey = pageKey});
```

24.5 反思消息机制

与事件相比,消息机制十分简单。开发者不需要使用 event 关键字,不需要使用 EventHandler 和 EventArgs 类型,不需要使用+=符号,只需要定义一个消息,再使用 Messenger 来发布和监听消息就可以了。而且,消息机制不像事件那样需要知道事件定义者,因此不会造成类型依赖。这么来看,消息机制很完美。

然而,除了能够带来很多便利,消息机制也会带来很多问题。

首先,由于消息机制将消息的发布者与监听者隔绝得过于彻底,开发者很难清楚一个消息从何而来,又会产生哪些后果,这给程序的理解、编写和维护带来了困难。在使用事件时,开发者必须知道事件的定义者才能使用事件。这使得很容易清楚事件的触发逻辑。同时,在 IDE 的帮助下,开发者也可以很容易地确定一个事件都关联了哪些处理函数。此时,事件带来的类型依赖反而有利于开发者理解、编写和维护程序。并且,在合理的软件架构下,类型依赖也不会导致什么问题。相反,由于缺乏类型依赖,使用消息机制反而让难以清楚程序的执行逻辑，增加了编写和维护程序的难度。

其次，事件与属性和函数一样，都是类型实例的成员。这意味着如果开发者定义了两个 ParentOfCollegeStudent 实例，那么每个 ParentOfCollegeStudent 实例的 PermissionProduced 事件之间是没有任何关系的：一个 ParentOfCollegeStudent 实例触发了自己的 PermissionProduced 事件，与另一个 ParentOfCollegeStudent 实例的 PermissionProduced 事件没有任何关系。可以用两个 Button 实例来试图理解：一个 Button 实例触发了自己的 Clicked 事件，与另一个 Button 实例的 Clicked 事件没有任何关系。然而，消息的触发却是全局的。这意味着一个 ParentOfCollegeStudent 发布了一个 PermissionMessage 之后，所有的 CollegeStudent 实例都会收到这个消息。

第三，由于事件必须定义在类型中，事件自动地依据类型形成了组织。当系统变得复杂时，只要能够依据软件架构明确每个类型的职责，则即便有再多的事件，也不会发生混乱。相比之下，消息本身就是一个类型，并且消息通常没有业务逻辑。这会导致消息独立于软件架构之外，至少会独立于包含业务逻辑的软件架构之外（如 MVVM + IService 架构）。此时，如何妥善地组织不同类型的消息就会成为一个问题。尤其当消息的数量变得很多，有几十甚至几百种不同的消息在消息系统中传递时，问题就非常严重了。

以上只是消息机制可能导致的众多问题中比较典型的几个。作为一种极易被滥用的技术，消息机制的缺点与优点一样突出。因此，在决定是否要使用消息机制前，必须始终抱持着高度谨慎的态度。

24.6　动手做

除了事件和消息机制之外，搜索了解还有哪些在对象之间以非阻塞的方式传递信息的方法。讨论这些方法是否适合用于解决导航菜单的同步问题。

24.7　给 PBL 教师的建议

在对象之间传递信息时究竟应该使用事件还是消息机制，是个非常好的可锻炼学生批判性思维的问题。在回答这个问题时，不仅要考虑事件与消息机制本身的特点，还需要考虑具体的问题、所选方案对整体设计的影响、未来可能的需求变更等众多因素。在这一过程中，得出的答案可能远远没有回答问题的过程重要。而教师的职责，则是推动学生更加深入地思考，而不是简单地给出答案。教师也不妨组织学生进行辩论，在解决 Dpx 应用导航菜单的同步问题时，究竟应该使用事件，还是应该使用消息机制。

第25章 跨页面同步数据

本章将实现诗词收藏功能，实现诗词收藏所需要的数据库以及用户界面，并学习如何跨页面同步数据，从而确保不同页面上显示的诗词收藏状态一致。

25.1 收藏 Model 与 IService

与诗词收藏有关的页面主要包括诗词详情页和诗词收藏页，如图 25-1 所示。

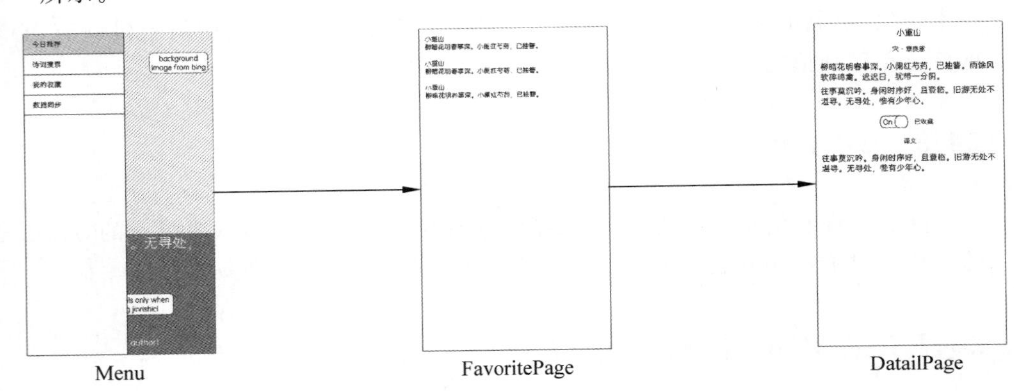

图 25-1 与诗词收藏有关的页面

在诗词详情页中，开发者需要知道给定的诗词是否被收藏了。在诗词收藏页中，开发者则需要知道有哪些诗词被收藏了。遵循惯例，先从 Model 与 IService 开始，学习如何设计并实现收藏 Model 与 IService。

25.1.1 设计收藏 Model

设计收藏 Model

要标识一篇诗词是否被收藏了，最理想的情况自然是在 Poetry 类上添加一个 IsFavorite 属性：

```
if (aPoetry.IsFavorite) {
  ...
```

然而，在 10.3 节中，我们决定了要将诗词数据与诗词收藏数据分别保存在两个数据库中。这就意味着诗词数据库的诗词数据表中是没有 IsFavorite 字段的。因此，Poetry 类自然也没有 IsFavorite 属性。

那么，IsFavorite 属性的值保存在哪里呢？答案是，需要为它新建一个 Model，也就是 Favorite 类：

```
//Favorite.cs
//收藏类。
public class Favorite {
  //主键。
  [PrimaryKey]
  public int PoetryId { get; set; }
  //是否收藏。
  public virtual bool IsFavorite { get; set; }
}
```

25.1.2　设计收藏 IService

依据诗词详情页的原型设计，需要读取和保存诗词的收藏状态。依据收藏列表页的原型设计，则需要读取所有诗词的收藏状态。这意味着收藏存储服务 IFavoriteStorage 至少需要具有如下 3 个函数：

设计收藏 IService

```
///<summary>
///获取一个收藏 。
///</summary>
///<param name="poetryId">诗词 id。</param>
Task<Favorite> GetFavoriteAsync(int poetryId);
///<summary>
///保存收藏。
///</summary>
///<param name="favorite">待保存的收藏。</param>
Task SaveFavoriteAsync(Favorite favorite);
//获得所有收藏。
Task<IList<Favorite>> GetFavoritesAsync();
```

另外，与 10.5 节的 IPoetryStorage 一样，IFavoriteStorage 也需要初始化数据库。因此，还需要两个函数来判断收藏数据库是否已经初始化，并执行初始化操作：

```
//是否已经初始化。
bool Initialized();
//初始化。
Task InitializeAsync();
```

同时，与 10.6.4 节实现 IPoetryStorage 的 InitializeAsync 函数一样，开发者也需要定义与收藏数据库版本管理有关的常量：

```
//IFavoriteStorage.cs
```

```
//收藏存储常量。
public static class FavoriteStorageConstants {
  //版本键。
  public const string VersionKey =
    nameof(IFavoriteStorage) + "." + nameof(Version);
  //版本。
  public const int Version = 1;
}
```

下面,就可以实现它了。

25.1.3 实现收藏 IService

实现收藏 IService

IFavoriteStorage 的实现大体上与 IPoetryStorage 相同,只有两个细节需要注意。首先,FavoriteStorage 使用了与 PoetryStorage 不同的数据库文件名:

```
//FavoriteStorage.cs
//数据库名。
public const string DbName = "favoritedb.sqlite3";
```

这样一来,诗词数据库与收藏数据库自然就分属于两个数据库了。

另外,由于收藏数据库及其中的收藏数据表事先并不存在,而需要 SQLite-net 创建,因此,需要调用 SQLite-net 创建数据表:

测试收藏 Service

```
//初始化。
public async Task InitializeAsync() {
  await Connection.CreateTableAsync<Favorite>();
  ...
```

在创建数据表时,SQLite-net 就会自动创建数据库了。

25.2 诗词收藏页 ViewModel 与 View

下面在收藏 Model 与 IService 的基础上实现诗词收藏页 ViewModel 与 View。

实现收藏页 ViewModel

依据图 25-2 所示的原型设计,诗词收藏页需要显示收藏的诗词,并且在用户单击一篇诗词时跳转到诗词详情页。

小重山
柳暗花明春事深。小阑红芍药,已抽簪。

小重山
柳暗花明春事深。小阑红芍药,已抽簪。

小重山
柳暗花明春事深。小阑红芍药,已抽簪。

图 25-2 诗词收藏页原型设计

诗词数据由 IPoetryStorage 提供，收藏数据由 IFavoriteStorage 提供，而导航服务则由 IContentNavigationService 提供。因此，需要在诗词收藏页 ViewModel 的构造函数中声明我们需要如下 3 个 IService：

```
//FavoritePageViewModel.cs
///<summary>
///诗词收藏页 ViewModel。
///</summary>
///<param name="favoriteStorage">收藏存储。</param>
///<param name="poetryStorage">诗词存储。</param>
///<param name="contentNavigationService">内容导航服务。...
public FavoritePageViewModel(IFavoriteStorage favoriteStorage,
  IPoetryStorage poetryStorage,
  IContentNavigationService contentNavigationService) {
  _favoriteStorage = favoriteStorage;
  _poetryStorage = poetryStorage;
  _contentNavigationService = contentNavigationService;
}
```

由于收藏的诗词通常不会太多，因此这里没有使用无限滚动，而是直接使用了 8.3 节使用过的 ObservableRangeCollection：

```
//诗词收藏集合。
public ObservableRangeCollection<…>
  PoetryFavoriteCollection { get; } = new ObservableRangeCollection<…>();
```

另外一个问题是如何查找用户收藏的诗词。由于诗词数据和收藏数据分别保存在两个数据库中，因此不能使用表连接来查找收藏的诗词。此时，只能先返回所有的 Favorite 实例：

```
//PageAppearingCommand
var favoriteList = await _favoriteStorage.GetFavoritesAsync();
```

再根据每一个 Favorite 实例的 PoetryId 属性查找对应的 Poetry 实例：

```
//p is a Favorite
Poetry = await _poetryStorage.GetPoetryAsync(p.PoetryId)
```

此时的诗词数据和收藏数据依然是分离的。为了将 Favorite 实例和 Poetry 实例关联起来，新建一个 PoetryFavorite 类：

```
//诗词收藏。
public class PoetryFavorite {
  //诗词。
  public Poetry Poetry { get; set; }
  //收藏。
  public Favorite Favorite { get; set; }
```

```
}
```

给定一个 PoetryFavorite 实例，就能同时得到一首诗的诗词数据，以及这首诗的收藏数据。利用 PoetryFavorite 类就可以很容易地显示收藏的诗词了。因此，PoetryFavoriteCollection 应该是 PoetryFavorite 实例的集合：

```
//诗词收藏集合。
public ObservableRangeCollection<PoetryFavorite>
  PoetryFavoriteCollection { get; } = new ObservableRangeCollection
<PoetryFavorite>();
```

开发者需要做的则是将 IFavoriteStorage 返回的所有 Favorite 实例都转化为对应的 PoetryFavorite 实例并添加到 PoetryFavoriteCollection 中：

```
PoetryFavoriteCollection.AddRange((await Task.WhenAll(
  favoriteList.Select(p => Task.Run(async () =>
    new PoetryFavorite {
      Poetry = await _poetryStorage
        .GetPoetryAsync(p.PoetryId),
      Favorite = p
    })))).ToList());
```

这里我们使用了一些不常见的函数，包括 Task.Run 以及 Task.WhenAll 函数。这是由于 LINQ 中不能使用异步 Lambda 表达式。因此，需要使用 Task.Run 函数将异步 Lambda 表达式转换为 Task 实例，再使用 Task.WhenAll 函数运行所有的 Task 实例。Task 实例的返回值就是异步 Lambda 表达式的返回值。因此，每个 Task 实例的返回值都是一个 PoetryFavorite 实例。而 Task.WhenAll 函数的返回值则是所有 Task 实例的返回值组成的数组。因此，这里的 Task.WhenAll 函数的返回值就是一个 PoetryFavorite 数组。接下来，就可以将所有的 PoetryFavorite 实例添加到 PoetryFavoriteCollection 中了。

单元测试收藏页 ViewModel

实现收藏页 View

诗词收藏页 View 的实现使用的都是之前学习过的技术，这里不再赘述。

25.3 更新诗词详情页

完成了诗词收藏页之后，下面更新诗词详情页。依据图 25-3 所示的原型设计，诗词详情页使用一个开关控件来显示和设置诗词的收藏状态。这涉及如何读取和更新诗词的收藏状态。接下来讲解其实现方法。

小重山

宋 · 章良能

柳暗花明春事深。小阑红芍药，已抽簪。雨馀风软碎鸣禽。迟迟日，犹带一分阴。

往事莫沉吟。身闲时序好，且登临。旧游无处不堪寻。无寻处，惟有少年心。

On　已收藏

译文

图 25-3　诗词详情页原型设计

25.3.1　读取诗词收藏状态

读取诗词收藏状态

20.2.2 节中使用了 NavigationParameterProperty 来设置诗词详情页 ViewModel 的 Poetry 属性：

```
//DetailPage.xaml
<ContentPage
  x:Class="Dpx.Views.DetailPage"
  xmlns:ls="clr-namespace:Dpx.Services;assembly=Dpx"
  ls:NavigationContext.NavigationParameter="{Binding
                          Poetry}"
```

此时，数据绑定会自动执行 Poetry 属性的 set 部分：

```
//DetailPageViewModel.cs
//诗词。
public Poetry Poetry {
  get => _poetry;
  set {
    Set(nameof(Poetry), ref _poetry, value);
  }
}
```

因此，可以直接在 Poetry 属性的 set 部分读取诗词的收藏状态。然而，IFavoriteStorage 中用于读取诗词收藏状态的 GetFavoriteAsync 函数是异步的：

```
//IFavoriteStorage.cs
///<summary>
///获取一个收藏 。
///</summary>
///<param name="poetryId">诗词 id。</param>
Task<Favorite> GetFavoriteAsync(int poetryId);
```

这就带来了一个问题：属性不能是异步的，因此不能等待异步函数。为此，设置一个用于标识 Poetry 属性是否被设置过的成员变量 newPoetry：

```
//DetailPageViewModel.cs
//是否为新诗词。
private bool newPoetry;
```

并在 Poetry 属性的 set 部分将 newPoetry 设置为 true：

```
//DetailPageViewModel.cs
//诗词。
public Poetry Poetry {
  get => _poetry;
  set {
    Set(nameof(Poetry), ref _poetry, value);
    newPoetry = true;
  }
}
```

如此，就可以在异步的 PageAppearingCommand 中调用异步的 GetFavoriteAsync 函数并读取诗词的收藏状态了：

```
internal async Task PageAppearingCommandFunction() {
  var run = false;

  if (newPoetry) {
    lock (newPoetryLock) {
      if (newPoetry) {
        newPoetry = false;
        run = true;
      }
    }
  }

  if (!run) return;

  Loading = true;
  var favorite = await favoriteStorage.GetFavoriteAsync(
    Poetry.Id) ?? new Favorite {PoetryId = Poetry.Id};
  isFavorite = favorite.IsFavorite;
  Favorite = favorite;
  Loading = false;
}
```

更新诗词的收藏状态

25.3.2 更新诗词收藏状态

诗词详情页 View 中收藏状态开关的 IsToggled 属性，绑定到了诗词详情页 ViewModel 中 Favorite 属性的 IsFavorite 属性上：

```
<!-- DetailPage.xaml -->
<Switch d:IsToggled="true"
    IsToggled="{Binding Favorite.IsFavorite}">
```

如此，收藏状态开关就会显示出诗词的收藏状态。当用户单击收藏状态开关时，诗词的收藏状态会发生改变。此时，开发者则需要更新诗词的收藏状态。为此，需要处理开关控件的 Toggled 事件，并在事件的 Command 中调用 IFavoriteStorage 的 SaveFavoriteAsync 函数来更新收藏数据库：

```
//DetailPageViewModel.cs
internal async Task FavoriteToggledCommandFunction() {
  if (isFavorite == Favorite.IsFavorite) return;
  isFavorite = Favorite.IsFavorite;

  Loading = true;
  await favoriteStorage.SaveFavoriteAsync(Favorite);
  Loading = false;
}
```

上面的代码中又出现了一小段不寻常的代码。首先判断诗词的收藏状态是否与我们在 PageAppearingCommand 中保存的收藏状态相等。如果相等，就不更新收藏数据库。

问题是，这种情况怎么可能会发生呢？收藏状态开关的 Toggled 事件只有在用户单击它的时候才会触发。如果诗词的初始收藏状态为 false，则收藏状态开关一定处于关闭状态。此时，如果用户单击收藏状态开关，那么在数据绑定的作用下，诗词的收藏状态一定会变为 true。因此，诗词的初始收藏状态一定不会与 Toggled 事件发生后的收藏状态一样，因此

```
isFavorite == Favorite.IsFavorite
```

应该永远都是 false 才对。

上述逻辑推理虽然没错，但其中的两个假设条件出了问题。

首先，收藏状态开关的 Toggled 事件不是只有在用户单击它的时候才会触发。在开发者进行数据绑定时，Toggled 事件也可能会触发：如果开关控件的初始状态为关闭，而数据绑定将 IsToggled 属性设置为了 true，则也会触发 Toggled 事件，反之亦然。

其次，诗词的初始收藏状态与收藏开关的状态不一定是一致的。默认情况下，开关控件处于关闭状态。此时，如果要显示的诗词处于收藏状态，就会导致开关控件开启，从而触发 Toggled 事件。另外，如果诗词详情页显示的上一篇诗词被收藏了，则收藏状态开关就会处于开启状态。如果要显示的下一篇诗词没有被收藏，就会导致开关控件关闭，从而也会触发 Toggled 事件。

无论发生哪种情况，都会出现这样一种有趣的结果：诗词的初始收藏状态与 Toggled 事件触发后诗词的收藏状态一致。此时，由于诗词的收藏状态并没有发生变化，也就没必要进行保存了。

实践出真知。在技术的世界里，很多时候只有实际运行，才知道结果是怎样的。

测试 ToggledCommand

更新 DetailPage

25.4 同步诗词详情页与诗词收藏页

接下来关心这样一个问题：当用户在诗词详情页收藏一篇诗词时，如何确保它显示在诗词收藏页中？这似乎根本不是一个问题——诗词收藏页不是会读取所有的收藏数据吗？那么收藏的诗词怎么可能不显示在诗词收藏页中？

然而，诗词收藏页只会在首次加载时读取一次收藏数据。此后，即便有新的诗词被收藏了，诗词收藏页也不会再次读取收藏数据。因此，新收藏的诗词不会显示在诗词收藏页中，除非我们退出并重启 Dpx 应用。

解决这个问题最简单的办法是让诗词收藏页在每次显示的时候都重新读取一次收藏数据。然而，这种做法显然太不优雅了。首先，由于诗词数据与收藏数据分别被保存在两个数据库中，导致我们不能使用表连接来一次性地读取收藏数据与诗词数据，而需要多次访问数据库。这让读取收藏数据成为一项耗时的工作。如果每次显示诗词收藏页时都要进行一次这种耗时的工作，可能会让程序运行卡顿，给用户带来不好的使用体验。其次，“收藏新的诗词”可能是一个相对偶发的事件。为了这样一个偶发事件而反复地执行耗时的重读收藏数据工作，可能也是得不偿失的。

理想的解决方案是在诗词详情页更新收藏数据的同时同步更新诗词收藏页的数据。并且，这种更新最好只涉及发生变化的那一篇诗词。这与第 24 章遇到的导航菜单更新问题非常类似。24.4 节中使用消息机制解决了导航菜单的更新问题，并在“动手做”部分讨论了消息机制是否适用于解决这一问题。而本章中会使用事件来解决诗词详情页与诗词收藏页的同步问题。

25.4.1 定义收藏存储已更新事件

定义收藏存储已更新事件

诗词详情页利用 IFavoriteStorage 更新诗词的收藏状态。诗词收藏页则从 IFavoriteStorage 读取收藏数据，并需要知道哪些诗词的收藏状态发生了变化。显然，诗词收藏页与诗词详情页都依赖 IFavoriteStorage。同时，IFavoriteStorage 就是被设计来存储收藏数据的。它既知道都有哪些收藏数据，也知道哪条收藏数据发生了变化。因此，可以由 IFavoriteStorage 来发布“收藏数据发生变化了”这一事件，并让诗词收藏页监听该事件，从而获知哪些诗词的收藏状态发生了变化。为此定义如下事件：

```
//IFavoriteStorage.cs
//收藏存储已更新事件。
event EventHandler<FavoriteStorageUpdatedEventArgs> Updated;
```

下面的代码中,“收藏存储已更新事件参数”用于说明具体哪一条收藏数据发生了变化:

```
//收藏存储已更新事件参数。
public class FavoriteStorageUpdatedEventArgs : EventArgs {
  //更新的收藏。
  public Favorite UpdatedFavorite { get; }

  ///<summary>
  ///收藏存储已更新事件参数。
  ///</summary>
  ///<param name="favorite">更新的收藏。</param>
  public FavoriteStorageUpdatedEventArgs(
    Favorite favorite) {
      UpdatedFavorite = favorite;
  }
}
```

25.4.2　处理收藏存储已更新事件

在诗词收藏页 ViewModel 的构造函数中关联收藏存储已更新事件的处理函数:

处理收藏存储已更新事件

```
//FavoritePageViewModel.cs
//FavoritePageViewModel()
favoriteStorage.Updated += FavoriteStorageOnUpdated;
```

发生收藏存储已更新事件,表示有一篇诗词被收藏或被取消收藏。无论怎样,都可以从 PoetryFavoriteCollection 中删除对应的项目:

```
private async void FavoriteStorageOnUpdated(object sender,
  FavoriteStorageUpdatedEventArgs e) {
  var favorite = e.UpdatedFavorite;
  PoetryFavoriteCollection.Remove(
    PoetryFavoriteCollection.FirstOrDefault(p =>
      p.Favorite.PoetryId == favorite.PoetryId));
```

接下来,如果本地变量 favorite 的 IsFavorite 属性为 true,则表明有一篇诗词被收藏。此时,只需要将被收藏的诗词插入 PoetryFavoriteCollection 的第 0 个位置,以确保最新收藏的诗词显示在列表的最顶端:

```
if (favorite.IsFavorite) {
  var poetryFavorite = new PoetryFavorite {
    Poetry = await _poetryStorage.GetPoetryAsync(
      favorite.PoetryId),
    Favorite = favorite
```

```
    };

    PoetryFavoriteCollection.Insert(0, poetryFavorite);
}
```

25.4.3 触发收藏存储已更新事件

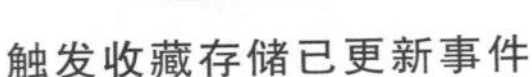
触发收藏存储已更新事件

解决收藏状态标签不更新的问题

收藏存储已更新事件的触发非常简单。只需要在 FavoriteStorage 的 SaveFavoriteAsync 函数被调用时触发事件就可以了：

```
//FavoriteStorage.cs
///<summary>
///保存收藏。
///</summary>
///<param name="favorite">待保存的收藏。</param>
public async Task SaveFavoriteAsync(Favorite favorite) {
  await Connection.InsertOrReplaceAsync(favorite);
  Updated?.Invoke(this,
    new FavoriteStorageUpdatedEventArgs(favorite));
}
```

25.5 反思跨页面同步数据

本质上来讲，本章的跨页面数据同步问题与第 24 章的导航菜单更新问题是同一个问题。它们都体现为用户在一个页面上的操作对另一个页面上显示的数据的影响。只不过这一章的问题表现得更为直接：诗词详情页与诗词收藏页都需要显示诗词的收藏状态。当诗词详情页更新收藏状态时，诗词收藏页也需要同步更新。

这类问题的解决方案也是差不多的：使用事件或消息机制。第 24 章中使用了消息机制，而本章中则使用了事件。总体来看，消息机制更加简洁，但给人一种设计零散、整体感不强、不容易把握程序行为的感觉。而事件则略微麻烦一点，但类型之间的关系明确，程序的逻辑也更容易理解。

另一个需要注意的问题是，当我们需要跨页面同步数据时，通常意味着项目已经比较复杂了，也意味着程序会有更多的 Bug。尽管我们已经使用了编码规范、单元测试等方法来改进程序质量，但错误总是不可避免的。本章的程序就埋藏了一些错误。下面，我们就来讨论其中的一个。

25.6　动手做

如果你一直用 iOS 或 Android 模拟器来测试 Dpx 应用，那么目前为止应该一切顺利。但如果你用 Windows 10 UWP 来测试，可能已经发现问题了：如果先在诗词搜索页中搜索并单击一篇诗词，再在诗词收藏页中单击一篇诗词，程序就会崩溃退出；反过来也一样，如果在诗词收藏页单击一篇诗词，再在诗词搜索页单击一篇诗词，程序也会崩溃退出。

事实上，这个 Bug 不仅会在 Windows 10 UWP 下出现，在 iPhone 或者 iPad 环境下，如果用滑动的方式调出导航菜单，也会触发这个 Bug。这个 Bug 的修复也非常简单，只需要修改一行代码即可。不过，要定位并理解这个 Bug，却有一定的难度。在 Dpx 项目的发行版本 DailyPoetryX 项目中，我们已经修复了这个 Bug。只不过，由于这个 Bug 即简单又有趣，我们决定将它留在 Dpx 项目的代码中。

现在，就请你修复这个 Bug。

25.7　给 PBL 教师的建议

很多同学都无法抵御走捷径的诱惑：编码规范计分吗？不计分就敷衍了事，随便写写完成任务就好了。单元测试计分吗？不计分也敷衍了事，索性不做了。再说，即便都做了，也没办法躲过 Bug。

暂且不讨论是什么让“计分”成为学生完成课堂任务的理由，但教师确实应该考虑将各类非功能指标，如编码的规范程度、单元测试的覆盖度等列入考核范围。另外，编码规范、单元测试等技术只能解决我们能够预期的问题，不能解决我们无法预期的问题。当学生提出“这些东西有什么用”这类问题时，教师不妨组织一次反思会。教师可以让学生指出不采用这些技术时曾经遇到的问题，并比对采用了这些技术之后，在项目的总耗时、可控制程度、对项目的信心等方面是否存在不同。

第26章 面向数据同步的设计

本章开始将完成 Dpx 项目的最后一个部分：数据同步。本章会先从数据同步的需求开始，研究面向数据同步的设计。我们会修改已有的 Model、IService 以及 ViewModel，还会设计并实现数据同步 IService，从而为后续的开发提供一套坚实的基础。

26.1 数据同步

如今的很多人都拥有多台计算设备：计算机、手机、平板电脑等。当人们跨设备使用应用时，总是希望不同设备上的数据能够保持同步。因此，数据同步已经是每一款应用必备的功能。不过，不同应用的数据千差万别，它们同步数据的方法也大不相同。而要清楚如何同步数据，首先需要清楚要同步的数据是什么。

Dpx 应用中需要同步的数据只有诗词的收藏数据。回顾 Favorite 类的定义：

```
//Favorite.cs
//收藏类。
public class Favorite {
  //主键。
  [PrimaryKey]
  public int PoetryId { get; set; }
  //是否收藏。
  public virtual bool IsFavorite { get; set; }
}
```

其实要同步的数据非常简单，只不过是哪些诗词被收藏了而已。然而，实际的情况却比看起来要复杂。

首先，多台设备上的数据可能发生冲突。用户可能先在设备 D 上收藏了诗词 P，又在另一台设备 E 上再次收藏了诗词 P，并紧接着在设备 E 上取消了对诗词 P 的收藏。此时，设备 D 上诗词 P 的收藏状态就与设备 E 发生了冲突。

其次，不同设备可能具有不同的收藏顺序。用户可能在设备 D 上收藏了诗词 P,又在设备 E 上收藏了诗词 Q。在同步数据时,需要确定诗词 P 与诗词 Q 的排列顺序。

在 Dpx 应用中采用 Last-Write-Wins① 原则来处理上述问题,也就是以最近一次操作的结果为准。对于多台设备上的数据可能发生冲突的问题,也以诗词最后一次收藏状态为准。因此,如果用户最后的操作是取消对诗词 P 的收藏,则同步之后所有的设备都会取消对诗词 P 的收藏。对于不同设备可能具有不同收藏顺序的问题,我们则始终将较新的收藏显示在较老的收藏上面。

为了实现上述效果,需要知道诗词被收藏/取消收藏的时间。这需要开发者对相关的设计做出一系列的修改。接下来,我们就来修改已有的设计。

26.2 为同步修改设计

26.2.1 修改 Model

使用 Favorite 类来标识诗词的收藏状态。目前的 Favorite 类只包含 PoetryId 和 IsFavorite 两个属性:

同步修改 Model 的设计

```
//Favorite.cs
//收藏类。
public class Favorite {
  //主键。
  [PrimaryKey]
  public int PoetryId { get; set; }
  //是否收藏。
  public virtual bool IsFavorite { get; set; }
}
```

为了记录诗词被收藏/取消收藏的时间,需要在 Favorite 类中附加一个时间戳:

```
//时间戳。
public long Timestamp { get; set; }
```

在每次设置诗词的收藏状态时,都需要更新时间戳。如此,我们就为 Last-Write-Wins 的实现提供了时间依据。

26.2.2 修改 IService 与 ViewModel

修改 IService

乍一看,IFavoriteStorage 设计得非常完美,没有需要修改的地方:

```
//IFavoriteStorage.cs
//收藏存储。
public interface IFavoriteStorage {
```

① 这是一种典型的解决数据库中数据冲突的方法,具体可以参考这篇文章:https://dzone.com/articles/conflict-resolution-using-last-write-wins-vs-crdts。

```
    //是否已经初始化。
    bool Initialized();
    //初始化。
    Task InitializeAsync();
    //获取一个收藏。
    Task<Favorite> GetFavoriteAsync(int poetryId);
    //获得所有收藏。
    Task<IList<Favorite>> GetFavoritesAsync();
    //保存收藏。
    Task SaveFavoriteAsync(Favorite favorite);
    //收藏存储已更新事件。
    event EventHandler<FavoriteStorageUpdatedEventArgs>
      Updated;
}
```

只需要在 FavoriteStorage 实现类的 SaveFavoriteAsync 函数中设置时间戳就可以了:

```
//FavoriteStorage.cs
//SaveFavoriteAsync()
favorite.Timestamp = DateTime.Now.Ticks;
```

可惜的是,与 25.3.2 节一样,这里的假设再次出错了。由于 SaveFavoriteAsync 函数负责保存诗词的收藏状态,则不仅诗词详情页 ViewModel 需要调用它来保存用户设置的收藏状态,未来的同步服务也需要调用它来保存同步得到的收藏状态。然而,只有在保存用户设置的收藏状态时,才需要将 Favorite 实例的 Timestamp 时间戳设置为当前时间,从而记录诗词最近一次被收藏/取消收藏的时间。在同步服务保存同步得到的收藏状态时,不应该将 Timestamp 时间戳设置为当前时间,而应该设置为同步服务器上保存的诗词被收藏/取消收藏的时间。因此,并非每次设置诗词的收藏状态时都需要更新时间戳。开发者需要修改 SaveFavoriteAsync 函数的设计,允许调用方决定是否生成新的时间戳:

```
///<summary>
///保存收藏。
///</summary>
///<param name="favorite">待保存的收藏。</param>
///<param name="generateTimestamp">是否生成时间戳。</param>
Task SaveFavoriteAsync(
  Favorite favorite, bool generateTimestamp);
```

如果 generateTimestamp 参数为 true,则自动生成新的时间戳,否则直接使用 favorite 实例现有的时间戳。修改后的 SaveFavoriteAsync 函数实现如下:

```
///<summary>
///保存收藏。
///</summary>
///<param name="favorite">待保存的收藏。</param>
```

```
///<param name="generateTimestamp">是否生成时间戳。</param>
public async Task SaveFavoriteAsync(Favorite favorite,
  bool generateTimestamp) {
    if (generateTimestamp) {
      favorite.Timestamp = DateTime.Now.Ticks;
    }

    await Connection.InsertOrReplaceAsync(favorite);
    Updated? .Invoke(this,
      new FavoriteStorageUpdatedEventArgs(favorite));
}
```

与此对应，还需要修改诗词详情页 ViewModel 的 FavoriteToggledCommand：

```
//DetailPageViewModel.cs
//FavoriteToggledCommand
await favoriteStorage.SaveFavoriteAsync(Favorite, true);
```

26.3　同步 IService

有了时间戳之后，开发者就可以设计并实现采用 Last-Write-Wins 原则的同步 IService 了。

26.3.1　设计同步 IService

设计同步 IService

根据图 26-1 所示的原型设计，数据同步页需要提供如下功能：

图 26-1　数据同步页原型设计

(1) 登录到同步服务器。

(2) 同步数据。

(3) 显示同步状态。

(4) 注销登录。

其中,同步数据功能包含如下步骤:

① 从本地读取所有的收藏数据。

② 从同步服务器读取所有的收藏数据。

③ 合并收藏数据。

④ 将合并后的收藏数据保存到本地。

⑤ 将合并后的收藏数据保存到同步服务器。

这可能是目前为止我们接触过的最复杂的业务了。在一个IService里完成上述所有的功能,会让这个IService太过复杂。所以,我们应该看看能不能把这些功能拆分到不同的IService中。

首先,登录到同步服务器、注销登录、从同步服务器读取所有的收藏数据,以及将合并后的收藏数据保存到同步服务器这几项功能都是与收藏服务器有关的功能。可以将它们封装到一个IRemoteFavoriteStorage中:

```
//IRemoteFavoriteStorage.cs
//远程收藏存储。
public interface IRemoteFavoriteStorage {
  //获得所有收藏项,包括收藏与非收藏。
  Task<IList<Favorite>> GetFavoriteItemsAsync();
  //保存所有收藏项,包括收藏与非收藏。
  Task<ServiceResult> SaveFavoriteItemsAsync(
    IList<Favorite> favoriteList);
  //是否已登录。
  Task<bool> IsSignedInAsync();
  //登录。
  Task<bool> SignInAsync();
  //注销。
  Task SignOutAsync();
}
```

其中,IsSignedInAsync函数用于返回当前是否已经登录到同步服务器。ServiceResult则用于返回函数的执行结果,包括成功、失败、可能的错误信息等:

```
//服务结果。
public class ServiceResult {
  //服务结果状态。
  public ServiceResultStatus Status { get; set; }
  //信息。
  public string Message { get; set; }
}
```

```
//服务结果状态。
public enum ServiceResultStatus {
  Ok,
  Exception
}
```

IRemoteFavoriteStorage 的 GetFavoriteItemsAsync 函数用于返回所有的收藏项，包括 IsFavorite 属性为 true 和 false 的 Favorite 实例。这对于合并本地和远程的收藏项非常重要。然而，目前的本地收藏存储 IFavoriteStorage 只能返回 IsFavorite 属性为 true 的收藏项。因此，还需要向 IFavoriteStorage 接口添加一个新的函数，使其能够返回所有的收藏项：

```
//IFavoriteStorage.cs
//获得所有收藏项，包括收藏与非收藏。
Task<IList<Favorite>> GetFavoriteItemsAsync();
```

接下来，将合并收藏数据单独封装到 ISyncService 中：

```
//ISyncService.cs
//同步服务。
public interface ISyncService {
  //同步。
  Task<ServiceResult> SyncAsync();
  //远程收藏存储。
  IRemoteFavoriteStorage RemoteFavoriteStorage { get; }
}
```

其中，RemoteFavoriteStorage 属性用于方便数据同步页 ViewModel 获得 ISyncService 的 IRemoteFavoriteStorage 实例，从而调用登录、注销等功能。最后，我们将显示同步状态单独封装在 INotifyStatusChanged 中：

```
//INotifyStatusChanged.cs
//状态改变通知接口。
public interface INotifyStatusChanged {
  //状态。
  string Status { get; set; }
  //状态改变事件。
  event EventHandler StatusChanged;
}
```

并且，我们要求 IRemoteFavoriteStorage 和 ISyncService 都继承 INotifyStatusChanged 接口[①]：

```
//IRemoteFavoriteStorage.cs
```

① 接口可以继承接口。

```
//远程收藏存储。
public interface IRemoteFavoriteStorage :
  INotifyStatusChanged {
    ...

//ISyncService.cs
//同步服务。
public interface ISyncService : INotifyStatusChanged {
  ...
```

26.3.2 实现同步 IService

本节先来实现 ISyncService。

同步 IService 需要依赖本地收藏存储 IFavoriteStorage，以及远程收藏存储 IRemoteFavoriteStorage：

```
//SyncService.cs
//收藏存储。
private IFavoriteStorage _localFavoriteStorage;
//远程收藏存储。
private IRemoteFavoriteStorage _remoteFavoriteStorage;
```

在同步过程中需要通过 INotifyStatusChanged 接口发布同步状态。为此先实现该接口：

```
//状态。
public string Status {
  get => _status;
  set {
    _status = value;
    StatusChanged?.Invoke(this, EventArgs.Empty);
  }
}
private string _status;
//状态改变事件。
public event EventHandler StatusChanged;
```

实现同步 IService

实现 SyncAsync 函数

这样一来，只需要在 SyncService 中向 Status 属性赋值，就能通过 StatusChanged 事件发布同步状态了。

接下来实现 SyncAsync 函数。

首先，读取本地与远程收藏项：

```
//SyncAsync()
Status = "正在读取本地收藏项";
var localList =
  (await _localFavoriteStorage.GetFavoriteItemsAsync())
    .Select(p => new TrackableFavorite(p)).ToList();
Status = "正在读取远程收藏项";
var remoteList =
  (await _remoteFavoriteStorage.GetFavoriteItemsAsync())
    .Select(p => new TrackableFavorite(p)).ToList();
```

这里暂时不讨论 TrackableFavorite 类型。接下来将本地收藏项与远程收藏项合并。这项操作包含两个步骤：①将远程收藏项合并到本地；②将本地收藏项合并到远程。需要注意的一点是，这种做法从算法的角度上来讲肯定不是最优的。但从编程的角度上来讲，这种做法却是最稳妥、最容易实现，也最容易测试的。

"将远程收藏项合并到本地"这项操作比较消耗时间，这里将它放在一个 Task 中执行：

```
await Task.Run(() => {
  ...
```

将所有的本地收藏项保存到一个字典中，从而提升查找的效率：

```
Dictionary<int, TrackableFavorite> localDictionary =
      new Dictionary<int, TrackableFavorite>();
...
localDictionary=
  localList.ToDictionary(p => p.PoetryId, p => p);
```

接下来，对于每一条远程收藏项，使用 TryGetValue 函数来判断是否存在与它对应的本地收藏项，即它的 PoetryId 属性是否是本地收藏项字典的键：

```
if (localDictionary.TryGetValue(remoteFavorite.PoetryId,
  out var localFavorite)) {
    ...
```

TryGetValue 函数非常有趣。当被判断的键存在时，TryGetValue 函数会返回 true，同时还会通过输出参数返回字典项。在上面的代码中，输出参数就是使用 out 关键字修饰的 localFavorite 参数。因此，当 TryGetValue 函数的返回值为 true 时，localFavorite 参数的值就是对应的本地收藏项。

> 关于 TryGetValue 函数的更多内容，请访问 https://docs.microsoft.com/zh-cn/dotnet/api/system.collections.generic.dictionary-2.trygetvalue。

如果存在与远程收藏项对应的本地收藏项,则需要判断远程收藏项与本地收藏项哪一方具有较晚的时间戳。由于我们正在将远程收藏项合并到本地,因此只需要判断远程收藏项的时间戳是否晚于本地收藏项。如果是,则更新本地收藏项。至于更新远程收藏项的工作,则等到将本地收藏项合并到远程时再做就可以了。

```
if (remoteFavorite.Timestamp >
  localFavorite.Timestamp) {
  localFavorite.IsFavorite =
    remoteFavorite.IsFavorite;
  localFavorite.Timestamp = remoteFavorite.Timestamp;
} ...
```

如果不存在与远程收藏项对应的本地收藏项,则需要添加新的本地收藏项:

```
... else {
  localDictionary[remoteFavorite.PoetryId] =
    remoteFavorite.CloneAsUpdated();
}
```

这里先不讨论CloneAsUpdated函数。在将远程收藏项合并到本地收藏项之后,需要将发生了变化的收藏项保存到收藏数据库中。此时,TrackableFavorite类型就派上用场了。TrackableFavorite类提供了一个Updated属性。如果TrackableFavorite实例的属性被修改过,Updated属性就为true,否则就为false。因此,只需要将Updated属性为true的TrackableFavorite实例保存到收藏数据库:

```
Status = "正在保存本地收藏项";
foreach (var updatedLocalFavorite in
  localDictionary.Values.Where(p => p.Updated)) {
    await _localFavoriteStorage.SaveFavoriteAsync(
      updatedLocalFavorite, false);
}
```

那么,TrackableFavorite类是如何做到这一点的呢?其实非常简单,TrackableFavorite类继承自Favorite类:

```
//TrackableFavorite.cs
//可追踪收藏类。
class TrackableFavorite : Favorite {
```

TrackableFavorite类重写了Favorite类的IsFavorite与Timestamp属性,并添加了Updated属性。并且,只要设置IsFavorite或Timestamp属性的值,Updated属性就会变为true:

```
//是否收藏。
public override bool IsFavorite {
  get => base.IsFavorite;
```

```
    set {
      base.IsFavorite = value;
      Updated = true;
    }
  }
  //时间戳。
  public override long Timestamp {
    get => base.Timestamp;
    set {
      base.Timestamp = value;
      Updated = true;
    }
  }
```

这里,base 关键字代表对基类的引用。在 TrackableFavorite 类的 IsFavorite 属性中引用 base.IsFavorite,就可以直接利用 Favorite 类定义好的 IsFavorite 属性并扩展它的功能,而不用彻底重新定义 IsFavorite 属性。

> 关于 base 关键字的更多内容,请访问 https://docs.microsoft.com/zh-cn/dotnet/csharp/language-reference/keywords/base。

同时,TrackableFavorite 类还提供了 CloneAsUpdated 函数,从而方便地克隆出一个 TrackableFavorite 实例,并将 Updated 属性设置为 true:

```
  //克隆为已更新的可追踪收藏。
  public TrackableFavorite CloneAsUpdated() {
    return new TrackableFavorite(this) {Updated = true};
  }
```

将本地收藏项合并到远程的过程与将远程收藏合并到本地的过程基本一样,这里就不再赘述了。最后,我们还需要对 SyncService 进行单元测试。

单元测试 SyncService

26.4　反思数据同步

在 11.5 节我们就已经学习过,为了开展单元测试,软件必须经过针对性的设计。数据同步也是一样。并且,相比于方法比较明确的单元测试,不同的软件通常具有不同的数据,也因此需要采用截然不同的同步方法与相关的设计。如果说单元测试需要的是技术的应用能力,那么可以说数据同步需要的是创造新技术的能力:创造面向特定数据的、解决同步问题的新技术。这种创造不同于创造一种全新开发框架的“大”创造,但的确是一种能够解决问题的“小”创造。这就是每个人都能做到的创造。

我们也能注意到,在软件开发的中后期才开始为实现数据同步而修改设计,会给开发工作带来一些麻烦。但由于需要修改的内容并不多,同时有 MVVM + IService 架构的帮助,我们并没有遇到太多的麻烦。然而,这种情况是应该避免的。如果我们能在项目开始时就针对数据同步作出相应的设计,这会为我们减少部分工作量。

在设计同步算法时,我们并没有采用非常复杂的算法,而是采用了一种相对低效却稳妥易懂的方法。这又是“先解决有无,再解决好坏”这一思想的体现。在软件开发过程中,我们通常先稳定地实现功能,再研究如何优化性能。这能让我们更早地发布产品并发现有价值的问题,而不是纠结于大量可能没有意义的技术细节。

26.5 给 PBL 教师的建议

很多人都对创新创造存在一种误解,认为必须做出前无古人的、能获奖的东西,才能称为创造。然而,这种理解通常指的都是“大”创造。而面对生活中无数的小问题,提出有效的解决方案也是一种创造。这种创造属于“小”创造。然而,仅仅因为小创造很小,就认为这不是一种创造,这种想法是不对的。毕竟,没有小创造的积累和锻炼,如何得到大的创造呢?

不少同学都觉得自己没有创新创造能力,很多时候都是因为受到了社会上那种“只关注大创造,不认可小创造”思想的影响。教师需要做的则是让学生意识到,解决现实问题的过程本身就是一种创造。同时,教师需要充分地认可学生的创造,让学生形成对创造的自信,从而敢于创新创造。来自教师的这种对小创造的认可,可以成为帮助学生形成创造性问题解决能力的重要基石。

第27章

与 OneDrive 同步

本章会讨论采用 OneDrive 作为远程收藏存储的方法。我们会讨论这么做的原因和具体的做法，并在最后反思这种方法的不足。

27.1 为什么是 OneDrive

OneDrive 是微软公司推出的网盘服务。目前，每位注册了免费的微软账户(Microsoft Account)的用户，都能获得至少 5GB 的 OneDrive 存储空间。OneDrive 具有一些非常重要的优点，因此本书采用 OneDrive 来实现远程收藏存储：

- 用户基数大：所有拥有微软账户的用户都可以使用 OneDrive。Windows 10 以及各种平台下的 Office、Microsoft To Do、Visual Studio 等工具都需要微软账户，因此 OneDrive 拥有数量庞大的用户。
- 注册方便：总体来讲，微软账户的注册并不麻烦。即便用户没有微软账户，注册一个也比较方便。
- 对用户和开发者免费：无论对开发者还是对用户，免费都非常重要。
- 支持编程访问：可以使用 Microsoft Graph API① 来方便地编程访问 OneDrive，从而将收藏数据保存在 OneDrive 上。

读者可能会问：不是说要研究涵盖从客户端开发到服务器端开发的全栈工程吗？为什么不开发一套独立的远程收藏存储 Web 服务，而要使用 OneDrive?

答案是，第 28 章开始会介绍开发一套独立的远程收藏存储 Web 服务的流程。但对于 Dpx 项目来讲，使用 OneDrive 作为远程收藏存储具有一些非常重要的优势：

- 贴合需求：Dpx 应用只需要远程保存用户自己的收藏数据，没有添加好友、发表评论等需要用户之间互相交换数据的需求。而 OneDrive 恰好只支持用户访问自己的数据，不支持用户之间互相交换数据。OneDrive 完美地贴合了 Dpx 应用的需求。
- 开发简单：开发者只需要使用 Microsoft Graph API 就能访问 OneDrive，省去了开发服务器端软件的麻烦。

---

① 微软公司的部门改名非常著名。希望在你读到这里时，他们还没有对 Microsoft Graph API 下手。

- 安全:用户使用微软账户登录 OneDrive,微软公司会负责保护用户的密码和数据安全。由于开发者既不负责管理用户的账户,也不负责保存用户的数据,因此可以将密码或数据泄漏的风险降到最低。
- 极低的成本:无论在开发时还是在运维时,OneDrive 都对开发者免费。这意味着开发者不仅不需要在开发软件时支付费用,在软件发布之后也不需要支付任何运维费用。通常情况下,服务器的运维费用,包括电费、网费、机房租金等,可能比软件的开发费用还要高。

正是因为上述优点和优势,我们不得不考虑将 OneDrive 作为远程收藏存储的方案。这些问题也应该是读者未来开发独立的远程收藏存储 Web 服务时必须考虑的问题。接下来,我们就来探讨如何采用 OneDrive 来实现远程收藏存储。

27.2 准备工作①

27.2.1 厘清概念

在开始开发之前,我们先来厘清一些概念。我们的目标是通过编程的方式访问 OneDrive,从而采用 OneDrive 作为远程收藏存储。为了让开发者能够编程访问 OneDrive,微软公司提供了 Microsoft Graph API。通过 Microsoft Graph API,开发者可以访问微软公司的一系列服务,其中就包括 OneDrive。

我们访问的 OneDrive 是正在使用 Dpx 应用的用户的 OneDrive。在用户 U 使用 Dpx 时,我们访问的就是用户 U 的 OneDrive。在用户 V 使用 Dpx 时,我们访问的则是用户 V 的 OneDrive。本质上来讲,我们是在代替用户访问用户的 OneDrive,并将收藏数据保存在 OneDrive 里。为此,用户必须通过 Dpx 登录到 OneDrive,才能让 Dpx 访问自己的 OneDrive 并保存收藏数据。

为了让用户通过 Dpx 登录到 OneDrive,需要使用 Microsoft Graph API 访问 Azure Active Directory (Azure AD)。Azure AD 也是微软公司提供的服务。利用 Azure AD,用户可以在微软公司提供的网页上安全地输入微软账户的用户名和密码,从而获得访问其他服务如 OneDrive 等的授权。利用 Microsoft Graph API 则能够在 Dpx 应用里调用 Azure AD,使用户利用微软公司提供的网页安全地登录微软账户,并授权 Dpx 应用访问自己的 OneDrive。这一过程如图 27-1 所示。

在图 27-1 中,用户首先在 Dpx 应用中单击“登录”按钮。Dpx 则通过 Microsoft Graph API 调用浏览器访问 Azure AD,从而打开微软公司提供的微软账户登录页面。然后,用户在微软账户登录页面中登录,并授权 Dpx 访问自己的 OneDrive。接下来,Azure AD 会通过浏览器跳转回 Dpx,并通过 Microsoft Graph API 告知 Dpx 它已经有权限访问 OneDrive 了。这样,Dpx 就可以通过 Microsoft Graph API 访问 OneDrive 了。

因此,要想编程访问 OneDrive,除了需要 Microsoft Graph API 之外,还需要使用

① 本节内容主要来自这篇文档 https://docs.microsoft.com/zh-cn/graph/tutorials/xamarin。

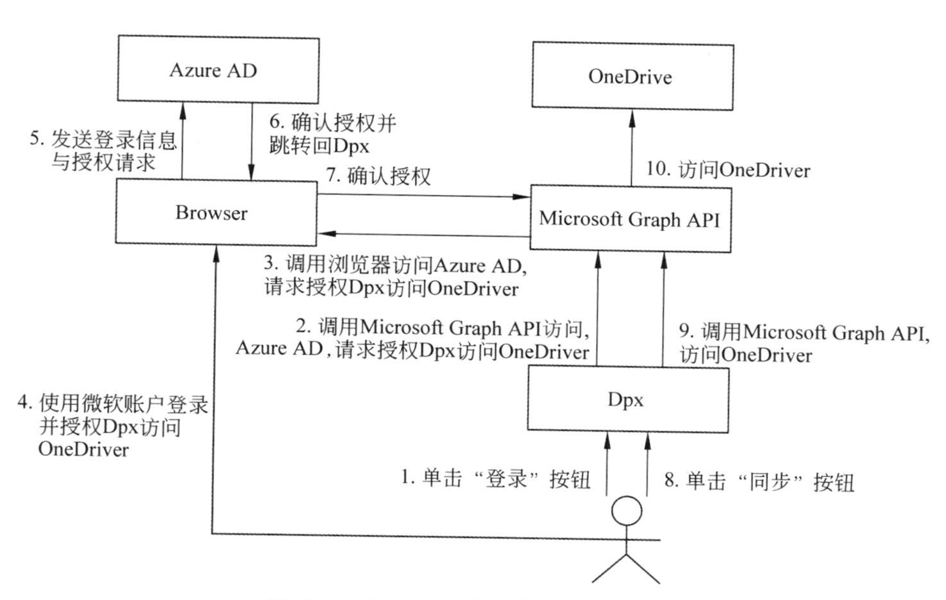

图 27-1　通过 Dpx 登录并访问 OneDrive

Azure AD。要想使用 Azure AD,需要注册客户端 ID,并调整 Dpx 项目从而集成 Azure AD 身份验证。接下来就来完成这些工作。

27.2.2　注册客户端 ID

注册客户端 ID

注册客户端 ID 是一项纯粹的、没有什么技术含量的工作。需要注意,一定要保护好客户端 ID。一旦客户端 ID 泄漏,要及时删除并重新注册,以防 ID 被恶意利用。

27.2.3　准备集成 Azure AD 身份验证

调整 Dpx 项目以集成 Azure AD 身份验证

安装 Fastlane 并登录苹果开发者账户

这部分工作比较零散,并且涉及大量仅适用于 Microsoft Graph API 的技术细节。然而,我们仍能够在其中发现一些值得注意的部分。其中的一个问题涉及如何在开发过程中保护客户端 ID。

27.2.2 节中曾经提到,客户端 ID 必须被妥善地保护。一旦泄漏,就存在被恶意利用的可能。在实际开发中,可以使用类似 Azure Key Vault 的工具来保护客户端 ID①。不过在这里采用了一种非常简单的方法来保护客户端 ID:新建一个 Confidential 文件夹,

① https://azure.microsoft.com/zh-cn/services/key-vault/。

并将它排除在源代码管理之外。这样,Confidential 文件夹下的文件就不会被提交到源代码管理系统中了。

接下来,在 Confidential 文件夹中新建一个 OneDriveOAuthSettings 静态类,并使用它来保存客户端 ID:

```
///<summary>
///OneDrive OAuth 设置。
///</summary>
public static class OneDriveOAuthSettings {
  public const string ApplicationId =
    "YOUR_APP_ID_HERE";

  public const string Scopes = "files.readwrite";
}
```

其中,ApplicationId 中保存的是客户端 ID,Scopes 的值 files.readwrite 则代表我们需要读写 OneDrive 文件。将 OneDriveOAuthSettings 静态类排除在源代码管理之外,是为了防止有人不小心将客户端 ID"开源"。现在,只能使用除了源代码管理之外的方式来分发客户端 ID 了。

另外,从现在开始,如果读者还想继续使用 iOS 模拟器来测试 Dpx 应用,就必须注册一个苹果开发者账户(Apple Developer Account)并加入苹果开发者计划(Apple Developer Program)。目前,苹果开发者计划每年的费用是 99 美元。如果不参加苹果开发者计划,就无法在 Info.plist 中使用 Entitlements.plist 签名 iOS 项目,导致无法使用 Keychain,进而无法集成 Azure AD 身份验证。不过,感兴趣的读者仍然可以使用 Android 模拟器和 UWP 来测试 Dpx 应用。

27.3 实现 OneDrive 远程收藏存储

OneDriveFavoriteStorage 类的实现主要包括两方面工作:与身份验证有关的部分,包括登录与注销;与收藏数据有关的部分,包括上传与下载。下面分别讨论这两方面的工作。

27.3.1 登录与注销

Microsoft Graph API 极大地简化了 Azure AD 的登录与注销工作。在登录到 Azure AD 时,只需要执行一次"获取 Token 交互"就可以了:

实现 OneDrive 远程收藏存储的登录与注销

```
//OneDriveFavoriteStorage.cs
//SignInAsync()
var interactiveRequest = pca.AcquireTokenInteractive(scopes);
...
```

```
await interactiveRequest.ExecuteAsync();
```

之所以被称为一次交互，是因为用户需要在打开的网页中输入微软账户的用户名和密码，并授权 Dpx 应用访问自己的 OneDrive。

注销操作更加简单，只需要将已登录的账户删除就可以了：

```
//SignOutAsync
var accounts = await pca.GetAccountsAsync();
while (accounts.Any()) {
  await pca.RemoveAsync(accounts.First());
  accounts = await pca.GetAccountsAsync();
}
```

在检查登录状态时，判断是否存在一个已登录的账户，但使得开发者能够获得有效的访问 Token：

```
//IsSignedInAsync()
var accounts = await pca.GetAccountsAsync();
if (accounts.Any()) {
  var silentAuthResult = await pca
    .AcquireTokenSilent(scopes,
              accounts.FirstOrDefault())
    .ExecuteAsync();
  accessToken = silentAuthResult.AccessToken;
}
...
return !string.IsNullOrEmpty(accessToken);
```

27.3.2　上传与下载

通过 OneDrive 上传与下载文件非常简单。可将用户的收藏数据保存为一个 JSON 文件，存储在用户的 OneDrive 根目录下。为此，需要将用户的收藏数据转化为 JSON 字符串：

```
var json = JsonConvert.SerializeObject(favoriteList);
```

现在的问题是，JSON 文件通常比较大，会占用不少存储空间。为了帮助用户节省 OneDrive 存储空间，将 JSON 文件压缩为 ZIP 文件，再上传到 OneDrive 上。下面来看如何做到这一点。

使用 SharpZipLib 来创建 ZIP 文件。同时，为了省去生成文件、上传文件，再删除文件的麻烦，这里选择直接在内存中生成 ZIPO 文件的二进制内容，再把二进制内容上传到 OneDrive。为此，首先要准备好 ZIP 文件的内容流：

压缩并上传文件到 OneDrive

```
MemoryStream fileStream = new MemoryStream();
```

接下来,使用 SharpZipLib 的 ZipOutputStream 来创建一个指向 ZIP 文件内容流的压缩输出流,并设置压缩等级:

```
ZipOutputStream zipStream = new ZipOutputStream(fileStream);
zipStream.SetLevel(3);
```

向压缩输出流写入的任何内容都会被 SharpZipLib 压缩并写入 ZIPO 文件内容流。先向压缩输出流中写入一条文件信息:

```
ZipEntry newEntry = new ZipEntry("DPX.json");
newEntry.DateTime = DateTime.Now;
zipStream.PutNextEntry(newEntry);
```

这样一来,ZIP 文件内容流中就出现了一个名为 DPX.json 的文件。只不过,这个文件没有任何内容。接下来,将 DPX.json 文件的内容写入压缩输出流中。首先将 JSON 字符串转化为流:

```
var jsonStream =
  new MemoryStream(Encoding.UTF8.GetBytes(json));
```

再将 JSON 流写入压缩输出流中:

```
StreamUtils.Copy(jsonStream, zipStream, new byte[1024]);
```

这样,我们就将收藏数据的 JSON 字符串作为 DPX.json 文件的内容写入压缩输出流中了。接下来依次关闭 JSON 流以及压缩输出流,从而完成 ZIOP 文件二进制内容的创建:

```
jsonStream.Close();
zipStream.CloseEntry();

zipStream.IsStreamOwner = false;
zipStream.Close();
```

下面将 ZIP 文件的二进制内容上传到 OneDrive。对流的操作依赖流内部的游标。从流中读取数据时,从游标位置开始向后读取。向流中写入数据时,也是从游标位置开始向后写入。由于前面刚刚创建完 ZIP 文件的内容流,此时游标位于内容流的末尾。这意味着现在无法从内容流中读取出任何数据,也就无法将其上传到 OneDrive。为此,首先需要将游标位置重置到流的开头:

```
fileStream.Position = 0;
```

接下来就简单了。将 ZIP 文件的内容流上传为 OneDrive 根目录下的 DPX.zip 文件:

```
await graphClient.Me.Drive.Root
  .ItemWithPath("/DPX.zip").Content.Request()
  .PutAsync<DriveItem>(fileStream);
```

最后,关闭 ZIP 文件的内容流:

```
fileStream.Close();
```

从 OneDrive 下载文件并使用 SharpZipLib 解压缩文件的过程与上述过程刚好是相反的。读者可以从下面的视频了解详细的过程，这里就不再赘述了。

从 OneDrive 下载文件并解压缩

完成 OneDriveFavoriteStorage 构造函数

27.4 实现数据同步页

在前面的基础上，我们只要实现数据同步页，就能开始同步数据了。

27.4.1 数据同步页 ViewModel

首先定义数据同步页的属性与 Command。

一个值得注意的属性是 LastOneDriveSyncTime。LastOneDriveSyncTime 属性用于显示上一次 OneDrive 同步时间。这个属性的一些特点让它的定位显得有些模糊不清。

定义数据同步页的属性与 Command

首先，既然 LastOneDriveSyncTime 显示的是上一次的 OneDrive 同步时间，那么它看起来就是数据同步的一部分，它的值就应该由 ISyncService 提供。然而，ISyncService 并不知道自己是在与 OneDrive 同步还是在与 Azure 同步。它只知道自己在与 IRemoteFavoriteStorage 同步。因此，ISyncService 并不能提供上一次 OneDrive 同步时间。

那么，是否应该由 OneDriveFavoriteStorage 来提供 LastOneDriveSyncTime 呢？恐怕也不行。因为 OneDriveFavoriteStorage 只是一个远程收藏存储，它并不知道什么是同步，也不可能知道上一次 OneDrive 同步的时间。

既然现有的 IService 都不能提供 LastOneDriveSyncTime，那就需要新建一个 ISyncTimeService 来提供 LastOneDriveSyncTime。不过，由于只有数据同步页需要 ISyncTimeService，我们决定直接让数据同步页承担这一职责，而不是再新建一个 IService。这样做好像破坏了 MVVM + IService 架构。但这样做的理由也很充分。

(1) 正如前文说过的，“只有数据同步页需要 ISyncTimeService”。因此，在这个孤立的局部不采用 MVVM + IService 架构，并不会对项目整体的 MVVM + IService 架构产生影响。

(2) 与 LastOneDriveSyncTime 相关的实现逻辑非常简单，并不会显著地提升数据同步页 ViewModel 的复杂度。

(3) 如果上述理由在未来不再成立，可以随时使用 MVVM + IService 架构实现 ISyncTimeService。

另外，由于 LastOneDriveSyncTime 直接从偏好存储读写数据，因此不能使用 Set 函数来实现可绑定属性，而需要使用 RaisePropertyChanged 函数。7.3.1 节的结尾处介绍了 RaisePropertyChanged 函数。

获得 ISyncService 实例并实现 Command

接下来设法获得 ISyncService 实例并实现其他的 Command。

与以往不同，数据同步页 ViewModel 并没有使用依赖注入来获得 ISyncService，而是自行新建了一个 SyncService。这是由于数据同步页需要支持两种远程收藏存储：OneDrive，和开发者自己开发的 Web 服务。由于每一种远程收藏存储都需要与一个 SyncService 实例搭配使用，数据同步页 ViewModel 就需要持有两个 SyncService 实例：与 OneDriveFavoriteStorage 搭配的_oneDriveSyncService，以及与未来的 WebServiceFavoriteStorage 搭配的_webServiceSyncService。依赖注入并不适合获得这种定制化的实例。同时，由于 SyncService 的实例化并不复杂，也没有必要使用工厂函数。因此，这里选择直接新建 SyncService：

```
_oneDriveSyncService = new SyncService(
  SimpleIoc.Default.GetInstance<IFavoriteStorage>(),
  oneDriveFavoriteStorage);
```

单元测试数据同步页 ViewModel

实现数据同步页 View

27.4.2 数据同步页 View

数据同步页 View 并没有太多值得注意的部分。针对上一次 OneDrive 同步时间，我们提供了一个 LastSyncToStringConverter。当上一次 OneDrive 同步时间与当前时间的时间差不足一天时，会显示“今天刚刚成功地同步过”，而不是“距离上一次成功同步已有 0 天”：

```
if (timeSpan.Days == 0) {
  return "今天刚刚成功地同步过。";
} else {
  return $"距离上一次成功同步已有{timeSpan.Days}天。";
}
```

27.5 再次反思设计

之前的章节中一直在努力地维护架构。而在本章中，我们开始刻意地违反架构。这并不是架构出了问题，而是由于现实问题过于复杂，没有任何一种一成不变的架构能够满足所有的要求。

在获得 ISyncService 实例时，由于我们不能通过依赖注入来定制化地获得实例，因此选择直接新建 SyncService。在获取 LastOneDriveSyncTime 属性的值时，由于只涉及到数据同步页 ViewModel，因此我们让数据同步页 ViewModel 承担了 IService 的职责。表面上看，这些做法都违背了架构。但事实上，这些做法不仅没有对项目的整体架构造成影响，相反还体现出了架构的灵活性：我们既可以依赖这些架构解决绝大多数问题，又能在遇到特殊情况时安全地违反架构，并且不会影响项目的其他部分。

这正是一套好的架构所应该具有的特点。好的架构能够解决绝大多数典型的问题，使我们能够将它广泛地应用在各种场景中。但好的架构不会尝试解决所有的问题，因为能够解决所有问题的架构是不存在的。也正因如此，好的架构一定不会规定一套不容更改的框架，而是会提供一套灵活的机制，让开发者在遇到特殊问题时能够安全且受控制地违反它，从而既能解决问题，又不会影响其他的部分，更不必破坏整体架构。这种效果是开发者在开发软件时希望实现的，也是人们在制定任何规则时都应该努力达成的。想做到这一点，只靠看书和做题是肯定不行的。只有通过不断地解决现实问题，系统性地形成分析、评价、应用、创造能力，才可能实现这一目标。

27.6　给 PBL 教师的建议

架构不是不可以违反的，只是必须有足够好的理由才可以违反架构。在做出违反架构的决定前，需要充分地权衡利弊，清楚违反架构的后果是什么，获得的收益是什么。在违反架构时，必须清楚自己在做什么。

然而，学生最常出现的问题就是“不知道自己在做什么”。这是典型的缺乏分析能力、评价与创造能力以及元认知能力的表现。此时正是教师发挥作用的时候。利用自己丰富的经验，教师可以推动学生全面地思考所遇到问题的本质、所有可能的解决方案，以及每种方案的利弊得失，从而让学生知道自己在做什么。在这一过程中，学生可以在教师的指导下获得分析能力、评价与创造能力以及元认知能力的提升。这些能力是很难通过传统的看书、做题等方法提升的。

第四部分　服务器端开发

这一部分将开启服务器端开发的话题，并学习如何将 MVVM + IService 架构的思想运用到服务器端开发中。各章的主要内容如下：

第 28 章

- 服务器端技术的选型
- 分析可用的基础设施、开发平台等

第 29 章

- 服务器端的身份验证方法
- 用 Auth0 实现身份验证

第 30 章

- 完成客户端身份验证

第 31 章

- 完成服务器端的授权

第 32 章

- 缓存访问 Token

第 33 章

- 服务器的上传与下载服务
- 客户端与服务端连接
- 完成应用开发

第 34 章

- 技术的发展方向
- 未来的学习思路

第28章

选择服务器端技术方案

在开始服务器端开发之前，首先讨论服务器端的技术选型。服务器端技术比客户端技术更加多样，因此有必要充分地调研可用的技术，再选择一套合适的方案。

28.1 自有服务器 VS 云服务器：选择基础设施

提到服务器端的技术选型，我们首先想到的可能就是使用自有服务器还是云服务器。

学校可能更倾向于使用自有服务器。准确地说，是使用自有 PC 作为服务器。这么做主要是因为成本低：省去了购买服务器的开支，并且校园网能够以足够低的价格提供还能接受的带宽。其次，开发者和用户（通常是教师和同学）都在校园网上，开发者甚至不需要公网访问权限就能提供服务。

不过，一旦脱离了学校的环境，使用自有服务器可能就不那么便宜了。我们需要购置服务器、购买域名、办理备案，并支付每个月的带宽和机位费用。截至本书定稿时，购置一台 4 核心处理器、8GB 内存（4C8G）的 1U 服务器约需要 8000 元。托管这台服务器并租用 10Mb/s 的网络带宽，一年则需要约 5000 元。而支持一个每月几万名活跃用户的应用，一个月的服务器托管费用就需要约 5000 元。

随着很多云服务提供商以非常低廉的价格向学生提供云服务器，很多同学也开始选择云服务器。相比于使用自己的 PC 作为服务器，云服务器具有独立的二级域名，并且能够通过公网访问。不过这些“学生云服务器”的配置通常非常低：1 核心处理器、2GB 内存、1Mb/s 网络带宽。相比之下，使用自己的 PC 与校园网则可以达到 4 核心处理器、8GB 内存、100Mb/s 网络带宽。并且，这些学生云服务器在到期之后，一年需要约 1000 元的费用。而一台 4 核心处理器、8GB 内存、10Mb/s 网络带宽的云服务器，一年则需要约 8000 元托管费用。

除了价格，ITworld 的 Matthew Mombrea 还总结了自有服务器和云服务器的其他优势与不足，如表 28-1 所示。

表 28-1 自有服务器与云服务器的优点与缺点[①]

	自有服务器	云服务器
优点	• 完全可控 • 充足的硬盘空间(至少一开始是) • 便宜的硬盘空间 • 便宜的网络带宽 • 便宜的数据库存储空间 • 更好的性能 • 硬件可升级	• 无须购买与维护硬件 • 可无限扩展的实例数量 • 可无限扩展的硬盘空间 • 动态/弹性的扩展 • 按需付费 • 弹性与冗余
缺点	• 僵化的配置 • 必须为所需的最强性能付费 • 有限的硬盘空间 • 有限的硬件升级空间(堆料是有极限的) • 物理故障风险 • 没有弹性 • 复杂的配置与维护	• 有限且昂贵的网络带宽 • 昂贵的磁盘空间 • 昂贵的数据库存储空间 • 较差的性能 • 相对不可控

通过表 28-1 可以看到,在决定使用自有服务器还是云服务器时,我们考虑的并不只是服务器本身,还涉及网络、存储,甚至虚拟化等方面。这些内容都属于基础设施(Infrastructure)。而选择自有服务器还是云服务器,其实是在选择不同的基础设施。

使用自有服务器搭建基础设施的模式称为本地部署(On Premises)。这个名字很好地说明了自有服务器的使用模式:开发者需要自己在本地部署一切,包括网络、存储、服务器、虚拟机等。而使用云服务器作为基础设施的模式则称为基础设施即服务(Infrastructure as a Service,IaaS)。这个名字也解释了云服务器的本质:用户购买一项服务,这项服务包括了所有的基础设施。一旦购买了基础设施服务,就可以直接使用它,而不需要关心它实现的具体细节,例如交换机、路由器、硬盘以及服务器的品牌和型号等。

最后,如果只看价格以及两套基础设施的优缺点,可能很难做出选择。毕竟,在市场经济的价格制度这只“看不见的手”的调节下,两套方案一定会在各自的价格与优缺点之间达到平衡。此时,就需要考虑一下其他的方面了。

28.2 自建平台 VS 云平台:选择开发与部署平台

既然不能决定采用什么基础设施,那么就来考虑使用什么开发与部署平台。第 27 章中已经为 Dpx 开发了一个基于 OneDrive 的远程收藏存储。当时,我们主要解决了两方面的问题:身份验证和数据存储。现在,我们需要自己开发一个 Web 服务作为远程收藏存储。先来分析都需要哪些条件才能开发出这个 Web 服务。

开发 Web 服务首先需要一个 Web 服务开发平台。其次,由于开发者需要验证用户的身份,因此需要一个身份验证平台。身份验证通常需要保存用户的信息,因此还需要一

① https://www.itworld.com/article/2832631/when-to-use-cloud-platforms-vs--dedicated-servers.html。

个数据库。最后，需要一个数据存储平台用来保存收藏数据。因此，至少需要一个 Web 服务开发平台、一个身份验证平台、一个数据存储平台，并且可能还需要一个数据库。

开发者可以选择自己建立上述平台。可使用 ASP.NET Core Web API 作为 Web 服务开发平台，使用 IdentityServer4 作为身份验证平台，让 ASP.NET Core 直接访问硬盘来存储数据，并使用 SQL Server 作为数据库[①]。

自建平台最重要的优势是灵活。开发者可以随意地选择所需的平台。但同时，开发者也必须自己安装、配置、维护所有的平台。这意味着，开发者需要为这些平台购买许可证，接受培训，还要定期地检查平台的运行状况并安装安全更新。如果只是出于学习的目的偶尔做做这些工作，则可能还好。但如果这些事情成为日常工作的一部分，就会让人觉得麻烦了。

解决上述麻烦的方法是使用云平台。可以使用 Azure App Service 部署 ASP.NET Core Web API，使用 Azure AD 代替 IdentityServer4 作为身份验证平台，使用 Azure Blob Storage 存储文件，并使用 Azure Table Storage 作为数据库。

与自建平台相比，云平台的主要优势有如下 4 点[②]：

- 方便，容易使用；
- 可以使用浏览器直接管理；
- 省去了安装、配置、维护的麻烦；
- 可以按使用付费，性价比高。

与此同时，云平台的劣势有以下两点：

- 灵活性不足；
- 如果平台的服务质量不好，会导致服务经常中断。

云平台的学名是平台即服务（Platform as a Service，PaaS）。从名字来看，平台即服务将平台以服务的形式提供。在购买了平台服务之后，可以直接使用平台的功能，而不必关心如何安装与配置平台软件和操作系统，以及为它们安装安全更新。总体来讲，与自建平台相比，云平台简化了部署和运维工作。使用云平台，开发者只要做好开发工作就可以了。

需要强调的一点是，虽然云平台一定架构在云服务器上，自建平台却不一定需要自有服务器。我们也可以购买云服务器，再在云服务器上自建平台。

28.3　更加简便的方法

云平台简化了部署和运维工作，这对开发者是很有诱惑力的。但人总是贪婪的。既然部署和运维工作被简化了，有没有什么能再帮开发者简化开发工作呢？

云函数的学名为后端即服务（Backend as a Service，BaaS）可以帮助开发者实现这一需求。后端即服务把开发 Web 服务时所需的整个后端，包括 Web 服务开发平台、存储平

---

① 由于这本书主要采用了微软技术体系，因此这里介绍的平台与工具也都是微软技术体系下的。

② https://dzone.com/articles/iaas-vs-paas-infrastructure-as-a-service-vs-platfo。

台、数据库等整体打包为一个服务提供给开发者。使用后端即服务,开发人员只要专心实现功能就可以了。其他所有的工作,包括访问存储平台、连接数据库等完全由后端服务完成。而云函数之所以被称为云函数,也是因为开发 Web 服务变得像写一个函数一样简单。

这听起来简直太有诱惑力了。不过,不是所有的平台服务都能直接打包集成到后端服务中。以微软公司提供的云函数 Azure Functions 为例,它集成的平台服务包括[①]:

- Azure Cosmos DB 数据库;
- Azure Event Hubs、Azure Event Grid、Azure Service Bus 3 种消息服务;
- Azure Notification Hubs 推送服务;
- Azure Storage 存储服务;
- Twilio 短信服务。

幸运的是,对于没有集成到云函数的平台服务,开发者依然可以使用传统的方法访问它们。

云函数的另一个优点是支持按资源使用和执行次数计费[②]。如果我们购买了一台云服务器,则无论是否使用它,都需要按月付费。云函数却允许用户按每个月的使用情况付费。如果调用了某个云函数一百万次,就按照一百万次付费。如果我们一次都没有调用,就无须支付任何费用。

云函数开发简单,无须运维,还经济实惠,简直让开发者无法拒绝。基于此,本书使用 Azure Functions 来为 Dpx 开发基于 Web 服务的远程收藏存储。

28.4 其他可选项

在开始激动人心的 Azure Functions 之旅前,首先简单看看 Web 服务开发的其他选项。如果我们查看 Azure 提供的计算服务[③],就能发现很多可以用于开发 Web 服务的选项,包括:

- Service Fabric;
- Mobile Apps(移动应用);
- App Service(应用服务);
- Cloud Services(云服务);
- API Apps(API 应用)。

那么,它们之间有什么区别呢?

首先,它们都属于 PaaS。相比于 BaaS 的 Azure Functions,它们的开发都要更加复杂。

---

① https://docs.microsoft.com/zh-cn/azure/azure-functions/functions-overview。

② https://azure.microsoft.com/zh-cn/pricing/details/functions/。

③ https://azure.microsoft.com/zh-cn/services/#compute。

Service Fabric 是一款分布式系统平台[①],是用来开发和部署分布式系统的[②]。Azure Cosmos DB 分布式数据库就是使用 Service Fabric 开发的。杀鸡焉用牛刀,为 Dpx 开发远程收藏存储 Web 服务显然不需要这么复杂的平台。

Mobile Apps 是面向移动应用的服务器端开发平台。它为移动应用的服务器端开发提供了身份验证和授权、数据访问、脱机同步、推送通知等一系列丰富的功能[③]。与 Azure Functions 相比,Mobile Apps 的开发要更加复杂,同时我们并不需要它所提供的丰富功能。因此,Mobile Apps 并不适用于开发 Dpx 的远程收藏存储 Web 服务。

API Apps 与 Mobile Apps 类似,也为 Web 服务的开发提供了一系列丰富的功能[④]。它的问题也与 Mobile Apps 一样。API Apps 提供了很多开发者不需要的功能,同时开发的复杂度要高于 Azure Functions。

Cloud Services 是另一套用于开发 Web 服务的平台。Cloud Services 与 App Service 最主要的区别在于,Cloud Services 允许开发人员在一定程度上控制底层的虚拟机,而 App Service 则完全屏蔽了开发人员对虚拟机的访问[⑤]。

28.5 Hello Functions

先来看 Hello World! 的例子。

编写 HelloFunctions 项目

28.3 节中曾提到,云函数让 Web 服务开发变得像写函数一样简单。下面来看 HelloFunctions 项目的代码。

```
public static class HelloFunctions {
  [FunctionName("HelloFunctions")]
  public static async Task<IActionResult> Run(
    [HttpTrigger(AuthorizationLevel.Anonymous,
      "get", "post", Route = null)]
    HttpRequest req, ILogger log) {
    log.LogInformation(
      "C# HTTP trigger function processed a request.");
    return new OkObjectResult("Hello Functions!");
  }
}
```

FunctionNames 特性规定了云函数的路径,而 HttpTrigger 特性规定了云函数会被 HTTP 请求触发。因此,当我们使用浏览器访问:

```
http://localhost:7071/api/HelloFunctions
```

---

① https://docs.microsoft.com/zh-cn/azure/service-fabric/service-fabric-overview。
② https://www.zhihu.com/question/268819708/answer/343732457。
③ https://docs.microsoft.com/zh-cn/azure/app-service-mobile/。
④ https://docs.microsoft.com/zh-cn/azure/app-service/。
⑤ https://stackify.com/comparison-azure-app-services-vs-cloud-services/。

时,就会访问 HelloFunctions 的 Run 函数。最后,OkObjectResult 会返回一个代码为 200 OK 的 HTTP 响应,响应的内容则是字符串"Hello Functions!"。

关于 HTTP 响应代码的更多内容,请访问 https://developer.mozilla.org/zh-CN/docs/Web/HTTP/Status。

28.6 反思服务器端技术选型

现实问题的复杂性,不仅体现在问题本身包含多少因素,还体现在针对每一个因素都有太多可行的方案。并且,这些因素和方案往往彼此交织,导致考虑不同的因素集合时可能会得出不同的答案。

在本章的例子中,如果只考虑基础设施和开发平台,则使用自有服务器并自建平台可能是一个好的选择。但如果考虑开发的便捷性,则使用云函数就是更好的选项。而如果止步于对基础设施和开发平台的考虑,没有考虑开发的便捷性,就无法得到最佳的答案。

复杂现实问题的解决,需要高超的问题分析能力、方案评价能力、信息搜集能力,以及始终自我审视的批判性思维。这些能力很难通过看书和做题获得,只能通过不断地解决复杂的现实问题习得。

28.7 动手做

你的项目需要开发服务器端吗?你们的服务器端技术选型是如何进行的?这套技术选型是否只是为了通过考试?如果这是一个实际项目,又该如何进行技术选型?请汇报你们的结论。

28.8 给 PBL 教师的建议

服务器端的技术选型很多时候要从运维的角度考虑,而非单纯从技术的角度。然而,运维是学生难以接触到的,因此也是难以理解的。此时,就需要教师更多地站在实际应用的角度,向学生提出他们想不到的问题。很多时候,这些问题并不存在完美的答案。学生需要做的,则是针对这些问题进行充分论证与调研,并提出最易于接受的方案。这种训练会让学生学习如何做出妥协,并能够将其批判性思维能力推向一个新的高度。

第29章

服务器端身份验证

现在开始为 Dpx 开发基于 Web 服务的远程收藏存储。通常来讲，应用的服务器端是独立于客户端进行开发的。这样做的原因很显然：服务器端需要使用与客户端完全不同的开发平台。在 Dpx 项目中，服务器端使用 Azure Functions 开发，而客户端使用 Xamarin 开发。因此，开始服务器端开发意味着开始一个全新的项目。那么，从哪里开始开发呢？

在 10.1 节中我们曾经讨论过，如果项目涉及安全方面的要求，例如用户需要登录和注销，则应该先从安全机制入手。服务器端开发显然有着很高的安全性要求：必须能够验证用户的身份，并确保用户只能访问自己的数据。因此，本章会从安全机制入手，开始 Web 服务远程收藏存储的开发。

29.1 选择服务器端身份验证方案

最常用的验证用户身份的方法就是验证用户名和密码，即登录。这就涉及一个问题：谁来保存用户名和密码呢？

多数应用都在自己的服务器上保存用户名和密码。这是一种最传统的做法，有着很多传统的好处。然而，这样做最大的风险就是黑客可能会侵入服务器，并将用户名、密码以及其他个人资料复制。这一过程被称为“拖库”。拖库连同“撞库”“洗库”一同构成了黑客窃取用户个人资料的常用手段。本书中不会更多地介绍黑客如何威胁我们保存的用户名和密码，但读者可以从下面的问答中找到更多的信息。总体来讲，只要我们将用户名、密码，以及其他个人资料保存在自己的服务器上，黑客就一定会盯上我们。

> 关于黑客如何威胁我们保存在服务器上的用户个人资料，请访问 https://www.zhihu.com/question/40059755。

解决这一问题的方法是放弃自行验证用户名和密码，而依赖第三方服务来验证用户的身份。现在的很多应用都支持 QQ 和微信登录。在这些应用中单击“登录”按钮之后，就会跳转到 QQ 或微信的登录和授权页面上。在使用 QQ 或微信登录并授权之后，会跳转回原来的应用，并使用 QQ 或微信账户来享受应用提供的服务。这样做的好处是,应用不需要在自己的服务器上保存用户名和密码,也就不存在被黑客窃取用户个人资料的问题。而QQ和微信等第三方服务由于技术实力强大,也不太容易被黑客攻陷,因此也能更好地保护用户的个人资料。

使用第三方服务验证用户身份的另一个好处是,开发者可以省去开发登录与用户管理系统的麻烦。当然,开发者自然也就处于一种“受制于人”的状态:一旦第三方服务拒绝或无法继续提供身份验证服务,该应用也就瘫痪了。只不过,这种风险对于小型应用是比较小的。相比之下,中大型应用至少会选择同时使用自己和第三方的身份验证服务,从而降低受制于人的风险。

那么,既然第三方身份验证服务又安全又方便,应该如何使用它呢?

就像第10章设计数据库之前要先选择一款数据库一样,此处先要选择一个第三方身份验证服务。目前,几乎所有的社交应用都提供第三方身份验证服务,并且它们的使用方法都差不多。此时应该如何做出选择呢?

首先,考察身份验证服务覆盖的用户群体。如果面向年长群体,则使用微信登录可能是个好主意。这是由于微信可能是年长群体唯一使用的社交应用。如果面向年轻群体,则使用国内任何一款主流社交应用提供的身份验证服务都可以。这是由于年轻群体非常活跃,他们几乎一定会拥有主流社交应用的账号。而如果面向海外用户,则应该使用海外社交应用提供的身份验证服务。

其次,考察身份验证服务有没有提供SDK。身份验证需要在服务器端和客户端的配合下完成,如果身份验证服务提供了面向Xamarin的客户端SDK,以及面向Azure Functions的服务器端SDK,就能极大地建化开发工作。

基于上述两方面的考虑,这里选择一个独特的第三方身份验证服务:Auth0[①]。截至本书定稿时,Auth0集成了40种第三方身份验证服务,并且允许用户自定义地支持采用OAuth 2.0协议的其他第三方身份验证服务,简化了开发者的选择过程。与此同时,Auth0为Xamarin和Azure Functions提供了完整的SDK,可以极大地简化开发工作。因此,这里使用Auth0作为服务器端身份验证方案。

29.2 Auth0的身份验证过程

在学习使用Auth0进行身份验证之前,先来了解Auth0验证用户身份的过程。27.2.1节曾介绍过Microsoft Graph API如何访问Azure AD验证用户的身份。这一过程与Auth0验证用户身份的过程差不多。不过,由于Azure AD与OneDrive都是微软公司提供的服务,并且Microsoft Graph API是访问这两个服务的统一接口,因此Microsoft Graph API会替开发者完成非常多的工作。相比之下,使用Auth0验证身份的过程就要复杂得多了,如图29-1所示。

希望读者没有被这个过程吓到。图29-1所示的过程虽然复杂,但关键点只有两个:Auth0服务器和访问Token。下面讲解整个过程是如何围绕着两个关键点展开的。

① https://auth0.com。

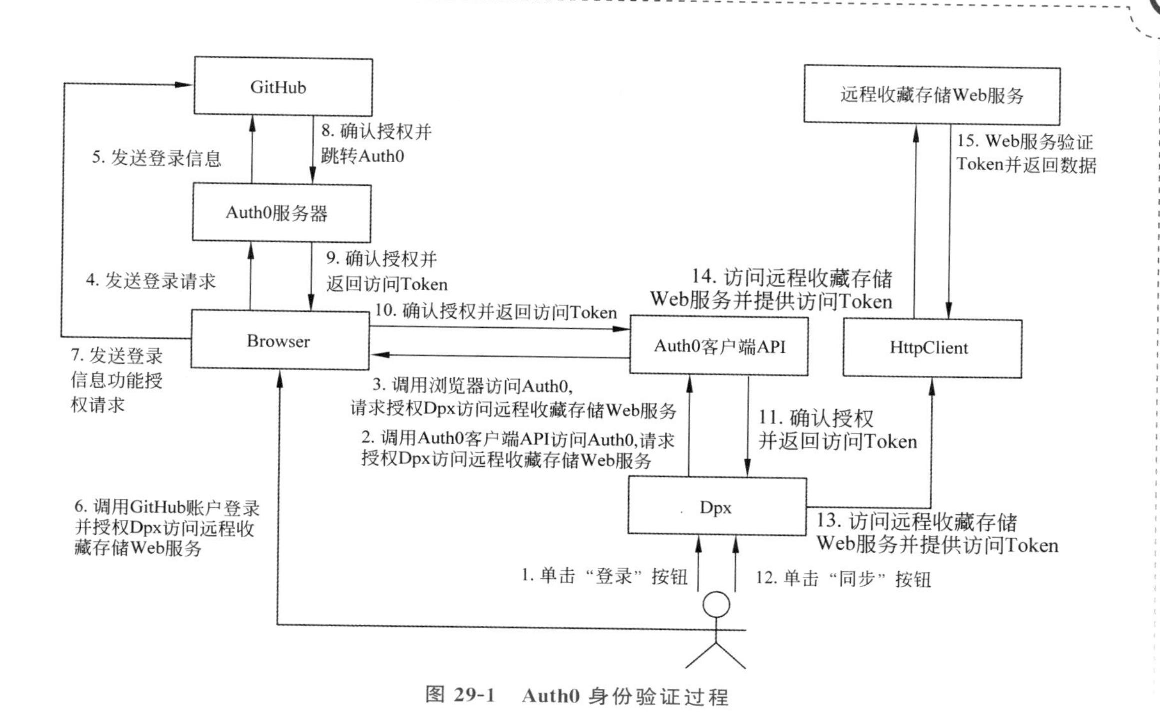

图 29-1 Auth0 身份验证过程

在单击“登录”按钮时，应用会调用 Auth0 提供的客户端 API。Auth0 的客户端 API 会打开浏览器，并通过浏览器访问 Auth0 服务器。接下来，Auth0 服务器会要求浏览器跳转到第三方身份验证服务，如 GitHub。此时，用户就可以在 GitHub 上输入用户名和密码了。在 GitHub 验证了用户名和密码之后，会要求浏览器跳转回 Auth0 服务器。Auth0 服务器则会生成访问 Token，将访问 Token 返回给浏览器，并要求浏览器跳转回应用界面。

跳转回应用界面之后，Auth0 客户端 API 会从浏览器那里获取访问 Token，并将访问 Token 返回给应用。接下来，当用户单击“同步”按钮时，就可以携带访问 Token 来访问 Web 服务了。Web 服务在接到访问请求与访问 Token 之后，调用 Auth0 提供的服务器端 API 验证访问 Token。如果验证成功，就可以处理访问请求了。

简单概括就是：①应用向 Auth0 服务器请求访问 Token；②用户通过 Auth0 服务器验证身份并授权访问 Token 给应用；③应用携带访问 Token 访问 Web 服务；④Web 服务验证访问 Token。

上述过程就是 OpenID Connect 的简要工作流程。OpenID Connect 是一个身份验证框架。如果读者对 OpenID Connect 有兴趣，这里有一篇不错的文档：

> 关于 OpenID Connect 的更多内容，请访问 https://connect2id.com/learn/openid-connect。

知道了 Auth0 的身份验证过程，开发者就可以为服务器端设计身份验证 IService 了。

29.3 服务器端身份验证 IService

29.3.1 设计身份验证 IService

从图 29-1 可以看到,在使用 Auth0 验证用户身份的过程中,Web 服务端的工作是比较简单的。开发者需要做的,只是调用 Auth0 提供的服务端 API,并提供待验证的访问 Token。因此,开发者可以很容易地设计服务器端的身份验证 IService:

```
//IAuthenticationService.cs
//身份验证服务。
public interface IAuthenticationService {
  //验证身份。
  Task<AuthenticationResult> AuthenticateAsync(
    string token);
}
```

其中,AuthenticationResult 用于封装 Auth0 服务端 API 返回的身份验证结果:

```
//AuthenticationResult.cs
//身份验证结果。
public class AuthenticationResult {
  //用户名。
  public string Name { get; set; }
  //是否通过验证。
  public bool Passed { get; set; }
  //消息。
  public string Message { get; set; }
}
```

创建远程收藏存储 Web 服务并添加身份验证

这里,Passed 用于说明 Token 是否通过了验证,Name 用于在 Token 通过验证时返回用户名,Message 则用于返回各类信息,包括异常信息等。由于远程收藏存储 Web 服务的业务非常简单,只需要这些信息就足够了。

29.3.2 实现身份验证 IService①

实现身份验证 IService

身份验证 IService 的实现涉及到非常多的技术细节。我们不会介绍这些技术细节,而是关注一下如何获得身份验证的结果。我们先来看看如何实现 IService。

上例中使用 JwtSecurityTokenHandler 的 ValidateToken 函

① 本节的主要内容来自这篇文档:https://auth0.com/blog/developing-mobile-apps-with-xamarin-forms-and-azure-functions/。

数来验证 Token。JWT 是 JSON Web Token 的缩写，定义了 Token 的格式。而我们关心的，则是 ValidateToken 函数的返回值：

```
//AuthenticationService.cs
//AuthenticateAsync()
var validationResult = handler.ValidateToken(token,
  validationParameters, out _);
```

这里，out _用于忽略输出参数的返回值。如果验证通过，就能从 validationResult 中读取用户名：

```
name = validationResult.Claims
  .FirstOrDefault(c => c.Type == ClaimTypes.NameIdentifier)
  ?.Value;
...
return new AuthenticationResult {Name = name, Passed = true};
```

上面的代码通过读取 ClaimTypes.NameIdentifier 声明的方式读取用户名。Claim 是 OpenID Connect 的一部分。读者可以从下面的文档中找到 OpenID Connect 使用的 Claim：

> 关于 OpenID Connect 的更多内容，请访问 https://connect2id.com/learn/openid-connect。

如果验证过程中抛出了任何异常，或是我们无法读取用户名，则代表验证失败。此时需要返回错误信息：

```
} catch (SecurityTokenSignatureKeyNotFoundException e) {
  _configurationManager.RequestRefresh();
  return new AuthenticationResult {
    Message =
$"SecurityTokenSignatureKeyNotFoundException: {e.Message}"
  };
} catch (SecurityTokenException e) {
  return new AuthenticationResult {
    Message =
      $"SecurityTokenException: {e.Message}"
  };
}

if (name == null) {
  return new AuthenticationResult {
    Message = "Unknown name."};
}
```

如此,访问 Token 的验证就完成了。

有趣的是,上例中使用的所有的类都是由微软公司提供的,而非 Auth0 提供的。而图 29-1 中确实提到了 Web 服务需要调用 Auth0 提供的服务器端 API 来验证访问 Token。这又是怎么一回事呢?

答案是,我们确实调用了 Auth0 提供的服务器端 API,只不过是通过微软公司提供的类调用了 Auth0 提供的 Web API。Auth0 按照 OpenID Connect 框架实现了一套用于验证访问 Token 的 Web API(也就是 Web 服务)。同时,微软公司也按照 OpenID Connect 框架实现了一套用于访问这类 Web API 的类。因此,可以使用微软公司提供的类访问 Auth0 提供的 Web API 来验证访问 Token。

OpenID Connect 是一套既简单又复杂的身份验证框架。在它的底层,还有另一套用于授权的网络标准:OAuth。在它们身上能看到一系列精妙设计的安全机制。受限于篇幅,这里不会更多地介绍它们。但它们绝对值得读者深入探索。

29.4 设计远程收藏存储 Web 服务

有了身份验证 IService 之后,就可以开发 Web 服务了。不过在开始写代码之前,首先要确定远程收藏存储 Web 服务需要提供哪些功能。

确定功能最简单的方法就是看看我们都需要使用哪些功能。为此,可以分析 OneDriveFavoriteStorage 都使用了 OneDrive 的哪些功能,就能知道远程收藏存储 Web 服务需要提供哪些功能了。

在 OneDriveFavoriteStorage 的 GetFavoriteItemsAsync 函数中,我们从 OneDrive 读取收藏数据文件:

```
//OneDriveFavoriteStorage.cs
//GetFavoriteItemsAsync()
var fileStream = await _graphClient.Me.Drive.Root
  .ItemWithPath("/DPX.zip").Content.Request().GetAsync();
```

因此,需要远程收藏存储 Web 服务具备下载收藏数据文件的功能。

在 SaveFavoriteItemsAsync 函数中,将收藏数据文件上传到 OneDrive:

```
await _graphClient.Me.Drive.Root
  .ItemWithPath("/DPX.zip").Content.Request()
  .PutAsync<DriveItem>(fileStream);
```

因此,需要远程收藏存储 Web 服务具备上传收藏数据文件的功能。在 IsSignedInAsync 函数中,需要验证 accessToken 是否有效,从而判断用户是否已经登录:

```
var silentAuthResult = await _pca
  .AcquireTokenSilent(_scopes, accounts.FirstOrDefault())
  .ExecuteAsync();
accessToken = silentAuthResult.AccessToken;
```

因此，需要远程收藏存储 Web 服务提供验证访问 Token 的功能。而根据图 29-1，我们在 SignInAsync 与 SignOutAsync 函数中进行的登录与注销操作则依赖 Auth0 客户端 API 完成，因此并不需要远程收藏存储 Web 服务提供相关的功能。因此，远程收藏存储 Web 服务一共需要提供如下 3 个功能：

（1）下载收藏数据文件；

（2）上传收藏数据文件；

（3）验证访问 Token。

既然身份验证 IService 已经实现，现在就可以实现第 3 个功能，用来帮助 Dpx 客户端验证访问 Token 是否有效，从而判断用户是否已经登录。

29.5　首个 Web 服务：Ping

下面开发本书首个 Web 服务“Ping”。它的功能是验证 Dpx 客户端提供的访问 Token。如果访问 Token 有效，Ping 就会返回 Pong；否则，就会返回 401 Unauthorized。

开发 Ping Web 服务

上面的例子中依然使用依赖注入在 Ping Web 服务的构造函数中获得 IAuthenticationService 的实例：

```
//Ping.cs
///<summary>
///Ping。
///</summary>
///<param name="authenticationService">身份验证服务。</param>
public Ping(IAuthenticationService authenticationService) {
  _authenticationService = authenticationService;
}
```

接下来关注如何实现 Ping Web 服务。在 HTTP 头中，访问 Token 以如下形式存储：

```
Authorization: Bearer BEARER_TOKEN
```

为了读取访问 Token，首先要读取 Authorization 头：

```
//Ping.cs
//Run()
var authorizationHeader =
  req.Headers["Authorization"].FirstOrDefault();
```

接下来验证 Authorization 头的值是否以 Bearer 开头。如果不是，就返回 401 Unauthorized：

```
if (authorizationHeader == null ||
  !authorizationHeader.StartsWith("Bearer")) {
```

```
  ...
  return new UnauthorizedResult();
}
```

接下来,从 Authorization 头的值中截取访问 Token:

```
string bearerToken = authorizationHeader
  .Substring("Bearer ".Length).Trim();
```

并交给身份验证 Service 验证访问 Token:

```
var authenticationResult = await _authenticationService
  .AuthenticateAsync(bearerToken);
```

如果访问 Token 未能通过验证,就返回 401 Unauthorized:

```
if (!authenticationResult.Passed) {
  ...
  return new UnauthorizedResult();
}
```

如果通过验证,就返回 Pong:

```
return new OkObjectResult("Pong");
```

单元测试 Ping Web 服务

Azure Functions 可以很容易地单元测试。接下来单元测试 Ping。

最后,为了使依赖注入工作,还需要在 Dpx.AzureStorage 项目中添加如下的 NuGet:

```
Microsoft.Azure.Functions.Extensions
```

后面的章节中将完成依赖注入的注册工作。

29.6 动手做

涉及数据处理的服务端几乎都需要支持身份验证。哪怕是微服务架构下的微服务,也需要验证请求方的身份。如果你的项目涉及服务端开发,现在就为其设计一套身份验证机制吧。反思它的优点和缺点是什么,请汇报你们的结论。

第30章

客户端身份验证

第29章中完成了第一个Web服务Ping的开发。按照传统流程，我们应该继续开发其他两个Web服务，从而实现收藏数据文件的上传和下载。但为了让开发过程更立竿见影，本章先转到客户端，完成客户端的身份验证。这样一来，就可以将客户端与服务器端连接起来了。

30.1 设计客户端身份验证 IService

根据29.2节的Auth0身份验证过程，Dpx客户端需要调用Auth0客户端API请求访问Token。将这一业务抽象为客户端的身份验证IService：

```
//IAuthenticationService.cs
//身份验证服务。
public interface IAuthenticationService {
  //验证身份。
  Task<AuthenticationResult> Authenticate();
}
```

身份验证结果封装为AuthenticationResult：

```
//AuthenticationResult.cs
//身份验证结果。
public class AuthenticationResult {
  //访问 Token。
  public string AccessToken { get; set; }
  //是否存在错误。
  public bool IsError { get; }
  //错误信息。
  public string Error { get; }
  //身份验证结果。
  public AuthenticationResult() {
  }
  ///<summary>
  ///身份验证结果。
```

```
    ///</summary>
    ///<param name="isError">是否存在错误。</param>
    ///<param name="error">错误信息。</param>
    public AuthenticationResult(bool isError, string error) {
      IsError = isError;
      Error = error;
    }
}
```

添加 IAuthenticationService

客户端身份验证 IService 的设计非常简单。它真正的困难之处在于实现。

30.2 实现客户端身份验证 IService[①]

实现客户端身份验证 IService 的困难之处在于 Auth0 没有为 Xamarin.Forms 提供统一的客户端 API，而是分别为 Xamarin.iOS、Xamarin.Android 以及 Xamarin.uwp 提供了各自的客户端 API。这就意味着不能在 Dpx 项目中实现身份验证 IService，而只能在 Dpx.Android、Dpx.iOS、以及 Dpx.UWP 3 个项目中分别实现身份验证 IService。然而，我们却需要在 Dpx 项目中使用身份验证 IService 的实现类。这该如何做到呢？

不要着急，下面先实现 Android 版本的身份验证 IService。

相比服务器端的身份验证 IService，客户端的身份验证 IService 实现起来要简单得多，只需要使用 Auth0 提供的 API 就可以了。首先实例化一个 Auth0Client：

实现 Android 版本的身份验证 IService

```
//AuthenticationServiceAndroid
//AuthenticationServiceAndroid()
_auth0Client = new Auth0Client(new Auth0ClientOptions {
  Domain = AuthenticationSettings.Domain,
  ClientId = AuthenticationSettings.ClientId
});
```

接下来直接调用 LoginAsync 函数进行登录：

```
var auth0LoginResult =
  await _auth0Client.LoginAsync(new {
    audience = AuthenticationSettings.Audience
  });
```

如果登录结果没有错误，就读取访问 Token：

```
AuthenticationResult authenticationResult;
```

---

① 本节的主要内容来自这篇文档：https://auth0.com/blog/developing-mobile-apps-with-xamarin-forms-and-azure-functions/。

```
if (!auth0LoginResult.IsError) {
  authenticationResult = new AuthenticationResult() {
    AccessToken = auth0LoginResult.AccessToken
  };
...
```

如果登录结果有错误，就返回错误信息：

```
} else
  authenticationResult =
    new AuthenticationResult(auth0LoginResult.IsError,
      auth0LoginResult.Error);
```

之后，还需要更新 Dpx.Android 项目，才能接收浏览器返回的访问 Token。这部分涉及很多专属于 Android 的技术，此处就不深入介绍了。

更新 Dpx.Android 项目以接收浏览器返回的访问 Token

30.3 添加 Azure 收藏存储

开发者使用 AzureFavoriteStorage 来实现 IRemoteFavoriteStorage 并调用 Azure Functions 远程收藏存储 Web 服务。而有了身份验证 IService 之后，开发者就可以实现与登录和注销有关的 SignInAsync、SignOutAsync，以及 IsSignedInAsync 函数了。下面逐个地实现它们。

30.3.1 实现 SignInAsync 函数

SignInAsync 函数的实现非常简单。只需要调用身份验证 IService 的 Authenticate 函数就可以了：

实现 SignInAsync 函数

```
//AzureFavoriteStorage.cs
//SingInAsync()
var authenticationResult =
  await _authenticationService.Authenticate();

if (authenticationResult.IsError) {
  return false;
}
```

接下来使用 16.1.4 节使用过的内存-存储两级缓存策略缓存两项信息。一项信息是上一次 Ping 远程收藏存储 Web 服务的时间：

```
_lastPing = DateTime.Now;
...
_preferenceStorage.Set(LastPingKey, _lastPing);
```

既然我们已经从 Auth0 服务器获得了新的访问 Token，就相当于已经 Ping 了远程收藏存储 Web 服务,并验证了访问 Token。使用这个时间来决定下一次 Ping 远程收藏存储 Web 服务的时间。

另一项信息是访问 Token。只不过,由于访问 Token 比较敏感,我们没有将它缓存在偏好存储中,而是缓存在安全存储中:

```
_token = authenticationResult.AccessToken;
...
await SecureStorage.SetAsync(TokenKey, _token);
```

安全存储中的数据会被加密保存。除此之外,安全存储使用起来与偏好存储没有太大的区别。

> 关于安全存储的更多信息,请访问 https://docs.microsoft.com/zh-cn/xamarin/essentials/secure-storage。

30.3.2 实现 SignOutAsync 函数

SignOutAsync 函数比较简单。只需要先清除内存中的缓存:

实现 SignOutAsync 函数

```
//SignOutAsync()
_token = "";
_lastPing = DateTime.MinValue;
```

再清除存储中的缓存就可以了:

```
SecureStorage.Remove(TokenKey);
_preferenceStorage.Remove(LastPingKey);
```

30.3.3 实现 IsSignedInAsync 函数

IsSignedInAsync 函数用于判断用户是否已经通过 Auth0 登录。如果内存和安全存储中都没有缓存访问 Token,则用户一定还没有登录:

```
//IsSignedInAsync()
if (string.IsNullOrWhiteSpace(_token)) {
  _token = await SecureStorage.GetAsync(TokenKey);
}

if (string.IsNullOrWhiteSpace(_token)) {
  return false;
}
```

如果已经缓存了访问 Token,则用户就已经登录了。

然而事实上并不是这样。

出于安全方面的考虑,Auth0 返回的访问 Token 在一段时间后会失效。除此之外,其他原因也可能导致访问 Token 失效。为了确认访问 Token 没有失效，开发者可以定期带着访问 Token Ping 远程收藏存储 Web 服务。此处每 6 个小时 Ping 一次远程收藏存储 Web 服务。如果已经缓存了访问 Token，并且距离上一次 Ping 远程收藏存储 Web 服务不足 6 个小时，就认为用户已经登录了：

```
if (_lastPing == null) {
  _lastPing =
    _preferenceStorage.Get(LastPingKey,
                DateTime.MinValue);
}

if (_lastPing.AddHours(6) > DateTime.Now) {
  return true;
}
```

如果不满足上述条件，就 Ping 远程收藏存储 Web 服务。在访问远程收藏存储的 Ping Web 服务之前，向 HTTP 头设置访问 Token：

```
string message;
using (var httpClient = new HttpClient()) {
  httpClient.DefaultRequestHeaders.Authorization =
    new AuthenticationHeaderValue("Bearer", _token);
```

这里，将 Authorization 头的值设置为如下的形式：

```
Authorization: Bearer [_token]
```

回顾 29.5 节，恰好是服务器端读取访问 Token 时需要解析的形式：

```
//Ping.cs
//Run()
var authorizationHeader =
  req.Headers["Authorization"].FirstOrDefault();
...
if (authorizationHeader == null ||
  !authorizationHeader.StartsWith("Bearer")) {
  ...
  return new UnauthorizedResult();
}
string bearerToken = authorizationHeader
  .Substring("Bearer ".Length).Trim();
```

回到 IsSignedInAsync 函数，要求 HttpClient 的响应结果 HttpResponseMessage 在遇到错误码时强行抛出异常：

```
//AzureFavoriteStorage.cs
//IsSignedInAsync()
```

```
HttpResponseMessage response;
try {
  response = await httpClient.GetAsync(Endpoint + "Ping");
  response.EnsureSuccessStatusCode();
```

而在 29.5 节,我们会在访问 Token 未能通过验证时返回 401 Unauthorized 状态码(Status Code):

```
//Ping.cs
//Run()
if (!authenticationResult.Passed) {
  ...
  return new UnauthorizedResult();
}
```

因此,在 IsSignedInAsync 函数中,如果访问 Token 未能通过验证,就一定会抛出异常。此时,IsSignedInAsync 函数可以直接返回 false:

```
//AzureFavoriteStorage.cs
//IsSignedInAsync()
} catch (Exception e) {
  _alertService.ShowAlert(
    ErrorMessages.HTTP_CLIENT_ERROR_TITLE,
    ErrorMessages.HttpClientErrorMessage(
      Server, e.Message),
    ErrorMessages.HTTP_CLIENT_ERROR_BUTTON);
  return false;
}
```

如果没有抛出异常,则还需要验证服务器是否返回了 Pong:

```
message = await response.Content.ReadAsStringAsync();
...
if (message != "Pong") {
  ...
  return false;
}
```

如果一切都没有问题,则更新上一次 Ping 远程收藏存储 Web 服务的时间,并返回 true:

```
_lastPing = DateTime.Now;
_preferenceStorage.Set(LastPingKey, _lastPing);

return true;
```

至此,AzureFavoriteStorage 中与登录和注销有关的函数就完成了。

30.4　更新数据同步页

接下来更新数据同步页，以便立刻连接到远程收藏存储 Web 服务。

更新数据同步页 ViewModel

测试数据同步页 ViewModel

完成数据同步页 View

注册 Auth0 服务

更新代码并运行

数据同步页使用 AzureFavoriteStorage 的方法与使用 OneDriveFavoriteStorage 的方法完全一样。唯一值得注意的是 AzureFavoriteStorage 如何获得 IAuthenticationService 实例。

就像 30.2 节讨论过的，IAuthenticationService 的实现类 AuthenticationServiceAndroid 并不在 Dpx 项目中，而在 Dpx.Android 项目中。这意味着开发者不能在 Dpx 项目的 ViewModelLocator 中向 SimpleIoc 注册 AuthenticationServiceAndroid，只能在 Dpx.Android 项目中向 SimpleIoc 注册 AuthenticationServiceAndroid：

```
//MainActivity.cs
//OnCreate()
SimpleIoc.Default
  .Register<IAuthenticationService,
      AuthenticationServiceAndroid>();
Xamarin.Essentials.Platform.Init(this, savedInstanceState);
global::Xamarin.Forms.Forms.Init(this, savedInstanceState);
```

上面的代码在 Xamarin 初始化之前就向 SimpleIoc 注册了 AuthenticationServiceAndroid，从而确保 AzureFavoriteStorage 能够通过 SimpleIoc 获得 IAuthenticationService 实例。

30.5　继续实现客户端身份验证 IService

接下来在 Dpx.iOS 和 Dpx.UWP 项目中实现身份验证 IService。

实现 iOS 和 UWP 版本的身份验证 IService

通过上面的例子可以看到，AuthenticationServiceIos 以及 AuthenticationServiceUwp 的代码与 AuthenticationServiceAndroid 是完全相同的。只不过，AuthenticationServiceAndroid 引用的 Auth0Client 来自 Auth0.OidcClient.Android NuGet 包，AuthenticationServiceIos 引用的

Auth0Client 来自 Auth0. OidcClient. iOS NuGet 包，而 AuthenticationServiceUwp 引用的 Auth0Client 来自 Auth0.OidcClient.UWP NuGet 包。

30.6 反思客户端身份验证

我们实现客户端身份验证的方法，是对 MVVM + IService 架构的又一种实践。如图 30-1 所示，在 Dpx 项目中，我们依据 MVVM + IService 架构定义了 IAuthenticationService，再在 Dpx.Android 以及其他项目中实现它。

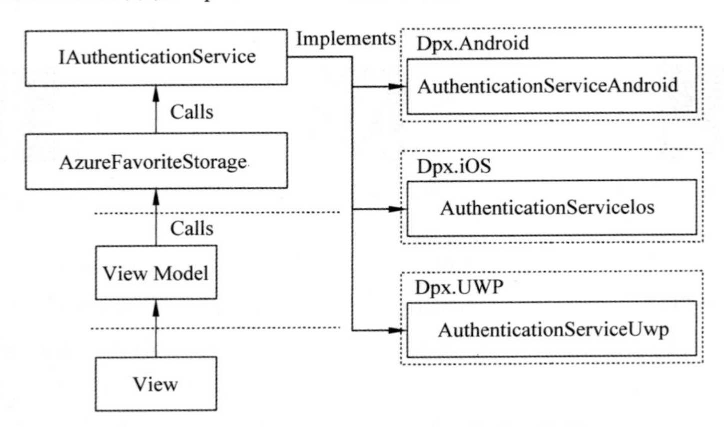

图 30-1 IAuthenticationService 的分层视图

我们没有在 Dpx 项目中定义 AuthenticationServiceAndroid 等实现类，却能在 Dpx 项目中使用它们的实例。这是由于我们在 SimpleIoc 中将 AuthenticationServiceAndroid 等实现类注册为 IAuthenticationService 的实现类。但根本的原因却在于，运行 Dpx 应用时，运行的其实不是 Dpx 项目，而是 Dpx.Android、Dpx.iOS 或 Dpx.UWP 3 个项目中的一个。也就是说，我们并不是先运行 Dpx 项目，再让 Dpx 项目调用定义在 Dpx.Android 中的 AuthenticationServiceAndroid，而是实际上运行了 Dpx. Android 项目，将 AuthenticationServiceAndroid 注册为 IAuthenticationService 的实现类，再在 Dpx. Android 项目中执行 Dpx 项目中的代码。下面回顾我们在 Dpx. Android 的 MainActivity.cs 中注册 AuthenticationServiceAndroid 的代码：

```
//MainActivity.cs
//OnCreate()
SimpleIoc.Default
  .Register<IAuthenticationService,
       AuthenticationServiceAndroid>();
...
LoadApplication(new App());
```

上面的代码会在 Android 应用启动时执行，而 LoadApplication 函数就是用来执行 Dpx 项目中的代码的。类似的代码也出现在 Dpx.iOS 的 AppDelegate.cs 中：

```
//AppDelegate.cs
//FinishedLaunching()
SimpleIoc.Default
  .Register<IAuthenticationService,
...
LoadApplication(new App());
```

以及 Dpx.UWP 的 App.xaml.cs 与 MainPage.xaml.cs 中：

```
//App.xaml.cs
//OnLaunched()
SimpleIoc.Default
  .Register<IAuthenticationService,
       AuthenticationServiceUwp>();

//MainPage.xaml.cs
//MainPage()
LoadApplication(new Dpx.App());
```

实现客户端身份验证的方法表明使用 MVVM + IService 架构不仅可以先定义并使用 IService，再实现 IService，甚至可以将 IService 的实现推迟到其他项目中。这不仅体现了 MVVM + IService 架构的灵活性，也是面向对象设计原则中依赖原则价值的最佳体现。

30.7　动手做

如果你的服务器端涉及身份验证，对应的客户端就一定要支持服务器端的身份验证。现在，就为客户端实现一套与服务器端相对应的身份验证机制吧。

第31章

服务器端授权

第29章实现了服务器端的身份验证。本章将讨论服务器端的授权。身份验证(Authentication)与授权(Authorization)是两个概念：身份验证确定用户是谁,授权则决定某个用户可以做什么。

读者可能会问,用户不是只要登录就可以使用远程收藏存储Web服务了吗,为什么还要授权呢？答案是,远程收藏存储Web服务运行在Azure Functions上,而Azure Functions是按使用付费的。这意味着使用的人越多,开发者的开销越大。考虑到我们的应用并没有盈利点,我们不太希望每个人都能使用远程收藏存储Web服务,而是只向一部分重要的用户开放这一功能。

接下来就来实现服务器端授权。

31.1 设计服务器端授权 IService

授权IService根据用户名判断用户有没有权限访问远程收藏存储Web服务。它的设计比30.1节的身份验证IService的设计更简单。给定一个用户名,只要返回用户是否具有访问权限就可以了：

```
//IAuthorizationService
//授权服务。
public interface IAuthorizationService {
  ///<summary>
  ///检查用户是否具有访问服务的授权。
  ///</summary>
  ///<param name="name">用户名。</param>
  Task<bool> AuthorizeAsync(string name);
}
```

添加IAuthorizationService

根据授权IserivceI的功能,我们需要一个数据库来保存哪些用户名有权使用远程收藏存储Web服务。于是,我们再次遇到了10.2节的问题：应该使用什么数据库呢？

31.2 为远程收藏存储 Web 服务选择数据库

尽管我们是在设计授权 IService 时发现需要使用数据库的，但我们绝不仅是为授权 IService 选择数据库，而是需要为远程收藏存储 Web 服务选择数据库。为此，开发者应知道远程收藏存储 Web 服务都需要存储哪些数据，再看看有哪些数据库可用，最后做出决定。

31.2.1 要存储的数据

29.4 节中讨论了远程收藏存储 Web 服务需要实现的功能：

(1) 下载收藏数据文件；

(2) 上传收藏数据文件；

(3) 验证访问 Token。

显然，功能(1)和功能(2)需要存储用户的收藏数据文件，功能(3)则没有什么数据需要存储。除了与功能直接相关的数据之外，上述 3 个 Web 服务都需要验证访问 Token 并为用户授权。另外，为了提升验证访问 Token 的效率，一旦一个访问 Token 通过了验证，就可以将它缓存起来。因此，我们需要存储的数据包括：

(1) 用户的收藏数据文件；

(2) 有权访问 Web 服务的用户名；

(3) 通过验证的 Token。

收藏数据文件是二进制数据。相比于数据库，它们更适合以文件的形式存储。其他两项数据则比较简单。我们可以使用关系数据库、文档数据库，或是键-值数据库来存储它们。下面来看都有哪些数据库可用。

31.2.2 可用的存储服务

理论上来讲，利用 Azure Virtual Machines 可以搭建任意的存储服务。不过，既然我们都已经在使用 Azure Functions 这种 BaaS 级别的服务了，何不看看 Azure 都提供了哪些存储服务呢？

事实上，Azure 提供了很多种存储服务，这里只能列出最相关的几种。首先，在数据库方面有以下 4 种典型的存储服务。

(1) Azure Cosmos DB：该数据库跨越全球几十个数据中心，以极高的可用性和极低的时延存储任意大规模的数据。Cosmos DB 几乎是微软公司所能提供的最强分布式数据库。它唯一的缺点就是价格较为高。

(2) Azure SQL Database：可以认为是一个完全由 Azure 托管的 SQL Server，支持最大 100TB 的数据。

(3) Azure Database for MySQL/PostgreSQL/MariaDB：与上面类似，可以认为是由 Azure 托管的 MySQL/PostgreSQL/MariaDB。

(4) Table Storage：一个简单易用的半结构化键-值数据库。虽然名字里有 Table，但

Table Storage 并不是关系数据库,也不支持数据统计、外键连接等关系数据库的功能。

> 关于 Azure 提供的全部数据库服务,请访问 https://azure.microsoft.com/zh-cn/product-categories/databases/。

在文件存储方面有以下 3 种典型的存储服务。

(1) Blob Storage:二进制文件存储服务。

(2) Archive Storage:针对较少访问的存档文件提供的廉价存储服务。

(3) File Storage:文件共享服务。

> 关于 Azure 提供的全部文件存储服务,请访问 https://azure.microsoft.com/zh-cn/product-categories/storage/。

31.2.1 节中已经分析过,我们存储在数据库中的数据非常简单,使用任何一种数据库都可以。同时,由于远程收藏存储 Web 服务只面向一部分重要的用户开放,因此数据量不会很大,对数据库的性能也没有特殊的要求。此时,只需要考虑成本因素就可以了。Azure Table Storage 与 Azure Functions 一样,也支持按使用付费。相比之下,使用其他数据库就要贵很多了。

在文件存储方面,由于我们只需要存储二进制文件,因此首选使用 Azure Blob Storage。它也支持按使用付费,有助于开发者降低运维成本。

31.3 实现授权 IService:使用 Azure Table Storage

要实现授权 IService,先要将有权访问远程收藏存储 Web 服务的用户名保存到 Azure Table Storage,再编程访问 Table Storage 验证用户名是否存在于数据库中。

31.3.1 编辑 Table Storage 数据

编辑 Table Storage 数据最方便的方法是使用 Azure 存储资源管理器。下面创建 Table Storage,并使用 Azure 存储资源管理器来编辑 Table Storage 数据。

创建并编辑
Azure Table Storage

Azure Table Storage 的 RowKey 相当于数据的主键,PartitionKey 则用于支持数据的分区存储,从而提升分布式性能。由于授权 IService 只需要保存有权访问远程收藏存储 Web 服务的用户名,因此可以直接使用 RowKey 来保存用户名。这样一来,我们就不需要其他的字段了。

31.3.2 连接到 Table Storage

使用不同数据库的方法都是差不多的——总是先连接到数据库,再操作数据。10.6.1 节中通过 Connection 属性连接到 SQLite 数据库。而如果要连接到 Table Storage,则要通过 CloudStorageAccount。

使用 CloudStorageAccount 可以连接一系列 Azure 存储服务，包括开发者通常需要使用的 Table Storage 与 Blob Storage，以及其他存储服务如 Queue Storage 与 File Storage。这意味着要在很多地方使用 CloudStorageAccount：在实现授权 IService 时，需要使用 CloudStorageAccount 连接 Table Storage；在保存用户的收藏数据文件时，需要使用 CloudStorageAccount 连接 Blog Storage；在缓存访问 Token 时，还需要再次使用 CloudStorageAccount 连接 Table Storage。既然如此，应该将获得 CloudStorageAccount 的过程封装成一个 IService：

```
//Azure 存储账户提供者。
public interface IAzureStorageAccountProvider {
  //获得云存储账户。
  CloudStorageAccount GetAccount();
}
```

再通过 IAzureStorageAccountProvider 获得 AzureStorageAccount。

实现 IAzureStorage-AccountProvider

我们使用依赖注入获得 IAzureStorageAccountProvider 的实例，因此可以确保所有的类共享同一个 IAzureStorageAccountProvider 实例。接下来，只需要在 AzureStorageAccountProvider 中缓存一份 CloudStorageAccount，就可以确保所有的类都使用同一个 CloudStorageAccount：

```
//云存储账户。
private CloudStorageAccount _account;

//获得云存储账户。
public CloudStorageAccount GetAccount() => _account;

//构造函数。
public AzureStorageAccountProvider() {
  _account =
    CloudStorageAccount.Parse(AzureStorageSettings
      .ConnectionString);
}
```

31.3.3　读取 Table Storage 数据

连接到 Table Storage 之后，就可以实现授权 IService 了。

实现授权 IService

要读取 Table Storage 的数据，首先需要获得 Table Storage 客户端，并打开指定的表：

```
//AuthorizationService.cs
//AuthorizationService()
```

```
var tableClient = accountProvider.GetAccount()
  .CreateCloudTableClient();
_table = tableClient.GetTableReference(TableName);
```

作为键-值数据库,Table Storage 的使用与偏好存储非常接近。只需要给定数据的键,就可以读取数据。为此,需要准备一个读取操作:

```
var tableOperation =
  TableOperation.Retrieve<AuthorizationEntity>(
    PartitionKey, name);
```

上面的代码与 Authorization 表的结构一致。将分区键设置为 Authorization,并将用户名作为键。接下来,在_table 上执行这个操作:

```
await _table.ExecuteAsync(tableOperation)
```

由于 Authorization 表只包含用户名键与 Authorization 分区键,并不包含其他数据,因此,只需要判断能否从表中取回数据,就知道给定的用户名是否有权限访问远程收藏存储 Web 服务:

```
return ((await _table.ExecuteAsync(tableOperation)).Result as
    AuthorizationEntity) != null;
```

测试授权 Service

最后来测试授权 Service。

31.3.4 为 Ping Web 服务添加授权

实现了授权 IService 之后,就可以将授权添加到 Ping Web 服务了。

如何为 Ping Web 服务添加授权

31.4 反思服务器端授权

我们的远程收藏存储 Web 服务太简单了,以至于只需要判断用户名是否在 Authorization 表中,就能决定是否授权用户访问 Web 服务。然而,现实生活中的项目通常不会这么简单。此时,会使用基于角色、声明以及策略的授权方法。本书中不会介绍这些授权方法,但微软公司提供了一系列文档来介绍它们。

> 关于基于角色的授权方法,请访问 https://docs.microsoft.com/zh-cn/aspnet/core/security/authorization/roles。

关于基于声明的授权方法，请访问 https://docs.microsoft.com/zh-cn/aspnet/core/security/authorization/claims。

关于基于策略的授权方法，请访问 https://docs.microsoft.com/zh-cn/aspnet/core/security/authorization/policies。

31.5　动手做

你的服务器端需要授权机制吗？请结合你的业务，论证是否应该在服务器端实现授权机制。如果需要，请实现一套服务器端授权机制。如果不需要，要给出充分的理由，并接受来自其他团队的质询。

第32章

缓存访问 Token

31.2.1 节中提到远程收藏存储 Web 服务需要缓存通过验证的 Token。下面将其实现。

32.1 设计 Token 缓存 IService

我们使用 Token 缓存 IService 来缓存通过验证的 Token。那么，我们具体需要缓存哪些东西呢？先来回顾 29.3.1 节设计的身份验证 IService：

```
//IAuthenticationService.cs
//身份验证服务。
public interface IAuthenticationService {
  //验证身份。
  Task<AuthenticationResult> AuthenticationAsync(
    string token);
}
```

身份验证 IService 接收访问 Token 作为参数，返回身份验证结果：

```
//AuthenticationResult.cs
//身份验证结果。
public class AuthenticationResult {
  //用户名。
  public string Name { get; set; }
  //是否通过验证。
  public bool Passed { get; set; }
  //消息。
  public string Message { get; set; }
}
```

设计 Token 缓存 IService 的目的是减少身份验证 IService 的调用次数。因此，Token 缓存 IService 需要接收与身份验证 IService 相同的参数，即访问 Token。而在使用身份验证 IService 时，我们只关心 Passed 属性为 true 的情况，并从 Name 属性读取用户名：

```
//Ping.cs
//Run()
if (!authenticationResult.Passed) {
  ...
  return new UnauthorizedResult();
}

var name = authenticationResult.Name;
```

因此，Token 缓存 IService 只需要缓存通过身份验证的访问 Token 对应的用户名就可以了。这样一来，就能得到 Token 缓存 IService 的设计：

```
//ITokenCache.cs
//Token 缓存。
public interface ITokenCache {
  ///<summary>
  ///获得 Token 缓存项。
  ///</summary>
  ///<param name="token">Token。</param>
  Task<string> GetAsync(string token);

  ///<summary>
  ///设置 Token 的缓存。
  ///</summary>
  ///<param name="token">Token。</param>
  ///<param name="name">用户名。</param>
  Task SetAsync(string token, string name);
}
```

将 Token 缓存 IService 添加到远程收藏存储 Web 服务

其中，GetAsync 函数返回访问 Token 对应的账户名，SetAsync 则将访问 Token 与对应的用户名缓存起来。

32.2 实现 Token 缓存 IService

32.2.1 实现 GetAsync 函数

要读取 Token 缓存，首先读取行键为 Token 的缓存项：

实现 GetAsync 函数

```
//GetAsync()
var tableOperation =
  TableOperation.Retrieve<TokenCacheItem>(
    PartitionKey, token);
(await _table.ExecuteAsync(tableOperation)).Result
```

接下来需要判断两项内容。首先，需要知道读取操作返回的结果，即 Result 属性的值是否为空。其次,如果返回的结果不为空,则需要判断缓存是否过期。如果缓存没有过期,才返回缓存的用户名。

上例中使用一行代码就完成了这些操作:

```
return (await _table.ExecuteAsync(tableOperation)).Result is
  TokenCacheItem cacheItem &&
  cacheItem.ExpiresAt > DateTime.Now.Ticks
    ? cacheItem.Name
    : null;
```

首先,is 关键字会判断 Result 属性的值是否是 TokenCacheItem 类型的实例。如果 Result 为空,则判断结果为 false,并导致?:运算符返回 null。如果 Result 不为空,则会被强制类型转换为 TokenCacheItem,并保存在 cacheItem 变量中。接下来判断缓存的过期时间是否大于当前时间。只有当缓存的过期时间大于当前时间时,才返回缓存的用户名。

> 关于 is 关键字的更多内容,请访问 https://docs.microsoft.com/zh-cn/dotnet/csharp/language-reference/keywords/is。

32.2.2 实现 SetAsync 函数

SetAsync 函数用于设置 Token 缓存。18.4 节中曾实现过文件缓存。当时,除了与文件直接相关的各项信息之外,我们缓存的一项重要信息是缓存的过期时间。在实现 SetAsync 函数时,也需要设置缓存的过期时间。下面来实现它。

实现 SetAsync 函数

Token 缓存项主要包含 4 方面的信息:分区键、值为 token 的行键、用户名以及过期时间:

```
//TokenCache.cs
//SetAsync()
var cacheItem = new TokenCacheItem {
  PartitionKey = PartitionKey,
  RowKey = token,
  Name = name,
  ExpiresAt = DateTime.Now.AddDays(1).Ticks
};
```

这里将过期时间设置为当前时间之后的 24 小时。接下来只需要将缓存项写入 Table Storage 就可以了:

```
var tableOperation =
  TableOperation.InsertOrReplace(cacheItem);
await _table.ExecuteAsync(tableOperation);
```

单元测试 TokenCache

实现 Token 缓存 IService 之后,下面来单元测试它:

32.3　更新 AuthenticationService

接下来，更新 AuthenticationService，从而使用 Token 缓存。

更新 AuthenticationService

对 AuthenticationService 的更新主要集中在访问 Auth0 服务器端 Web API 之前以及之后。在访问 Web API 之前，首先应检查 Token 缓存中是否已经缓存了用户名。如果已经缓存了用户名，就无须再访问 Web API 了：

```
//AuthenticationService.cs
//AuthenticateAsync()
var name = await _tokenCache.GetAsync(token);
if (name != null) {
  return new AuthenticationResult {
     Name = name, Passed = true};
}
```

而在访问 Web API 之后，还需要缓存用户名：

```
await _tokenCache.SetAsync(token, name);
```

32.4　动手做

如果你的服务器端涉及基于 Token 的身份验证，那么是否需要引入 Token 缓存来改善性能？这样做是否会降低身份验证的安全性？请结合实际情况做出自己的判断。

第33章

上传与下载 Web 服务

实现了身份验证和授权等安全机制之后，我们就可以转向核心业务的开发了。远程收藏存储 Web 服务的核心业务是收藏数据文件的上传与下载。要实现这些业务，首先要解决收藏数据文件的读取和保存问题。

本章从收藏数据文件的读取和保存问题入手，设计并实现服务器端收藏存储 IService，进而实现上传与下载 Web 服务。

33.1 服务器端收藏存储

33.1.1 设计服务器端收藏存储 IService

服务器端收藏存储 IService 用于读取和保存收藏数据文件。15.1.2 节中曾讨论过，使用字节数组来保存和传递文件数据是非常合适的。因此，服务器端收藏存储 IService 也使用字节数组来保存和传递收藏数据文件：

```
//收藏存储。
public interface IFavoriteStorage {
  ///<summary>
  ///保存收藏数据。
  ///</summary>
  ///<param name="favoriteBytes">收藏数据。</param>
  ///<param name="name">用户名。</param>
  Task SaveAsync(byte[] favoriteBytes, string name);

  ///<summary>
  ///读取收藏数据。
  ///</summary>
  ///<param name="name">用户名。</param>
  Task<byte[]> GetAsync(string name);
}
```

其中，GetAsync 函数用于读取指定用户的收藏数据文件，SetAsync 函数则用于保存用户的收藏数据文件。

添加 IFavoriteStorage

33.1.2　实现服务器端收藏存储 IService

31.2.2 节中已经讨论过，可以使用 Azure Blob Storage 存储收藏数据文件。Blog Storage 使用起来与 Table Storage 非常像。下面就使用 Blog Storage 实现服务器端收藏存储 IService。

首先来实现 SaveAsync 函数。

实现 SaveAsync 函数

连接到 Blog Storage 与连接到 Table Storage 的方法几乎一样。在连接到 Table Storage 时，使用 CloudStorageAccount 的 CreateCloudTableClient 函数：

```
//TokenCache.cs
//TokenCache()
var tableClient = accountProvider.GetAccount()
  .CreateCloudTableClient();
```

连接到 Blob Storage 时，使用 CloudStorageAccount 的 CreateCloudBlobClient 函数：

```
//FavoriteStorage.cs
//FavoriteStorage()
var blobClient =
  accountProvider.GetAccount().CreateCloudBlobClient();
```

在 Table Storage 里，数据存储在表中：

```
//TokenCache.cs
//TokenCache()
_table = tableClient.GetTableReference(TableName);
```

在 Blob Storage 里，数据存储在容器中：

```
//FavoriteStorage.cs
//FavoriteStorage()
_container = blobClient.GetContainerReference(ContainerName);
```

要上传到 Blog Storage，首先要获得文件的引用：

```
//SaveAsync()
var blob = _container.GetBlockBlobReference(name + ".zip");
```

这里使用用户名作为文件名。接下来，就可以将二进制数据上传到 Blob Storage 了：

```
await blob.UploadFromByteArrayAsync(favoriteBytes, 0,
  favoriteBytes.Length);
```

下面来实现 GetAsync 函数。

实现 GetAsync 函数

在读取收藏数据文件时，首先需要判断文件是否存在。如果文件不存在，则返回 null：

```
var blob = _container.GetBlockBlobReference(name + ".zip");
if (!await blob.ExistsAsync()) {
  return null;
}
```

接下来使用 DownloadToStreamAsync 函数从 Blob Storage 将收藏数据文件下载到内存流：

```
var memoryStream = new MemoryStream();
await blob.DownloadToStreamAsync(memoryStream);
```

再将内存流转换为字节数组返回：

```
return memoryStream.ToArray();
```

这里没有使用 DownloadToByteArrayAsync 函数从 Blob Storage 直接下载字节数组。这样做的原因在于，使用 DownloadToByteArrayAsync 函数必须预先知道文件的大小。这导致我们需要额外再读取一次文件的大小信息。下面的文档演示了如何使用 DownloadToByteArrayAsync 函数将文件下载为字节数组。可以看到 DownloadToByteArrayAsync 函数使用起来比 DownloadToStreamAsync 复杂得多。

> 关于使用 DownloadToByteArrayAsync 函数将文件下载为字节数组，请访问 https://stackoverflow.com/questions/24312527/azure-blob-storage-downloadtobytearray-vs-downloadtostream。

单元测试服务器端收藏存储 IService

33.2 下载 Web 服务

实现下载 Web 服务

利用服务器端收藏存储，我们就能很容易地实现下载 Web 服务了。

服务器端收藏存储让下载 Web 服务的实现变得非常简单。只需根据用户的账户名读取收藏数据文件：

```
var bytes = await _favoriteStorage.GetAsync(name);
```

如果读取的结果为空，则返回 204 No Content：

```
if (bytes == null) {
  return new NoContentResult();
```

```
}
```

否则,以 ZIP 格式返回收藏数据文件:

```
return new FileContentResult(bytes, "application/zip");
```

这里,application/zip 就是 ZIP 格式的 MIME 类型。

> 关于 MIME 类型的更多信息,请访问 https://developer.mozilla.org/zh-CN/docs/Web/HTTP/Basics_of_HTTP/MIME_types。

由于每一个 Web 服务都需要验证用户的身份并为用户授权,因此为了避免重复的代码,我们将 Web 服务中与身份验证和授权有关的代码集中到 AuthorizationHelper 的 Authorize 函数中。由于开发者只需要将有关代码集中起来从而方便重复调用,因此此处没有作出过多的设计,而是将 AuthorizationHelper 设计为静态类,并将 Authorize 函数设计为静态函数:

```
//AuthorizationHelper.cs
//授权帮助类。
public static class AuthorizationHelper {
  ///<summary>
  ///授权。
  ///</summary>
  ///<param name="authenticationService">身份验证服务。
  ///<param name="authorizationService">授权服务。</param>
  public async static
    Task<AuthorizationHelperResult> Authorize(
      HttpRequest req, ILogger log,
      IAuthenticationService authenticationService,
      IAuthorizationService authorizationService) {
        ...
```

Authorize 函数将身份验证与授权的结果返回为 AuthorizationHelperResult 类的实例:

```
//AuthorizationHelperResult.cs
//身份验证帮助类结果。
public class AuthorizationHelperResult {
  //是否通过验证。
  public bool Passed { get; set; }
  public IActionResult ActionResult { get; set; }
  //身份验证结果。
  public AuthenticationResult AuthenticationResult
    { get; set; }
}
```

其中,Passed 属性说明用户是否同时通过了身份验证与授权,AuthenticationResult 属性用于返回服务器端身份验证 IService 的身份验证结果,ActionResult 属性用于在用户没有通过身份验证或授权时返回 UnauthorizedResult 等 IActionResult。注意 Web 服务函数的返回类型:

```
[FunctionName("GetFavoriteBlob")]
public async Task<IActionResult> Run(...
```

可以发现 Web 服务函数的返回值就是 IActionResult。这样一来,Web 服务中的身份验证与授权就变得非常简单了。如果用户没能通过身份验证或授权,可以直接返回 AuthorizationHelperResult 的 ActionResult 属性:

```
//GetFavoriteBlob.cs
//Run()
var authenticationHelperResult =
  await AuthorizationHelper.Authorize(req, log,
    _authenticationService, _authorizationService);
if (!authenticationHelperResult.Passed) {
  return authenticationHelperResult.ActionResult;
}
```

如果用户通过了身份验证与授权,再执行后续的操作。

单元测试 AuthorizationHelper

单元测试下载 Web 服务

33.3 上传 Web 服务

有了 AuthorizationHelper 和服务器端收藏存储,上传 Web 服务的实现就变得更加简单了:

上传 Web 服务

在上传 Web 服务中,开发者需要从用户发来的 HTTP 请求中读取文件。当用户使用 HTTP 协议向服务器上传文件时,HTTP 请求的 MIME 类型必须设置为 multipart/form-data。因此,首先检查 HTTP 请求的 MIME 类型是否为 multipart/form-data:

```
if (!req.ContentType.Contains("multipart/form-data")...
```

接下来要求用户上传的文件数量不能为 0:

```
if (!req.ContentType.Contains("multipart/form-data") ||
  (req.Form.Files?.Count ?? 0) == 0) {
  log.LogInformation("No files found in request.");
```

```
    return new BadRequestResult();
  }
```

这里的

```
(req.Form.Files?.Count ?? 0) == 0
```

等价于下面的代码：

```
req.Form.Files == null || req.Form.Files.Count == 0
```

如果用户上传的文件数量大于 0，我们就将用户上传的第一个文件保存到服务器端收藏存储中：

```
var file = req.Form.Files.First();
var memoryStream = new MemoryStream();
await file.CopyToAsync(memoryStream);
await _favoriteStorage.SaveAsync(
  memoryStream.ToArray(), name);
```

单元测试上传 Web 服务

为了简化问题，此处对用户上传的其他文件进行处理。

33.4　更新客户端 AzureFavoriteStorage

在完成所有的 Web 服务开发之后，只要更新一下客户端的 AzureFavoriteStorage，就完成了所有的开发！让我们先来完成 SaveFavoriteItemsAsync 函数。

实现 SaveFavoriteItems-Async 函数

AzureFavoriteStorage 的 SaveFavoriteItemsAsync 函数中压缩文件的部分与 OneDriveFavoriteStorage 完全一样。因此，这里只需要关注如何访问上传文件 Web 服务。与 30.3.3 节调用 Web 服务的方法相同，我们使用 HttpClient 访问上传文件 Web 服务，并设置访问 Token：

```
//AzureFavoriteStorage.cs
//SaveFavoriteItemsAsync()
using (var httpClient = new HttpClient()) {
  httpClient.DefaultRequestHeaders.Authorization =
    new AuthenticationHeaderValue("Bearer", _token);
```

接下来创建一个 MultipartFormDataContent 实例：

```
using (var content = new MultipartFormDataContent()) { ...
```

回顾上节内容，上传 Web 服务要求 HTTP 请求的 MIME 类型为 multipart/form-data：

```
//GetFavoriteBlob.cs
//Run()
```

```
if (!req.ContentType.Contains("multipart/form-data") ||
  (req.Form.Files?.Count ?? 0) == 0) {
  log.LogInformation("No files found in request.");
  return new BadRequestResult();
}
```

从名字来看，MultipartFormDataContent 对应于 multipart/form-data。同时，MultipartFormDataContent 的名字中还有一个 Content，意味着开发者可以向它的实例中添加内容。因此，可以将压缩后的文件流添加到 MultipartFormDataContent 实例中，并命名为 DPX.zip：

```
content.Add(new StreamContent(memoryStream),
  "DPX.zip", "DPX.zip");
```

接下来，通过 httpClient 向上传文件 Web 服务发送 PUT 请求，并传递 MultipartFormDataContent：

```
var response = await httpClient.PutAsync(
  Endpoint + "SaveFavoriteBlob", content);
```

这样就可以将文件上传到 Web 服务了。

读者可能注意到了，在前面的章节中，我们一直使用 HttpClient 的 GetAsync 函数向服务器请求数据。但上面的代码却使用了 PutAsync 函数。它们的区别是什么呢？

事实上，HTTP 协议为客户端与服务器之间的交互定义了一系列不同的方法①，其中最常见的有以下 4 种。

- GET：从服务器取回数据。除了取回数据，GET 方法不应该对数据产生任何影响。
- POST：向服务器发送数据。
- PUT：向服务器发送数据，并替换该数据在服务器端的现有版本。
- DELETE：删除服务器端的数据。

根据上述操作的定义可以确定，在向 Web 服务上传收藏数据文件时，我们是希望替换现有的文件的。因此，应该调用 PutAsync 函数，从而让客户端向服务器发起 PUT 请求。而如果打算在服务器端保存收藏数据文件的历史版本，则应该调用 PostAsync 函数向服务器发起 POST 请求。

需要注意，HTTP 协议定义的交互方法并不是强制的。开发者完全可以通过 GET 请求删除数据，或采用 POST 请求替换数据。但我们已经知道了遵守协议的重要性，也没有理由去破坏协议。

最后，我们来完成 GetFavoriteItemsAsync 函数。

---

① https://www.tutorialspoint.com/http/http_methods.htm。

实现 GetFavoriteItemsAsync 函数

运行完成的 Dpx 应用

33.5　清理工作

Dpx 项目中还存留着一些 Master-Detail 模板自带的文件。最后，需要将它们清理掉。

清理 Dpx 项目

第34章

下一步的学习

本书的Xamarin全栈之旅到这里就要告一段落了。在阅读本书的这段时间里，我们学习了从客户端到服务器端的开发技术，完成了从需求分析到测试交付的完整开发过程。相信读者一定已经有所收获。

然而，从技术学习的角度来讲，本书提供的内容只是刚刚开始。截至本书定稿时，微软公司已经发布了一下代的跨平台应用开发框架.NET Multi-platform App UI(MAUI)。作为Xamarin.Forms的进化版，MAUI实现了对MVVM的原生支持，同时还添加了对Model-View-Update (MVU)模式的支持，使客户端开发变得更像Web前端开发。目前，MAUI仍在开发中，并将于2021年底发布第一个版本。

在构建AzureStorage Web服务时，尽管我们使用了很新潮的BaaS开发平台Azure Functions，但我们的开发思维依然是非常传统的单体Web服务。而在现实中，微服务架构已然成为App服务端开发的标准。微服务架构将App服务端拆分为一系列自治、独立演变的微服务，降低了复杂App服务端开发的难度，同时提升了灵活性。目前，市面上几乎所有的App都已经开始采用或转向微服务架构。微软公司也提供了一系列的资源，帮助用户学习并开发采用微服务架构的App服务。

> 要获得免费的微服务架构学习资源，请访问https://dotnet.microsoft.com/apps/aspnet/microservices，并翻到页面的底端。
>
> 要获得微服务架构的参考项目，请访问https://github.com/dotnet-architecture/eShopOnContainers。

在实现客户端-服务器端身份验证时，我们使用了Auth0。Auth0屏蔽了复杂的身份验证过程，直接调用Auth0 API就能连接到GitHub。如果读者对Auth0如何实现这一切有兴趣，可以参考IdentityServer4的文档。利用IdentityServer4，可以从头开始实现一套身份验证机制，并连接到GitHub。IdentityServer4还是完全开源的。通过阅读它的源代码，读者可以深入地理解身份验证机制，并一览OpenID Connect、OAuth 2.0等的实现。

要阅读 IdentityServer4 的文档，请访问 https://identityserver4.readthedocs.io/en/latest/。

技术的学习是无止境的。希望在未来的学习道路上，我们还能再次相遇。